都市風景画を読む

19世紀ヨーロッパ印象派の都市景観

萩島　哲著

九州大学出版会

まえがき

　景観は，文化の表出である．社会の意思の表明であり，その結果である．景観の設計は，その時代の意思と進むべき動向を読みこんで，都市の中に意識的に働きかけることである．このような観点から印象派を中心とした絵画を読んでいる．

　私は，調査・分析とデザインの間には，飛躍があるという認識をもっている．デザインのコンセプトは，調査結果を生かしてはじめて展開され，調査・分析がなければ脈絡をもつデザインはありえないが，それがデザインにトータルに反映されるとは限らない．精度の高い調査は，デザインにとって一面的な役割しかない．調査のレベルは，景観設計で要請される操作性のレベルと合って包括的であるべきで，その精度を上げれば良いというものではない．

　本書で展開する内容は，1996年に上梓した『風景画と都市景観』（理工図書）の延長にあり，描かれた都市的風景画の実景の調査で得られた結果を書き記したものであり，美術書ではない．都市景観という観点から絵画の読み方を提起したものである．現地調査では，景観設計にとって操作性を持ちうるように工夫した．私は，絵画の構図に重点をおきながら，描かれた実景の景観の特性を記述するように心がけ，都市の景観設計に寄与する知見をえたいと願う．とはいえ，乏しい想像力と文字通り走りながらの調査の結果であり，残された課題は多い．

　本書は，文部科学省科学研究費補助金（基盤（B））「19世紀ヨーロッパ印象派を中心とした風景画に描かれた都市景観の視点場調査（課題番号12574011）」（2000～2003）による中間報告の一部である．また，絵画の視点場探しには，多くの既往の研究，文献を参照しているし，多くの研究協力者に負っている．特記して謝意を表する．

　また，掲載させていただいた絵画の所蔵元の美術館に対して，また絵画の図版についてコピーさせていただいた出版社に対しても深甚の謝意を表する次第である．

萩島　哲

2002年8月16日

目　　次

まえがき ……………………………………………………………………………………… i

第Ⅰ部　序　　論 ……………………………………………………………………………… 1

 第 1 章　絵になる景観 ………………………………………………………………… 2
  景観の素材／景観を支える生活／景観の表現／本書で取り上げる「景観」／「絵になる景観」／絵画と実景の類似／色彩の分析

 第 2 章　都市的風景画の視点場調査の方法 ………………………………………… 5
  なぜ視点場調査を行なうか／視点場の位置／視点場発見の手がかり／地図の収集／現地調査／調査対象の都市／調査対象の画家／調査項目／本書の構成

第Ⅱ部　景観タイプ別の都市的風景画にみる構図とその視点場 ……………………… 13

 第 1 章　6つの景観タイプ …………………………………………………………… 14
 第 2 章　まちの全貌を見渡す景観の視点場 ………………………………………… 15
  コロー「ファルネーゼ庭園からのフォルムの展望」／コロー「ヴィラ・メディチから見たトリニタ・ディ・モンティ教会」／ターナー「ヴァティカンから見たローマ」／コロー「ティヴォリのヴィラ・デステ庭園」／コロー「ヴォルテッラ市」／コロー「ボボリ庭園から見たフィレンツェ」／ターナー「ジュリエットとその乳母」／コロー「アクア・ソーラ遊歩道からのジェノヴァ市風景」／セザンヌ「エスタックの町から見たマルセイユ湾」／コロー「アヴィニョン，教皇の城（ヴィルヌーヴ・レザヴィニョン）」／コロー「ソワソン風景」／コロー「サン・ロー市街の全景」／ピサロ「曇りの日のルーアン旧市街の屋根」／コロー「サント・カトリーヌ広場の眺望」／「まちの全貌を見渡す景観」の諸特徴

 第 3 章　シンボリックな建造物の景観の視点場 …………………………………… 32
  ユトリロ「ノートルダム・ド・パリ」／ユトリロ「ポルト・サンマルタン」／ユトリロ「サンドニの大寺院」／ゴッホ「オヴェールの教会」／コロー「シャルトル大聖堂」／ユトリロ「シャルトルの大聖堂」／コンスタブル「ソールズベリーの大聖堂とその境内」／コンスタブル「ビショップ庭園から見たソールズベリーの大聖堂」／コロー「マントの橋」／コロー「ネラ川にかかるナルニの橋」／「シンボリックな建造物の景観」の諸特徴

 第 4 章　道路と建築のパースペクティブな景観の視点場 ………………………… 42
  ピサロ「テアトル・フランセ広場・雨のパリ」／ピサロ「イタリア大通り・朝・陽光」／ユトリロ「サン・セヴラン聖堂」／ユトリロ「雪のパシー河岸通り」／ユトリロ

「ポルト・サンマルタン」／ユトリロ「ポアソニエ通り」／ピサロ「エルミタージュ通り，ポントワーズ」／コロー「ドゥーエの鐘楼」／ユトリロ「シャルトルのギヨーム門」／ゴッホ「夜のカフェ」／ゴッホ「アルルのゴッホの家」／ムンク「オスロ・カールヨハンス街の春日」／「道路と建築のパースペクティブな景観」の諸特徴

第 5 章　道路と河川のパースペクティブな景観の視点場 …………………………………… 52
コロー「ジュネーヴのパキ岸壁」／ピサロ「セーヌ川とポン・デ・ザール・パリ」／コロー「両替橋と裁判所」／コロー「ノートルダムとオルフェーヴル河岸」／ユトリロ「ノートルダム・ド・パリとセーヌ川」／スーラ「グランド・ジャット島」／ピサロ「ポントワーズの埠頭と橋」／シスレー「サン・マメス6月の朝」／シスレー「モレのロワンの河岸」／モネ「ザーンダム」／ターナー「モートレイクのテラス」／「道路と河川のパースペクティブな景観」の諸特徴

第 6 章　河川とまちなみの景観の視点場 ………………………………………………………… 63
コロー「サンタンジェロ城とテヴェレ川」／コロー「サンタンジェロ城と橋」／ヨンキント「セーヌ川の日没」／ユトリロ「パリのサンジェルヴェ教会」／シスレー「サンマルタン運河の船」／シスレー「サンマルタン運河の眺望」／スーラ「アニエールの水浴」／シニャック「アニエール付近のセーヌ川」／シスレー「サン・マメス」／シスレー「驟雨の中のモレの橋」／コロー「マントの風景」／ピサロ「ルーアンの大橋」／ヨンキント「デルフトの運河」／ヨンキント「ドルドレヒトの川景色」／ダール「満月のドレスデン」／モネ「ウエストミンスター橋」／シスレー「ハンプトン・コートの橋」／ターナー「ダラムの大聖堂」・（1）フレームウエル・ゲート橋と大聖堂を見る「川から見るダラム大聖堂」・（2）プリベンツ橋より大聖堂を見る「ダラム大聖堂」／ターナー「バーナード・キャッスルと橋」／ターナー「リッチモンド橋と城」／ターナー「ウェイクフィールド橋と礼拝堂」／「河川とまちなみの景観」の諸特徴

第 7 章　港湾の景観の視点場 ……………………………………………………………………… 82
ターナー「ヴェネツィア-ためいき橋-」／ターナー「カナーレ・デラ・ジュデッカから見たヴェネツィア」／ターナー「ホテル・ヨーロッパの階段から見たヴェネツィア」／グァルディ「海から見たヴェネツィア」／コロー「ラ・ロシェル港」／ピサロ「朝・ルーアン・波止場」／ブーダン「アントワープの港」／コンスタブル「ホワイトホールの階段から見たウォータール―橋」／「港湾の景観」の諸特徴

第 8 章　景観タイプ別の視点場と視対象の諸特徴 ……………………………………………… 90
まちの全貌を見渡す景観／シンボリックな建造物の景観／道路と建築のパースペクティブな景観／道路と河川のパースペクティブな景観／河川とまちなみの景観／港湾の景観／画角，D/H／視点場と視対象の関係／コローの景観／コローの田園風景／モネの絵画／繰り返し描かれるシンボリックな建造物の景観の視点場

第Ⅲ部　カミーユ・ピサロが描いた絵画にみる市街地のパノラマ景観とその視点場 ………… 97

第 1 章　はじめに ………………………………………………………………………………… 98
背景／構成

第 2 章　ルーアン・シリーズ …………………………………………………………………… 100
大聖堂を見る構図の2つの視点場／セーヌ川周辺を見る構図の2つの視点場／視点場の特徴／視対象の特徴

第 3 章　パリ市内の景観を描いた絵画の場合 ………………………………………………… 108
サンラザール駅・シリーズ／モンマルトル大通り・シリーズ／オペラ座通り・シリーズ

　　　　　　／テュイルリー庭園・シリーズ／ポンヌフ・シリーズとヴェールギャラン広場・シリーズ／ヴォルテール河岸・シリーズ／まとめ

　　　第 4 章　ディエップ・シリーズ ……………………………………………………………… 123
　　　　　　港湾を描いた視点場／サン・ジャック教会を描いた視点場／視対象

　　　第 5 章　ル・アーヴル・シリーズ ……………………………………………………………… 127
　　　　　　視点場／視対象／実景との比較

　　　第 6 章　まとめ：パノラマ的な景観 ……………………………………………………… 131
　　　　　　視点場／パノラマ的な景観／視対象／時候の変化／距離などの定量指標の特徴

第IV部　モーリス・ユトリロが描いた絵画にみるパリ・モンマルトル地区の視点場と視対象 ………… 135

　　　第 1 章　モンマルトル地区の概要 ………………………………………………………… 136
　　　第 2 章　景観タイプ別の視点場，視対象の特徴 ………………………………………… 138
　　　　　　シンボリックな建造物の景観／道路と建築のパースペクティブな景観／まちの全貌を見渡す景観／まとめ
　　　第 3 章　絵画に描かれた景観技法の検討 ………………………………………………… 151
　　　　　　景観技法／建物を見る仰角／視点場の交差点と他の交差点との比較
　　　第 4 章　散策ルートの提案 ………………………………………………………………… 155
　　　　　　年代的な流れと視点場の標高／視点場から視線方向を結ぶ散策ルートの提案／まとめ
　　　第 5 章　シークエンス的な景観 ……………………………………………………………… 160
　　　　　　視点場／視対象までの距離／シークエンス的な景観

第V部　「絵になる景観」を得るために ……………………………………………………………… 163

　　　第 1 章　空間スケールに対応した景観タイプの創出 ……………………………………… 164
　　　第 2 章　景観形成基本計画への適用－6つの景観を創る ……………………………… 167

あとがき ……………………………………………………………………………………………… 171

絵画の所蔵元リスト ………………………………………………………………………………… 175

第 I 部

序論

第1章
絵になる景観

1.1 景観の素材

　心に残る日本の風景が，テレビで紹介されることがある．山岳の紅葉や積雪などを上空から俯瞰する風景は，自然の雄大さを私達に教えてくれ，遠くに見えるはずの山並みを身近にみることができ，臨場感を体験させてくれる．このような風景の多くは，山並みや海辺等の山野河海の光景である．

　また，自然の生態を取り上げる微視的な姿も景観として取り上げられる．例えば，水中を泳ぐ魚の群れ，林の中を走りまわる動物，野原に咲く草花などの生き生きとした生命のかたちである．

　時には，都市の歴史的まちなみや古木の姿などの光景も示される．

　このように私達は，そこには自然や都市の光景，生命の躍動する形など，多様な景観が存在していることを知る．

1.2 景観を支える生活

　地方の名産や料理，そして田園，山村，漁村の生活の様子もまた，日本の景観の一つとして論じられることがある．これによって，河川景観の美しさを支えるさまざまな日常生活が存在していることを，私達は理解する．昔から続いている営みが，結果として美しい景観を保全していくということに思い巡らせ，意識するとしないとにかかわらず，景観とそれを支える生活を切り離しては論じられないという考えに至る．

　私には，印象に残っている景観がある．それは，「四万十川の仙人」と「鮮やかに季節（とき）は流れる－しだれ桜の下に生きる家族の物語－」という2つのテレビ番組で紹介された清流と山々の恵みをいかした日常生活と田園や背景の林の映像．「初恋のきた道」という映画に映し出された色鮮やかな木々と山並みの景観．定かではないが，テーマは多分に自然と共生する人間生活の営みと，人間を取り巻く周辺の風景にあったと思う．

　しかしながら私は，視野に映る素晴らしい「風景」と，その背後にある生活を区分して論じようと思う．漁業を営む生活が，河川景観を支える条件であったとしても「河川景観」を紹介する場合には，漁業の実態から魚の生態まで描くことは，必要ではないと考えている．もし，景観を論じる時に，生産と生活のすべての営みを景観の対象としなければならないとすれば，それでは「景観論」に，過大な期待と課題を負わせることになる．

1.3 景観の表現

　景観を論じる場合，もう1つの観点がある．

　山岳の紅葉や積雪の様子などを，望遠レンズで俯瞰して撮影する表現方法，あるいは接写して微視的な世界を表現する方法である．両者とも，私達が通常見る景観とは異なっている．望遠レンズで映し出された景観は，標準レンズで映し出された景観とは大きな違いがある．私達は，近寄って対象を見る場合もあるが，普通には体験できない．

　何故に，通常に見る景観の中に，すばらしい景観を見いだそうとしないのか．何故，私達が通常に目にする都市の光景や，川や山，緑などの美しさに，カメラを向けようとしないのか．

1.4 本書で取り上げる「景観」

以上のように，景観を考えるとき，景観の「素材」，景観をささえる「背景」，それを第三者に伝える「表現」の3つの観点があることに気づく．私は，これらを以下のように整理しておきたいと思う．

第1は，なにを見るのか，見る素材は何かということである．私がここでとりあげる景観とは，自然と人間活動の結果生み出された人工的な景観のことである．私は，そのような「景観」について考える．

第2は，それを成立させている日常生活の取り扱いにある．日常生活を景観として映し出すカメラは，それはそれとして美しい．しかしながらそれは，景観を支えるものの光景である．本書では，通常美しいとして見られる景観の領域，ごく「平板的」な美しさに限定したいと考えている．

太宰治は，「富岳百景」[1]の中で，景観について論じている．「御坂峠は，甲府から東海道に出る鎌倉往還の衝に当っていて，北面富士の代表観望台であると言われ，ここから見た富士は，むかしから富士三景の一つにかぞえられているのだそうであるが，私達はあまり好かなかった．……あまりに，おあつらいむきの富士である．……まるで，風呂屋のペンキ画だ．……どうにも註文どおりの景色で，私達は，恥ずかしくてならなかった……」．さらに，「……富士を見ながら，『どうも俗だねえ．お富士さん，という感じじゃないか……見ているほうで，かえって，てれるね』……」などと，当初は，富士の美しさを酷評する．

しかし，後になって太宰は，御坂峠からみた光景を以下のように評価する．「私は，部屋の硝子越しに，富士を見ていた．富士はのっそり黙って立っていた．偉いなあ，と思った．『いいねえ富士は，やっぱり，いいとこあるねえ．よくやってるなあ』富士には，かなわないと思った」．

要するに，太宰は当初，一般庶民のだれでもが知っているような「注文どおり」で「俗的」なポーズの美しさには納得できないでいる．自分なりに美しいと思う理由を見いださないと納得しない．そして，「いいねえ富士は，……よくやってるな．かなわない……」という独自の表現理由を見いだしてから後に，太宰なりに富士山を評価するに至る．

ここで，何故に，太宰の富岳百景を引用したかというと，私は決して画家が，「注文」どおりの俗的な絵を描いているということを主張するために引用したわけではない．引用したその理由は，たとえ絵画を皮相的に見たとしても，その実景は，「絵になる景観」の分析素材になりうることを示したかったからである．

第3は，景観というものを第三者に伝えるさいのメディアはどうあるべきかという点である．それは，望遠レンズ，広角レンズ，標準レンズによって，同一の対象でもそれぞれ異なって表現され伝達される．しかし，私達の生活では，近くに存在しているものは大きく見え，遠いところにあるものは小さく，あるいは，ぼんやりと見える．この日常感覚で景観を表現すること，写実的に表現すること，要するに誰でもが，同じようにみえるような景観を論じることが私の関心事である．

1.5 「絵になる景観」

私達が日頃，目にするものは，市街地の建物であり，道路や並木，河川や海辺，遠くに見える山並みや緑地などである．

イギリスの風景画家コンスタブルは，既に，19世紀初期に次のことを書き残している．「現代においては，絵画は理解されるべきものであって，盲目的な驚嘆によって眺められるべきものではない．また単に詩的な憧れとしても見なされるべきではなく，合理的，科学的，そして数学的に追求されるべきものである」[2]．そして，「画家という職業は，詩的であると同時に科学的なものであるということである．想像力のみによっては，現実の比較に耐えられるような絵画は，決して過去においても制作できなかったし，今後もできないであろう」．「肉眼で決して見ることの出来ないものを人が描くということは，愚かなことではなかろうか．見るものを描くこと，それ自身で既に十分に難しいことだからだ」[2]．

1.6 絵画と実景の類似

絵画は，写真を撮ってそれを模写したものではない．画家は，実景とほとんど同じものを描く場合もあるし，修正して描く場合もあるし，全く異なったように描く場合もある．風景を写実的に描くというよりもそれを素材にして，組み合わせて描くのである．描か

れたものは，画家の目を通して再構成された結果であるから，画家の考え方や描く技法によっても異なるし，時代の制約によっても異なる．

本書において私は，写実的に描かれた「絵になる景観」を分析することを前提としている．例えば19世紀のヨーロッパ印象派の画家達は，比較的実景と同じ景観を描いている．

フランスの文化省は，コローの絵画を参照しながら教会の修復を行なっている．ピサロは，ル・アーヴルの港湾の埋め立てが進行しているが故に，港湾の状況を「記録」するために絵筆をにぎった，と手紙の中に告白している[3]．

私は，そのような絵画を「絵になる景観」のテキストとして採用する．そして，調査において実景と絵画との類似・相違を調べ，「絵になる景観」とするために必要とされる実景の空間特性などを分析している．

1.7 色彩の分析

印象派の都市的絵画の分析では，景観の色彩分析が不可欠ではないか，何故に色彩の分析を手がけようとしないのか，と助言を戴くことが少なくない．

印象派の絵画の特徴は，明るく透明な色彩にあると言われている．印象派の画家は，ある瞬間の「光の状態」を画面に定着させることに，全力を尽くした．確かに，フォルムよりも色彩に力点があるように見える．しかしながら，色彩の分析は，現段階では不可能であると考えている．美術館内で絵画を見ても，照明の度合いやアングルによっても見え方は異なるし，美術館から借用したフィルムのネガを印刷物にした場合でも，その色彩は出版社によって異なっている．もしも，読者が，同一の絵画を異なった出版社から出されているのを見比べると，このことは，十分に理解していただけるものと思っている．以上の理由から色彩分析を行なうテキストは確定できないのである．印象派の画家達の描いた絵画は，このように色彩に特徴があるのだが，その前に正確なフォルムと構図でもってスケッチをしているし，構図の分析においても十分耐えうるものであると私は考えている．

第2章
都市的風景画の視点場調査の方法

2.1 なぜ視点場調査を行なうか

19世紀のヨーロッパの風景画は，自然の美とともに都市活動の様子が描かれた．それは，時代を超え，国を超え世界中の人々に鑑賞され，親しまれている．

風景画は，いかなる場所で，どのような対象を描いたものなのだろうか．私達は，風景画を見てその風景を想像することはできるが，大半はその実景を知らない．私は，その実景の一端を知り，何故に画家が多くの景色の中から1つの構図を選んで，「絵になる景観」を描いたのかという画家の秘密にふれたい．実景と描かれた絵画とを比較し，描かれた理由を実景の特徴から推測し，さらに実景の分析を通して，都市景観設計の手法に役立つ指標を明らかにしたいと思うのである．

それを調べるためには，描かれた場所を訪問し確かめるしかない．私は，画家がキャンバスを置いて描いた場所に立って，360度周辺を見まわし，その中から描かれた方向を確かめ，何が描かれたのか，描かれた景観の実態は如何なるものか，視対象は何か，視対象までの距離，視点場空間の特徴などを，調査したい．多くの画家が描いた多くの絵画について，このような実景の調査を繰り返すことによって，その中に共通している事項を見いだそうと考えたのである．視点場空間を調べるためには，まず視点場の位置を確認することが必要である．

2.2 視点場の位置

視点場の位置を見いだすことは，実は容易ではない．有名な絵画の場合は，既に視点場が観光地として活用されているため，視点場を探すことは比較的容易である．ただ詳細な場所については，実際に訪問し，絵画と符合するかどうか見比べなければならない．当局や旅行エージェンシー，現地の観光案内所（i）によって，場所が近くに変更されていることもあるし，観光案内所（i）が教えてくれる視点場も，間違っている場合があるからである．私の経験からも，地理的特徴と絵画が一致しているかどうかは，即断できない場合が多いのである．

ただ有名な絵画の場合は，都市，地区がおおまかにはわかっているので，詳細な視点場の位置を探す作業が私達にのこされる．

2.3 視点場発見の手がかり

著名な絵画でも以上のように注意を払わねばならないのであるから，一般に知られていない絵画の場合は，絵画のタイトルに含まれた地名の確定からはじめなければならない．

絵画のタイトルに地名（都市，河川，山，教会などの名称，あるいは通りの名称など）が含まれていれば，それが視点場発見の手がかりとなる．その地名のスペル（つづり）を確かめ，その地名を地図上で探す．その地図上に記載されていれば，次には都市地図，詳細地図を手に入れる．日本で入手できる観光地図にそのような地名がなければ，その国の全土の地図を入手し，地図中に地名が記載されているかどうか調べる．あるいは，インターネットにより国や都市にアクセスして，都市・地区の地図，写真などを調べる．位置を確認できれば，次の段階ではその都市の詳しい地図を入手すべく努力をする．

もし記載されていなければ，画家が訪れたであろう場所を，美学・美術史学の成果や多くの文献で調べる必要がある．その場合の視点場探しは，長期戦にな

る．以上の手続きによって，描かれた都市・地名を確定していくのである．

2.4 地図の収集

さて，都市地図はいかにして入手することが可能であろうか．国によっては，都市地図は，観光地図と官製地図の2種類がある．観光地図は，民間の地図会社が作製したものであり，官製地図は日本でいうと国土地理院や軍が作製したものである．日本では，東京・神田のMハウスでこれら海外の地図を入手することができる．

観光地図には，通りの名称などが記載され，視点場や視対象を探索するには，必要不可欠である．ただ，すべての都市で観光地図があるわけではないし，また距離などの計測には観光地図は，役に立たない．

官製地図は，距離が比較的正確に記載されており，視対象までの距離を計測するのには欠かせない．官製地図を入手しようと思えば，各国の官製地図の作成方法，発行の仕組み，地図のスケール，地図番号などを知る必要がある．イギリス(OS)[注1]，フランス(IGN)[注2]，ベネルックスの場合は，国土の地図システムのパンフレットがあり，官製地図の仕組みを知ることができる．

地図発行のシステムがわかるパンフレットから，該当する都市地名が記載されている地図番号を調べる．必要な地図の地図番号を調べて，その地図をMハウスに発注して入手する．ただし，イタリアの場合は，該当する地図番号で発注しても届かないかあるいは1年以上かかる場合が多い．Mハウスを通さずに直接，イギリス，フランスの国土地理院に発注することも可能である．さらには，海外調査の時に，国土地理院やその店舗に立ち寄って，広域地図や都市地図(1/25,000～1/100,000)を入手する．地図を入手した後，地名のつづりを確かめて対象となる都市を確定する．

さらに視点場の現地調査には，1/1,000～1/5,000程度の詳細地図が必要で，その地図は存在するのか，存在するとしたらどこに存在しているのかなども調べ，できれば前もって入手しておく必要がある．

2.5 現地調査

次の段階では，そこを訪れるための交通手段を調べる必要がある．小さい町であれば，アクセス手段は容易にはわからない．飛行機，鉄道，バス，タクシーなどで，どこからその町に行けるのか，を調べる．原則的に鉄道で移動することを前提にして，クックのヨーロッパ鉄道時刻表に駅名が記載されているかどうかを調べる．あるいは現地の大きな駅でたずねる．分かれば，もう行ってみるしかない．

該当する都市を訪問したら，直ちに観光案内所(i)に行く．そして詳しい地図などを手に入れるか，絵画や地図，歴史に関する情報収集を行なう．ただ先に述べたように(i)を信用しすぎてはいけない．その後は，絵画が描かれた場所をしらみつぶしに調べるために歩き回る．通常は，駅から約1kmの位置に旧市街地がある．地図をよく「観察」し，あらかじめ絵画と見比べ視点場の候補地点を列挙しておく．そして旧市街地に行って，候補地点を目指して歩き，その周辺を回ると，おおむね視点場を発見することができる．

絵画に描かれた時期の市街地と今日の市街地では大きく変化し，当時の面影がない市街地がある．

あるいは明確な目印が描かれていない絵画があり，その都市のすべての場所が，絵画のように見える場合がある．

そのような時は，視点場を容易には発見できない．描かれた場所がここであるという決め手がないからである．このような場合には，描かれた当時の地図が，必要となる．古地図の収集もまた必要となるのである．そして古地図と現在の地図を比較して，視点場を推定することになるのである．

もう1つの困難が残される．それは，繰り返しになるが，画家は，そのまま同じように対象を描くとは限らない．描かれた対象は，実景とは当然ながら異なる場合があり，私達が見る景観とは相違している．いわば，そこにはデフォルメがあるのである．

以上のように視点場の探索は，きわめて困難なのである．

2.6 調査対象の都市

具体的に19世紀印象派を中心にした絵画で調べた国・都市は，フランス（パリ，パリ近郊，モレ，ルーアン，ディエップ，ル・アーヴル，シャルトル，ドゥーエ，ラ・ロシェル，サン・ロー，ソワソン，アルル，アヴィニヨン，マルセイユ等）を中心に，スイス（ジュネーヴ），イタリア（ローマ，ティヴォリ，フィレンツェ，ヴォルテッラ，ヴェネツィア，ジェノヴァ），イギリス（ロンドン，ハンプトンコート，ソールズベリー，ダラム，バーナード・キャッスル，リッチモンド，ウェイクフィールド），ドイツ（ドレスデン），オランダ（デルフト，ドルドレヒト，ザーンダム），ベルギー（アントワープ），ノルウェー（オスロ）である（図1.1）．

大半の都市が，初めて訪問する都市であったが，いずれも個性豊かな歴史的まちなみをもつ都市であり，都市内のどこを通ってみても「絵になる景観」をうることができるように思う．現在，これらの歴史的まちなみをもつ都市は，いずれも路上駐車に苦労しており，如何にそれを解決していくかが，「絵になる景観」を維持していく上での共通の課題になっている．

都市内には，入り組んだ石畳の路地や広場等，視点

図1.1　調査対象の主な都市

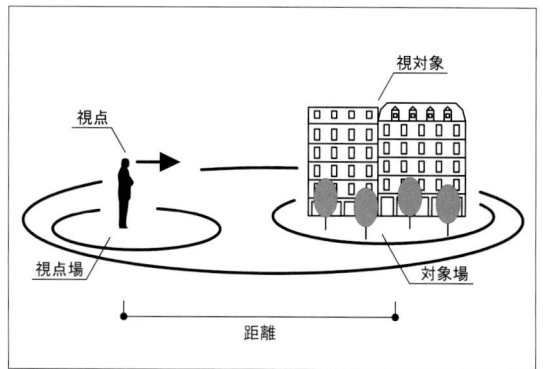

図1.2　視点場・視対象の概念

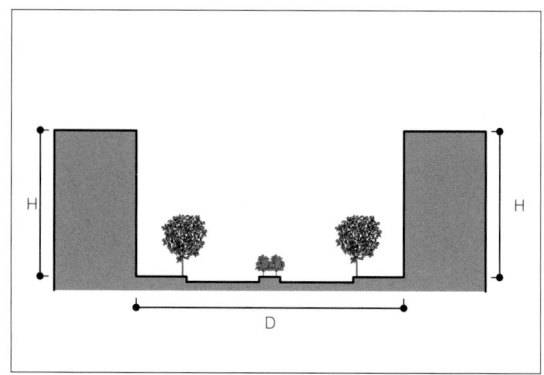

図1.6　D/Hの概念

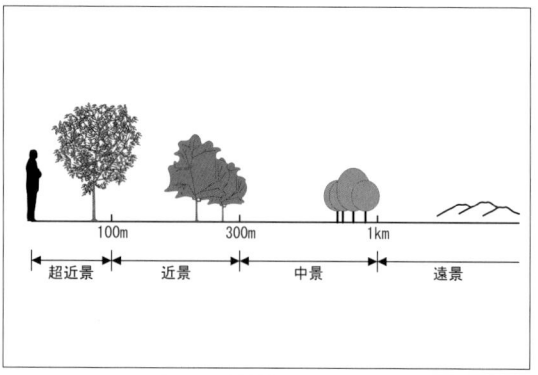

図1.3　視対象までの距離

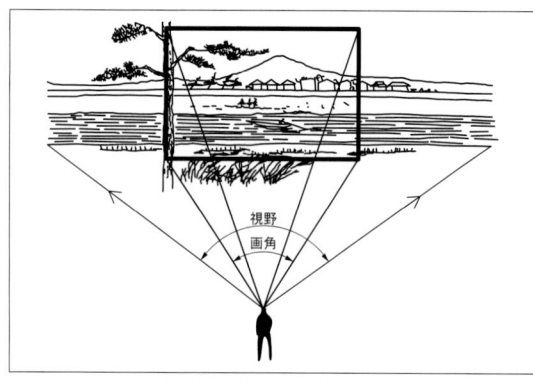

図1.4　画角・視野の概念

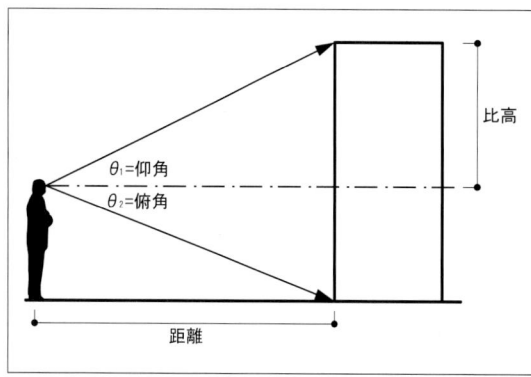

図1.5　仰角・俯角・比高の概念

場となった空間，さらに教会などが，現在でも各所に存在している．そのような市街地の中に，一般の方々が見る視点ではなく，画家は独自の視点場から「絵になる景観」を見つけて描いているのである．

以上の都市では，地元の建築家，研究者がかかわって古いまちなみの修復の作業を進めており，目的・方法も異なっているとはいえ，私がたかだか数日，数時間で調査を終っていくことには忸怩たる思いもある．

2.7　調査対象の画家

対象の画家は，印象派を中心とした画家で以下の通りである．本書のサブタイトルは，「19世紀ヨーロッパ印象派の都市景観」であり，当初は，印象派を中心とした絵画を抽出したつもりであった．しかし実際には，ローマン主義，写実主義の画家の絵画も少なくなく，結果的に視点場を見いだしえた絵画が，選択された結果このようになったのである．

　グァルデイ（1712-1793）Francesco Guardi,
　ターナー（1775-1851）Joseph Mallord William Turner,
　コンスタブル（1776-1837）John Constable,
　ダール（1788-1857）Johan Christian Dahl,
　コロー（1796-1875）Camille Corot,
　ヨンキント（1819-1891）Johan Barthold Jongkind,
　ブーダン（1824-1898）Eugene Boudin,
　ピサロ（1830-1903）Camille Pissarro,
　シスレー（1839-1899）Alfred Sisley,
　セザンヌ（1839-1906）Paul Cezanne,
　モネ（1840-1926）Claude Monet,

図1.7 正面景

図1.8 軸景

ゴッホ（1853-1890）Vincent Van Gogh,
スーラ（1859-1891）Georges Pierre Seurat,
シニャック（1863-1935）Paul Signac,
ムンク（1863-1944）Edvard Munch,
ユトリロ（1883-1955）Maurice Utrillo.

2.8 調査項目

絵画であるから厳密な調査はなじまない。しかしながら，景観設計の操作指標[4)5)]として確立されている基本的事項は調査する。

私達は，絵画1枚ごとに，描かれた実景の方を計測した。視点場の写真撮影，ビデオ撮影，デジタルカメラ撮影，視点場周辺の実測，それに以下のような計測調査を行なった。実測では，簡易角度計，距離計測機（30 m用：Disto Pro 30 m，1 km用：Yardage Pro 1000），巻き尺（5.5 m）などを用いて計測した。視点場と視対象が大きく離れている場合には，2組に分かれて調査した。

① 視点場：画家がキャンバスを立てた位置（図1.2）。

② 視対象：画家が描いた対象物，建物，道路，河川，あるいは並木などである（図1.2）。

③ 視対象までの距離（超近景，近景，中景，遠景）：視点場と視対象の距離であり，超近景とは画家の位置から100 m以内の距離，近景とは300 m以内の距離，中景とは1 kmまでの距離，遠景とは1 km以上の距離のことである（図1.3）。

④ 画角，視野：本書でいう画角とは，画家がキャンバスに描いた水平の角度であり，視野角は，画家が立ったその位置から，周辺の水平の障害物のない開放

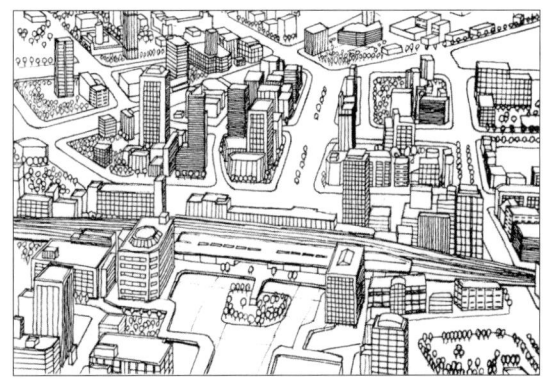

図1.9 俯瞰景

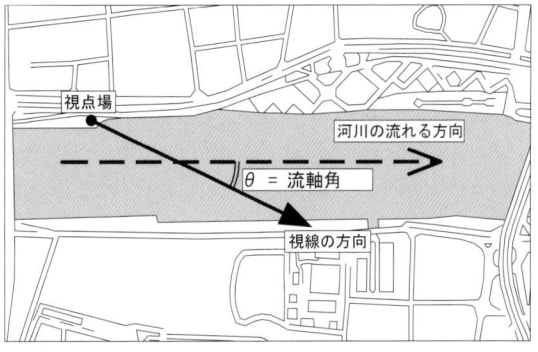

図1.10 流軸角の概念

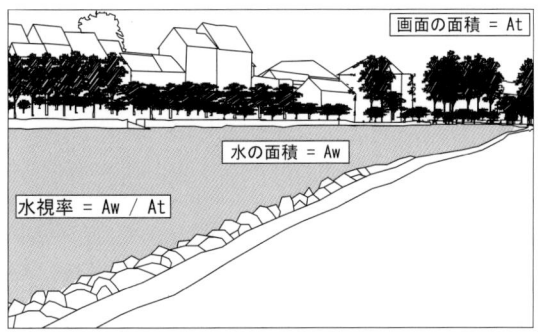

図1.11 水視率の概念

度あるいは見晴らし度の意と定義しておく[6]．文献によると，35 mm で水平54度，50 mm レンズでの画角は実測すると水平37度（図1.4）である．

⑤　仰角，俯角：視点場の位置から視対象を見る場合，視点場から視対象までの距離と視対象の高さとの角度（図1.5）．

⑥　比高：視点場の標高と視対象の高さを比較した時の高さの差（図1.5）．

⑦　D/H（道路の幅員/建物高さ）あるいは（広場の奥行き長さ/建物の高さ）：道路幅員とそれに面している建物の高さの比であり，広場の場合は広場の奥行き長さと建物の高さの比（図1.6）．

⑧　正面景（対岸景）：建物の正面を見る景観のことである．河川の場合は，流軸と直角の対岸を見る景観（図1.7）．

⑨　軸景：道路の方向に見る景観，河川の場合は流れる方向に見る景観（図1.8）．

⑩　俯瞰景：高い視点場から低い位置にある視対象を見る景観（図1.9）．

⑪　流軸角：河川の流れる方向と視線の方向との角度（図1.10）．

⑫　水視率：絵画の画面上，あるいは撮影された写真の中での水の面積の割合（図1.11）．

2.9　本書の構成

私は1989年から1995年にかけて景観分析の第1段階としてヨーロッパ風景画71点を分析し，これらを「まちの全貌を見渡す景観」，「シンボリックな建造物の景観」，「道路と建築のパースペクティブな景観」，「道路と河川のパースペクティブな景観」，「河川とまちなみの景観」，「港湾の景観」の6つの代表的な典型的構図に分類することができた[7]．その視点場の多くは，道路の交差点やその近傍のオープンスペースであった．そのような空間を確保・整備すれば，その場所から通りの方向などを見る「絵になる景観」を得ることができる．

しかしながら絵画からうるべき教訓はまだ多いと考えており，その後も調査する風景画を増やし，現地調査を行なってきた．本書は，視点場を探索し，発見した視点場と視対象の空間的特徴について，記している．

その主な内容は，次の3つである．

1）まず6つの典型景観別に，19世紀ヨーロッパの都市的風景画の視点場調査を行ない，視点場空間の特徴や視対象の特徴を調べた．調査した絵画数は，78点である．まずもって第II部は，この視点場調査の結果について網羅的に述べたい．

当初私は，印象派を中心にした絵画を，市販されている画集から収集して調査対象としていた．その後，調査をしていくなかで，現地でコロー，ターナー，ピサロなどの研究書[3)8)9)]を手に入れ，掲載された絵画の中から調査対象にそれらの絵画を加えていき，調査対象を徐々に増やしていった．その結果，コロー，ターナーなどの絵画の調査が多くなった．モネの絵画が少ないのは，視点場を確定できたのが少なかったためである．

2）次に，第III部では，調査対象をピサロが描いた都市風景画にしぼりその視点場空間を調査した結果を示す．

ピサロは，特定の地点から多数の絵画を描いている．そして，多数の絵画をつなぎ合わせると，パノラマ的な景観となる絵画を描いている．このような景観を可能にした視点場と視対象の特徴を述べる．

3）さらに，ユトリロが描いたモンマルトル地区の絵画46点の調査結果を第IV部で示すことにする．

ユトリロは，モンマルトルという小地区内の市街地景観を繰り返し描いている．この描かれた構図には，地区景観を考える上での特徴があり，特に丘の頂上に建つサクレクール寺院が描かれた視点場に，それを見ることが出来る．

そして，それらの視点場をむすびつける散策ルートを提案したい．それを辿ると，そこには空間的リズムがあり，歩きながら連続的に「絵になる景観」が得られることを示したいと思う．

最後に，今まで述べてきたことを総括したのが，第V部となる．なお現地調査によって得られた指標の数値は，繁雑さを避けるために本書では略し，別途公表する予定である．

本書では，視点場を発見した過程も示している．また現地の地図をできるだけ記載し，視対象に関わる若干の文献資料も付け加えた．視点場探索は比較的容易に思えるが，実際は苦難の連続であったし，それ故に発見した時の感激もひとしおであった．

私は，絵画を見ながらどのような実景が描かれたのかを想像し，またこのような視点場発見の旅に多くの

人々がでかけることを期待しており，さらにその視点場を発見したときの喜びを読者と共有したいと願っている．私が調査した絵画は，19世紀ヨーロッパの都市的風景画のごく一部である．もしかしたら，私が発見したとしている視点場が，間違っているかもしれない．それらを含めて読者が，風景絵画の発見の旅に出発されることを願っている．そして，その結果を御教示願いたい．

なお，本書に掲載している絵は，モノクロ印刷で，オリジナル絵画のタテ・ヨコのプロポーションとは異なっており，読者にとってはなはだ不十分であると思われる．所蔵元の美術館で鑑賞されることを期待する．

注

1) OS：Ordnannce Survey，イギリス国土地理院
2) IGN：Institute Geographique National，フランス国土地理院

参考文献

1) 太宰治：富岳百景，日本文学全集，新潮社，1968
2) C.R.レズリー，斎藤泰三訳：コンスタブルの手紙，彩流社，1989
3) Richard R. Brettell, Joachim Pissaro：The Impressionist and the City：Pisarro's Series Paintings, Yale University Press, 1992
4) 樋口忠彦：景観の構造，技報堂，1975
5) 芦原義信：街並みの美学，岩波書店，1990
6) 鈴木信宏：水空間の演出，鹿島出版会，1981
7) 萩島哲：風景画と都市景観，理工図書，1996
8) Vincent Pomarede：Corot, Leonardo, 1996
9) David Hill：Turner in the North, Yale University Press, 1997
10) 篠原修編著：景観用語事典，彰国社，1998
11) 三浦金作：視覚的構造よりみた広場の尺度―イタリアの広場の空間構成に関する研究（2），日本建築学会計画系論文報告集，第398号，1989

第 II 部
景観タイプ別の都市的風景画にみる構図とその視点場

第 1 章
6つの景観タイプ

　印象派の都市的風景画は，その構図を分類すると，おおむね6つの景観タイプに分類できる．

　第1は，高いところから市街地のまちなみを俯瞰するいわゆる「まちの全貌を見渡す景観」である．このタイプは，郊外の丘陵地，高台を視点場として，そこから市街地を見下ろす景観の場合と，市街地内にある高い建物の上階から市街地の家並みとともに遠くに山並みあるいは海辺を見る景観の場合である．いわば，パノラマ的な景観の一部を切り取った絵画が，このタイプのものである．

　第2は，単体建造物のみを中心にして見る「シンボリックな建造物の景観」である．歴史的に著名な建造物や，斬新なデザインの建造物を近くから見る景観である．正面から見る場合もあるし，斜めから見る場合もあるし，背後から見る場合もある．要するに，このシンボリックな建造物のみに焦点をあてた景観である．

　第3は，市街地のまちなみの景観である．道路の軸方向を両側の建物とともに見る「道路と建築のパースペクティブな景観」である．直線の道路と両側の家並みを見るビスタの景観である．やや曲がった道路でも見とおすことができる景観もこれに該当する．また軸の奥にアイ・ストップとしての建築物を見る場合もある．

　第4は，市街地内を流れる河川と両側の道路を河川の流れの軸景として見る「道路と河川のパースペクティブな景観」である．市街地内を流れる河川を，両側または片側にある道路または遊歩道とともに流軸方向を見る．河川沿い歩道，河川敷や船上，あるいは橋上を視点場として，下流あるいは上流を見る景観である．

　第5は，河川と対岸にあるまちなみを見る「河川とまちなみの景観」である．市街地内を流れる河川の対岸景を見る，河川とともに対岸の市街地のまちなみを見る景観である．

　第6は，海辺と港湾を見る「港湾の景観」である．港湾の出入り口から海辺方向を見る，あるいは埠頭の対岸方向を船舶とともに見る，さらには対岸に港の市街地を見る，いわば港湾のまちなみを見る景観である．河川や運河にある港の景観も該当する．

　画家達の多様な考えかた，描く場所の違い，描く方法の違い，制作年代などの違いがあるにもかかわらず，すべての絵画は，おおむね上記の6つのタイプに分類できる．詳しい内容については，拙著[1]を参照されたい．

　第Ⅱ部では，この6つの景観タイプ別に19世紀ヨーロッパ印象派を中心にした78点の絵画を素材にして，画家が立った視点場を探索・調査して，その特徴をまず示したい思う．ついで，絵画と実景を比較し，視点場空間の特徴や視対象までの距離，仰角についてふれ，最後に，その中から共通している傾向を取りまとめることにする．

第2章
まちの全貌を見渡す景観の視点場

　私達は，市街地の中に建設された展望タワーや郊外の丘陵地の展望台から，下方に市街地を俯瞰する景観を知っている．市街地が遠くまで広がり連なっている様子や，遠くに見える海辺を見て，地平線の広がりに思いをめぐらし，市街地の全体像を把握して自分たちの位置を確かめている．

　もしかすると，そこには快適なパノラマ景観を与える展望台の高さと視対象との関係や，視対象までの望ましい距離や俯角があるのかもしれない．何故なら高所から遠くを見るときに，直下を見るような恐怖心を呼び起こさせられる場合も経験することがあるからである．絵画に描かれたまちの全貌を見渡す景観の事例から，これらの適切な俯角が，見いだせるかもしれない．

　調査事例としてあげるのは，コローの作品が多く10点，ターナー2点，セザンヌ1点，ピサロ1点で，計14点である．

　「まちの全貌を見渡す景観」に分類された絵画の視点場を探すのは，非常に難しい．このタイプに描かれた景観は，近景，中景，遠景の3つの距離景を含むので，視点場，視対象を含めた地理的空間は広い．視対象を見る中景の区切りが約1kmであるので，視点場を中心に1kmの範囲内に少なくとも主な視対象が存在し，前後左右の最大約2km四方の広さが調査対象になるのである．従って，その中から1地点，すなわち画家がイーゼルをおいた視点場を見いだすことは，容易ではない．

　今回，この景観タイプで取り上げた絵画では，主な視対象は尖塔をもつ教会であったために，現地を訪れても描かれた視対象を見いだすことは容易であった．しかし，視点場を探しだすことは，困難であった．この視対象がおおむね中景の範囲内に位置するために，視点場となる周辺ではどこでもが同じように見え，その中から画家が立ったであろう視点場は，いくつも想定できたのである．人家の私有地には入れないので，道路または川に沿って，あるいは道無き道を歩き視点場を探索することとなった．

2.1　コロー「ファルネーゼ庭園からのフォルムの展望」1826（イタリア，ローマ）

　イタリアのローマ市内にある代表的な古代遺跡は，なんと言っても円形劇場コロッセオとそれに隣接しているフォロ・ロマーノである．

　コローのこの絵画は，「古代ローマの中心広場であったフォロ・ロマーノ内のファルネーゼ庭園（オルティ・ファルネジアーニ）から，北西方面を眺望して描く．左端の鐘楼をもつ市庁舎の建つカンピドリオの丘の下から右へ，サトゥルヌスの神殿跡，セプティミウス・セウェルスの凱旋門，そして聖ルカ教会と元老院と続く」[2)]（図2.1）．

　視点場は，パラティーノの丘のファルネーゼ庭園のテラスであり，これは古代ローマの遺跡の上にある．その遺跡の地上面は，現在芝生で整備されている．私達は，視対象を見ながらその庭園を歩きまわり，視点場が南西端の位置にあることを探し当てた（図2.2）．

　図2.3は，ここから北方向のフォロ・ロマーノ，カンピドリオの丘のローマ市庁舎，パラッツオ・セナトリオ等のローマの市街地を見た景観を撮影したもので，ほぼ絵画と同じ実景をえることができる．視対象までの距離は比較的近く，近景の範囲にあり，絵画に描かれた建物のスケールと実際に見える建物のスケールは完全に一致している．後で述べるが，ボボリの庭園からみたフィレンツェが描かれた場合と比べ，市街地の建物の描かれ方は普通である．

　この視点場となったファルネーゼ庭園は，1500年代，純粋にレクリエーションのためにつくられたもの

図 2.1 ファルネーゼ庭園からのフォルムの展望

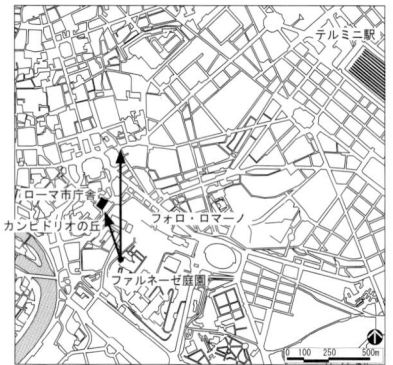

図 2.2 視点場の位置

図 2.3 実景

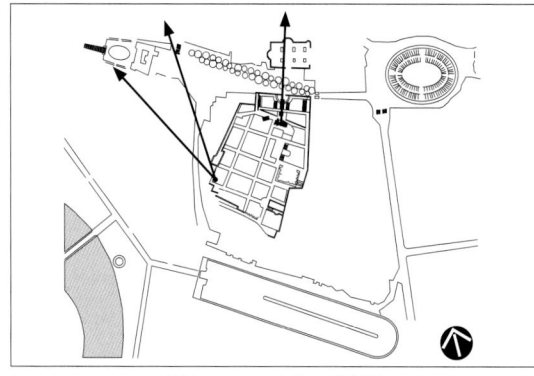

図 2.4 ファルネーゼ庭園

図 2.5 ヴィラ・メディチから見たトリニタ・ディ・モンティ教会

で,建築的な道路,階段と中庭の組み合わせがあり,またここは,東方向の展望を意識したデザインとなっている[3].しかしながらコローが描いている方向は,北西方向のローマの遺跡に囲まれたまちなみであり,東方向を意識してはいない(図 2.4).このことからコローが,公園のデザインよりもまちなみに強い関心を示していることがわかる.

現在は,コローが描いた当時のスカイラインとは若干異なり,セナトリオの背後にエマニエルの塔が追加されている.

2.2 コロー「ヴィラ・メディチから見たトリニタ・ディ・モンティ教会」1826〜1828,「トリニタ・ディ・モンティの教会」1845(イタリア,ローマ)

トリニタ・ディ・モンティ教会は,ローマ市内のやや北に位置している.この教会の前にはスペイン広場がある.コローは,この教会をメディチ家から眺めた絵画として 2 枚を描いている.ほとんど同じ構図であり,前者の視点場は,メディチ家のテラス(上階)で,後者の視点場は,メディチ家前の広場(地上面)である.

前者の絵画(図 2.5)に描かれた「教会は,ヴィラ・メディチの並びに建つ.観光名所であるスペイン階段の上がりきったところにある二楼式の特徴ある教会で,……優美な建築である.コローは後にもこの教会を描いており(後者の絵画),コローにとって親しみやすいモチーフであったのだろう」[2].この絵画は,近景にあるトリニタ・ディ・モンティの教会と近景から中景に位置するローマの市街地を見渡す景観を描い

第2章　まちの全貌を見渡す景観の視点場　17

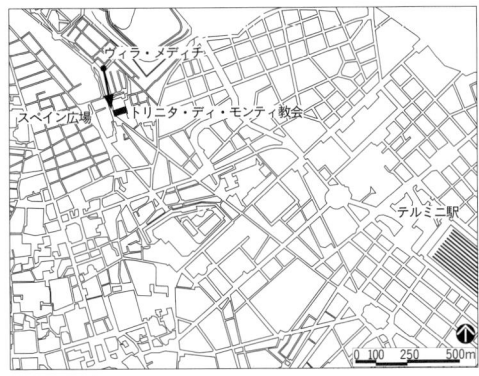

図2.6　視点場の位置

図2.7　実景

たものである．

　西方向からほぼ平行に当たる日ざしが，教会に陰影を与えている．

　視点場は，メディチ家の邸宅内の3階の最南端にあるテラスにあると判断される（図2.6）．このメディチの邸宅もまた，2つの塔をもち，コローが描いた当時から現在まで既にフランス・アカデミーの所有となっている．このテラスから見た実景は，図2.7であり，手前の樹木で見にくい．この邸宅は，丘陵地にあることから，テラスよりポポロ門，背後のテヴェレ川と対岸を見通すことができ，まちなみを見下ろすことができた．メディチ家のあるこの地区は，「ピンチョの丘（庭園の丘）」[3]と呼ばれている（図2.8）．この視点場となったテラスは，モンティ教会方向とローマ市街を見渡すためのテラスともなっている．

　メディチ家に入る前の小さな広場には，中央に水盤がある（図2.9）．コローは，他の絵（「ヴィラ・メディチの水盤」1825）でこの水盤を描いている．このことからも2枚の絵が，メディチ家から描かれたということが確認できる．

　帰り際に，この広場からモンティ教会方向を見ると，後者の絵画に近い構図がえられ，後者の絵画の視点場が，この広場にあったことがわかる．モンティ教会の二楼の並びの関係が，絵と一致して見えることから，視点場は，ここであることが確認された．

2.3　ターナー「ヴァティカンから見たローマ」1820（イタリア，ヴァティカン）

　視点場は，ヴァティカンのサン・ピエトロ寺院の上階（2階）のテラス（北東側のテラス）と推定される．

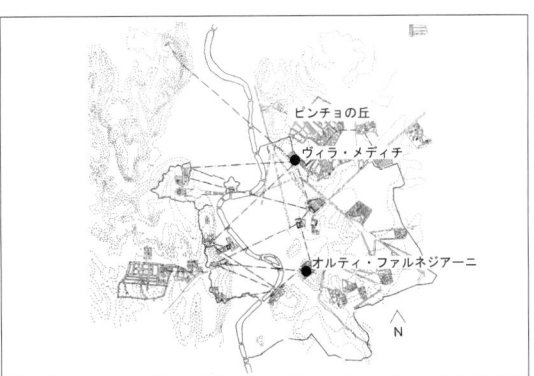

図2.8　ローマの丘

図2.9　ヴィラ・メディチ邸前の広場

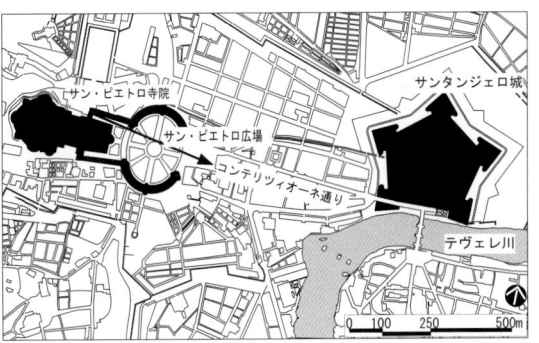

図2.10　視点場の位置（1748年の地図）

図2.11 サン・ピエトロ寺院

図2.12 ヴァティカンから見たローマ

図2.13 実景

図2.14 サン・ピエトロ広場の回廊

図2.10は，その位置関係を平面で示したものである．

図2.11は，寺院の正面を撮影したもので，2階の右側が視点場である．この絵（図2.12）でターナーは，ラファエル回廊と呼ばれている回廊で「ヴァティカン宝庫の諸作品が注意深く運び出されている」[4]様子と，ラファエロによって描かれた天井のフレスコ画を，詳細にかつパースペクティブに描いている．それとともに，その窓から見下ろせるサン・ピエトロ広場，コンチリアッツィオーネ通りなどの景観をも描いているのである．

ターナーは，若くして（1807年32歳），イギリスのロイヤルアカデミーの透視図法の教授に就任している．このことから，近景に見えるこの回廊内部は，建築的スケールで比較的正確に描かれたものであろうと想像される．通常の建築のパースに比べると，やや奥行が極端に短く見えるが，天井部分を詳細に見ると，4本の柱と梁があり，3つの柱間があることがわかる．下方の広場を見る視点場は，大聖堂の一番右側，北側寄りの回廊にあると判断できる．

屋上のテラスから，サン・ピエトロ広場とコンチリアッツィオーネ通りの方向の市街地を俯瞰する写真を図2.13に示す．サン・ピエトロ広場の端では俯角8.5度，また通りの端では俯角5度である．絵画では，市街地全体が描かれ，さらに遠くにアブルッツィの山々が描かれている．

しかし，実際に立って見ると，絵画と実景は完全には一致しない．このテラスは広場，通りの方向に視野が開けているので，広場とコンチリアッツィオーネ通りを見るための視点場とは考えられるが，回廊からは左方向が見えないし，テラスの奥行きも狭いので，描かれているようには回廊のテラスは見えないのである．この広場の描き方は，実景とは異なるが，広場の景観はおおむね一致している．

サン・ピエトロ広場は，半円形の回廊をもち，4列の円柱が並び，その上部は聖人像で飾られている（図2.14）．この回廊は，寺院にアプローチするため，群集の日除け，雨除けとして高さ18.3mの壮大なコロネードとなっている．コンチリアッツィオーネ通りは，広い幅の通りでゆったりとしている．

第2章　まちの全貌を見渡す景観の視点場　　19

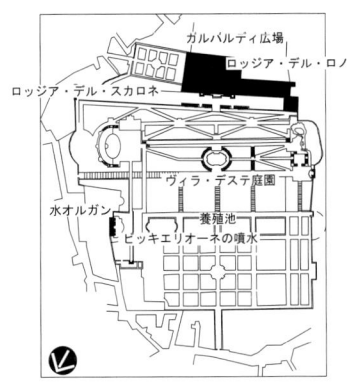

図2.15　ヴィラ・デステ庭園の平面図

図2.16　ヴィラ・デステ庭園からテラスを見る

2.4　コロー「ティヴォリのヴィラ・デステ庭園」1843（イタリア，ティヴォリ）

ティヴォリは，ローマ郊外の東方向約30 kmの位置にあり，そこにはかつてローマ貴族が愛したヴィラ・デステ庭園がある（図2.15）．この庭園は，地盤が緩やかに西方向に下がっている．

1550年，イッポリト・デステ2世は，ティヴォリの統治にあたり，丘の斜面で都市の西側の市壁に位置していたフランチェスコ修道院を改修し，その後7年間かけてそこを庭園として整備したのである．庭園に面して2層のロッジアが付け加えられ，修道院は邸宅のように変わる．1565年，敷地の斜面はテラスに造りかえられ，市壁は，このテラスを支える役割を果たすこととなる（図2.16）．数年後，上段のテラスの南西端にある建物の地階には，食事用のロッジアが付加される．

この庭園は，17世紀になると，ベルニーニの設計によって，ビッキエリオーネの噴水や水オルガンと養魚池との間の滝等が幾何学的パターンで，実現されている．

コローのこの絵画は，手前にテラスの欄干，右側には垂直な糸杉と遠景に山並みの景観を描いたものである（図2.17）．

視点場は，ティヴォリの地上のガルバルディ広場に面したロッジア・デル・ロノの地階のテラスである（図2.18）．ここは城壁の道路面からは地下階にあたり，庭園から見たら建物の2階にあるテラスとなる．ここが視点場である．このテラスには，パノラマの開廊という名称がついている．ここは西方向を見る楼となっており，この開廊からこの絵画は描かれている（図

図2.17　ティヴォリのヴィラ・デステ庭園

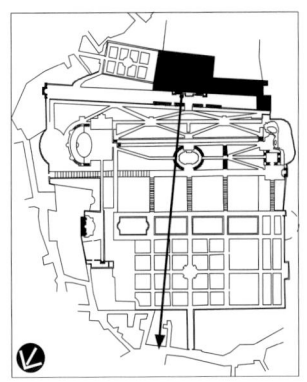

図2.18　視点場の位置

図2.19　視点場の写真

図2.20　実景

図2.21　ヴォルテッラ市

図2.22　実景

図2.23　視点場の写真

2.19)．この邸宅は，斜面に位置しているために，テラスからさらに下方にあるヴィラ・デステ庭園の方向を俯瞰することができる．しかしここからでは庭園の樹木は見えるが，庭園の中は見ることができない．この視点場は，はるか遠くを見通すことが出来，「晴れた日にはるか彼方に見える都市ローマに向かうランドスケープの眺望を，切り取っている」[3]（図2.20）．

すぐ手前にあるテラスの手すりのデザインとその山並みの輪郭は，コローが描いたものと全く同じである．

ただし，描かれた山並みの左右の範囲は広く，また手前の近景に配されているテラスの手すりや両側の建物は，残念なことに標準レンズではとらえることはできない．

2.5　コロー「ヴォルテッラ市」1834（イタリア，ヴォルテッラ）

ヴォルテッラ市は，イタリア・トスカーナ州ピサ県の山岳都市であり，フィレンツェの南西方向約60 kmの位置にある．

イタリアの山岳都市は，サンジミニャーノに代表されるように，丘陵地の頂上に市街地が形成されており，そこには数多くの塔がそびえているという特徴がある．ヴォルテッラにもそれと同様に，いくつかの塔がそびえている．コローは，この山岳都市ヴォルテッラを描いている．

この絵画は，市壁の外のやや低い位置から，市壁内にある市街地とその中の4つの塔（視点場から約500～600 m離れた位置にある）を，やや見上げる仰観景として描いている（図2.21）．視点場と市壁の間は谷となっている凹状の地形で，市壁内の市街地を見上げる景観となっている．

描かれた4つの塔は，中景の範囲に位置しており，左から市役所（パラッツォ・デ・プリオリ），塔の家，サン・ジョヴァンニ教会の塔，そしてサン・ミケール教会で，その仰角の平均は3.6度である．すでに視点場と塔の間には新しい住居が建設されており，緑の部分として描かれた谷間の下方の場所も現在では宅地化されている．しかしながら，コローが描いた城壁，その内部にある塔のスカイラインは，いまだ残っている（図2.22）．

視点場は，市壁に接した南側，ポントア・マルコル駐車場近くの民家のテラスである（図2.23）．住民の

方の話によると，かつては，農業学校の農場であったとのこと．ここから崖ごしに，西方向の市壁内のチェントロを見上げたものである．この視点場は，この西方向しか見ることができない（図2.24）．

まず，観光案内所（i）を訪れ，職員の方に絵画を示し，視点場の位置を尋ねた．職員の方は，観光地図を取り出し，さらにコローの構図に近い写真を見せてくれ，その視点場を教えてくれた．教えられた場所は，パンフレットにパノラミック・ビュウの記号があった．そこは，丘陵地の先端にある南東方向のサン・アンドレア教会前であり，北東方向の下方を見渡すことのできる場所であった．確かに，この地点は下方の田園を見下ろす視点場としては，格好の場所である．しかし，コローの構図は，まちを見上げる構図であり，教えられたものとは異なっていたので，その周辺を再度探して本当の視点場を見つけることができたのである．2回目の現地調査によってもこのことは，再確認することができた．

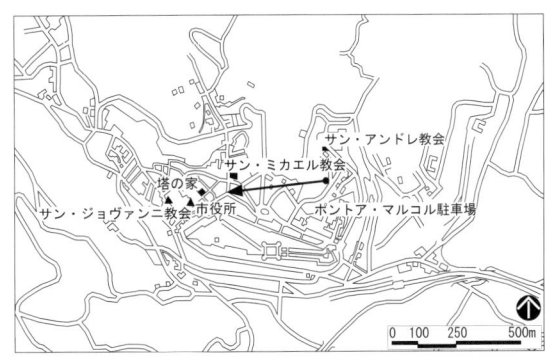

図2.24　視点場の位置

2.6　コロー「ボボリ庭園から見たフィレンツェ」 1840（イタリア，フィレンツェ）

フィレンツェは，イタリア中部のトスカーナ州の州都であり，ルネッサンスの芸術作品が町を形作り，ルネッサンスが生きつづけているまちと言われている．この絵画は，ボボリ庭園からそのフィレンツェの市街地を見渡す景観である（図2.25）．

ボボリ庭園は，フィレンツェの南部のピッティ宮殿に面しやや小高い丘に位置しているイタリア式庭園である．ピッティ宮殿は，ブルネルスキーの作品（1435）として有名である．この絵画は，この庭園から，アルノ川の対岸のまちなみを見る景観を描いたものである．左からサン・ロレンツォ教会，ジョットの鐘楼，ドゥオーモ（視点場からの距離は1,000 m）（高さ109 m），市庁舎の塔（パラッツォ・ヴェッキオ），パデア・フェゾラーナ教会，傭兵隊長の館パルジェロを見る．いずれもが中景の範囲内にある．左端にはサン・ロッジオ教会が見える．遠景には，フィレンツェの山並み，フェゾレーの丘が見える．全体の構図としては，実景と同じである（図2.26）．

ただ，塔，ドゥオーモなど目立つ建物は，視点場から約1 kmの位置にあり，中景から遠景の分かれ目にあたるところである．既に指摘されているところであ

図2.25　ボボリ庭園から見たフィレンツェ

図2.26　実景

図2.27　視点場の位置

図2.28　視点場の写真

図2.29　ミケランジェロ広場の手すり

図2.30　ミケランジェロ広場から見たフィレンツェ市街

図2.31　ジュリエットとその乳母

るが[2]，実際に見えるものより量感のある表現となっている．これらの建物の仰角は，5度から8度の範囲にある．

　視点場は，ボボリ庭園の北東の端の芝生上にある（図2.27）．庭園は，芝生と樹木で構成され，幾何学模様でシンプルなものではあるが，起伏があるため変化に富んでいる．ただ，描かれているような手すりをもつテラスは，ここにはない．視点場の背後には，小さな丸い2層のレストランがある（図2.28）．

　ボボリ庭園の職員は，この絵は，ミケランジェロ広場から描かれていると，指摘した．ミケランジェロ広場は，ボボリ庭園から東1.5 kmに位置している．事実この絵に描かれたテラスの欄干は，ミケランジェロ広場の手すりと同じデザインであり（図2.29），床面も同じデザインである．しかしながらミケランジェロ広場からフィレンツェの市街地を見ると，シニョル広場の塔の位置がコローの絵とは異なっており（図2.30），ミケランジェロ広場から見た景観が，この絵には描かれていないことがわかる．

　このことからコローは，ボボリ庭園からフィレンツェを見た構図を描いた後に，ミケランジェロ広場のテラスの欄干と床のデザインを，画面の下に加筆したのだということが理解できる．と思いきや，ミケランジェロ広場は，1832年，1855年のフィレンツェの地図上には存在せず，1915年の地図に初めて登場する．

2.7　ターナー「ジュリエットとその乳母」1836（イタリア，ヴェネツィア）

　この絵画は，ヴェネツィアのサン・マルコ広場を俯瞰したものが描かれている（図2.31）．ヴェネツィアのサン・マルコ広場からやや離れたサン・モイゼ修道院（尼僧院）のベル塔の展望台が視点場と推定され（図2.32），ここから，サン・マルコ広場を中心に，官庁建物を配置し，サン・マルコの鐘楼，サン・マルコ寺院を俯瞰する景観を描いたものである．総督邸は，描かれていない．実景とはやや異なるが，サン・マルコ広場，塔，寺院の様子は，いずれも同じである．

　絵画では，このサン・マルコ広場で賑やかな祭りの光景が展開されている．夜空に上がった花火が周囲の建物を照らし，ジュリエットは，乳母とともに屋上のテラスからサン・マルコ広場の祭りを見下ろしており[4]，その様子が描かれている．

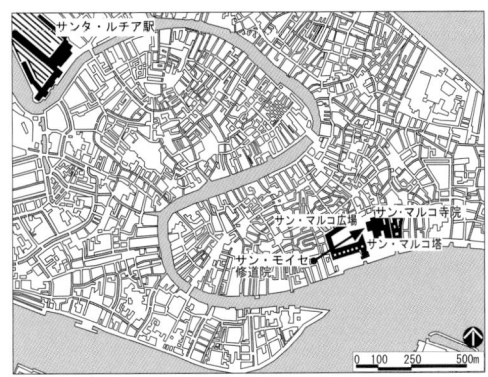

図2.32 視点場の位置

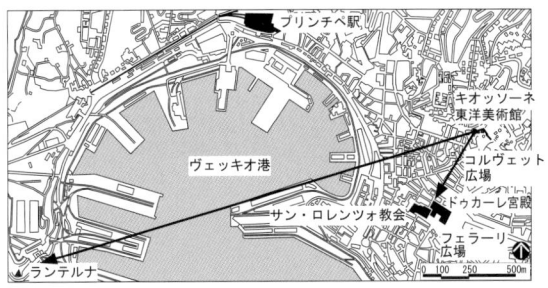

図2.33 視点場の位置

2.8 コロー「アクア・ソーラ遊歩道からのジェノヴァ市風景」1834（イタリア，ジェノヴァ）

イタリアの西部にあるジェノヴァ市は，イタリア第1の港町である．市内北東部にあるアクア・ソーラは，小高い丘となっており，周囲は広く，現在は林に囲まれた公園となっている．林の中からだと南東方向に視野が広がっているが，湾方向である南西方向の市街地を見下ろすことはできない．従って絵画でみるような視点場を探し出すことは，なかなか困難で，現在のアクア・ソーラ遊歩道からは，絵画のような景観をうることはできない．

アクア・ソーラからコルヴェット広場を通り，さらに西側にある丘陵地の緑地ヴィレッタ・ディ・ネグロへと探索を続けているうちに，視点場は見つかった（図2.33）．視点場の発見は，実は全くの偶然であったが，日本の古美術や絵画の収集で著名なキオッソーネ東洋美術館の小さな庭園内にあった．

つまり，ジェノヴァの中心地にあるコルヴェット広場の北側の高台にあるキオッソーネ東洋美術館の庭園が，この絵画の視点場であり，ここから南西方向のジェノヴァ市内のまちなみと港湾を見る景観を描いたものが，この絵である．東洋美術館は，コルヴェット広場から坂を上りきった丘の上にある．この美術館の敷地内のすぐ北側には，散策と休憩のためのベンチなどが整備された小さな庭園が付設され，そこが視点場として最も相応しいと判断された（図2.34）．

市街地の中に，そびえたついくつかの塔が描かれている．まず最右端には，ジェノヴァのランテルナとして有名な港湾の灯台があり，これは視点場から2.6 kmの位置にある．さらに左に目を向ければ，サン・

図2.34 視点場の写真

図2.35 アクア・ソーラ遊歩道からのジェノヴァ市風景

図2.36 実景

ロレンツォ教会の塔とそのドーム，ドゥカーレ宮殿の鐘楼等は中景に位置し，それら市街地の中にある塔を見る景観が描かれているのである．

海の水平線は高く描かれており，海際で俯角4.5度，そこに市街地のスカイラインの中にいくつかの塔が描かれている（図2.35）．最も手前に描かれた左手の建物は，現在は存在せず，不明である．全体として左右に広く広角で描かれている．

フェラーリ広場の前にある大きな建物，カルロ・フェリーチ劇場がコローの時代のジェノヴァ市のスカイラインに追加されている．

現在も存在している一番右端に描かれたランテルナは，実景では右側に大きく離れており，通常では画面には入らない（図2.36）．

2.9 セザンヌ「エスタックの町から見たマルセイユ湾」1885（フランス，マルセイユ）

マルセイユの北部にエスタックの町がある．列車でマルセイユ駅（サンシャルル）から約15分．この絵画は，エスタックの駅（SNCF）[注1]の裏手のトラヴェルス・ボヴィスからカストゥ袋小路を上る丘陵地の中腹（山は険しい）からマルセイユ湾を描いたものである．マルセイユは，海も空も真っ青な地中海に面している．

この絵画には，手前にムールピアン地区，南東方向のはるか遠くにマルセイユ湾そして半島，そのさらに遠くに，マルセイユの市街地内の丘陵地の頂上に位置するノートルダム・ド・ラ・ギャルド寺院（視点場から約10 kmの位置にあるが良く望むことができる）を，中やや左手に見た景観が描かれている（図2.37）．

視点場であるこの丘陵地は標高139 mで，石灰岩の岩肌を見せており（図2.38），セザンヌが好んで描いたサントビクトワールの山肌に近い．調査のためにこの丘陵地を登ったが，きつい勾配と，手ではつかめない岩肌，それに何故かいたるところに散弾銃の薬莢が散乱していた．セザンヌは，この丘陵地からマルセイユ湾を見る景観を描いたのである（図2.39）．湾岸線の俯角は6.1度である．

遠くに見える1864年に献堂されたノートルダム・ド・ラ・ギャルド寺院は，マルセイユの中心市街地の南のヴォーバン地区の丘陵地（標高147 m）の頂上にある．視点場と視対象の標高はほぼ同じである．

その上に高さ34 mの教会の塔があり，このエスタックの町の視点場からでも，この教会をはっきりと確認できる．教会のある中心市街地に行くと，この頂上へいたる坂はかなりの急勾配であった．頂上には鐘楼の塔と聖母の像の塔の2つがあり，現在聖母の塔は修復中である．

図2.37　エスタックの町から見たマルセイユ湾

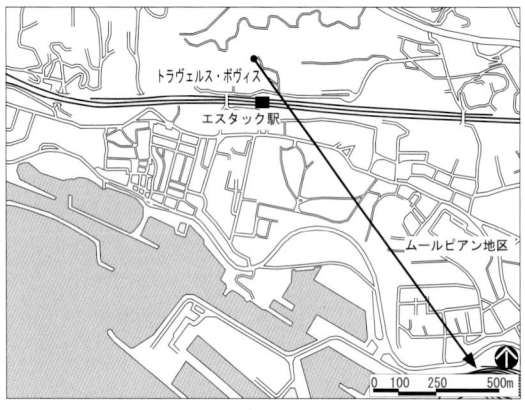
図2.38　視点場の位置

図2.39　実景

2.10 コロー「アヴィニョン，教皇の城（ヴィルヌーヴ・レザヴィニョン）」1836（フランス，アヴィニョン）

アヴィニョンは，フランスの南部，プロヴァンス・アルプ・コートダジュール地方のヴォークリューズ県の県都である．マルセイユの北にアヴィニョンはある．マルセイユ・サンシャルル駅（SNCF）からアヴィニョン駅（SNCF）まで約60分である．この絵画は，左右広いアースカラーの城壁の景観を描いたものである（図2.40）．

まず，アヴィニョンの観光地図1/10,000を手に入れ，この地図と絵画を頼りに視点場を机上で推定する．アヴィニョンの地図には，北部にヴィルヌーヴ・レザヴィニョン（アヴィニョン新町）という地区がある．この地名はタイトルに記載されているので，まず，この場所がこの絵画と関連があると考える．しかしそこが視点場なのか，視対象なのかはわからない．

他の文献から，「教皇の城」の位置と「アヴィニョンの橋（サンベヌゼ橋）」の位置がわかる（図2.41）．「教皇の城」は，一時（約100年間）ローマ法王庁が置かれた時に建設されたものである．絵画に描かれているのが，この「教皇の城」と「橋」であると推定され，アヴィニョンにある川は，ローヌ川しかないことから，手前に描かれている川はローヌ川と推定される．そうしたことから，ヴィルヌーヴ・レザヴィニョン地区が視点場である，と推定するに至ったのである．以上が，地図，文献などで明らかに出来る限界である．以上の予備知識で，現地に入る．

アヴィニョン駅から北約1kmのところに旧市街地はあり，その中心にオルロージュ広場がある．この中央の広場の北地区に，「教皇の城」があり，その前にパレス広場がある．まず貸自転車店を探す．観光案内書には2ヵ所の店が記載されている．サンピエール教会近くにある店を，見つける．自転車を借りて，教皇の城があるこの地区（旧市街地）から離れ，ローヌ川を渡り西北方向のヴィルヌーヴ・レザヴィニョン地区を回る．

このヴィルヌーヴ・レザヴィニョン地区は，丘陵地であることから，自転車で坂を上る途中にチェーンがはずれたり，タイヤがパンクしたりで散々であった．そういった苦労の末，ヴィルヌーヴ・レザヴィニョン地区に着くと，アヴィニョンの街は一望できるのだが，

図2.40 アヴィニョン，教皇の城

図2.41 教皇の城の周辺図

教皇の城の見え方，塔の見え方が絵画とは異なっている．あきらめて旧市街に帰る途中，ローヌ川の中島にかかるエドゥアール・ダラディエ橋の中央地点から教皇の方向を望むと，構図的に近いということがわかった．

つまり，教皇の城と橋の中央地点を結ぶ線の延長上に視点場がありそうだと推定し，再度その延長線上の背後にある丘にひき返し，通りを登ると，視点場を発見できた．しかしながらこの日は時間がなく，第1回目の調査は，場所の確認だけに終わる．次の日は，別の調査の日程が入っており，これ以上の調査は，あきらめざるを得なかった．

半年後，2回目の現地調査では，すぐに1回目の調査時に借り出した貸自転車店へいくと，すでに別の街区に移転していた．慌てて貸自転車店を探す．やっと探し当てて貸自転車店に着いたのが午後6時である．ところが午後6時30分には返却しなければならないという．店主はあっけに取られていたが，夕暮ではあったが，ヨーロッパの夜は長く写真撮影がまだ可能であると判断して，それでも借り上げる．そして，1回目に確認した視点場に向かった．

そこは，アヴィニョン橋地区である（図2.42）．視点場は，教皇の城からは西方向，ローヌ川とその中州のピオ島にかかるエドゥアール・ダラディエ橋とロワイヨーム橋の2つの橋を渡り，ルクレール将軍通りから左折して坂道のジュスティス通り（幅員6m）を上りきり，東方向が開けたその場所にある（標高は旧市街地より30mは高い）（図2.44）．

この絵画は，アヴィニョンの北方向にあるアヴィニョン橋地区のやや西側の小高い丘から，近景にあるローヌ川，中景に，その対岸にある左右に広いアヴィニョンの城壁，そして左からアヴィニョンの橋（サンベネゼ橋），1km以上の遠景にある教皇の城，サンピエール教会，ホテル・デ・ビラ，サンタ・グリコル教会を望む景観を描いたものである（図2.43）．画面は，横長であり，画角は大きいと判断しがちであるが，画角55度で思ったほどは大きくはない．視対象が1km以上の先にあることから，視線の画角は小さくなっているのである．

ヨンキント（1873）は，アヴィニョンの旧市街地の東部にあるオーギュスタン鐘楼を描き，シニャック（1900）は，コローよりも教皇の城に近づき，川中のピオ島から教皇の城の正面を描いている[5]．この点を考えるとコローは，教皇の城と周辺の川や丘を取り込んで描いており，教皇の城の全体の構図に関心をいだいているのがわかる．

コローは，城の背後になだらかな丘陵地を描いているが，実景を見るとわかるように，背後にあるはずの丘陵地は実際には存在しない．

主な視対象となった「教皇の城」の石の外壁に，実際近寄ってみると，外壁の高さは約50mと高く，敷地は約1.5haと広く，その城壁は量感をもち，迫力がある．城の前のパレス広場は広く，レベル差をゆったりとした階段で処理している．現地調査の時には，真紅の幕がオープンな階段の壁にはってあり，若者の格好のパフォーマンスの場所となっていた．

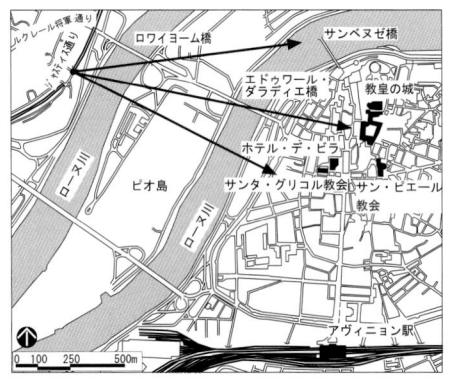

図2.42 視点場の位置

図2.43 実景

図2.44 視点場の写真

2.11 コロー「ソワソン風景」1833（フランス，ソワソン）

ソワソンは，パリのノルド駅から北東に約90km（約80分）の位置にある．この絵画には，左右に2つの教会が描かれ，画題にも「ソワソン」の地名が記載されていることからソワソンにある教会と判断される（図2.45）．現存しているかどうかはわからないけれども，この教会を目指してまずは，ソワソンを訪問することから始めることにした．

ソワソン駅（SNCF）に近づくと，列車の窓から絵に描かれている2つの高い教会が見える．「まさしく，それはあった！」．一つは2つの塔をもつ教会，もう一つはやや褐色に見える教会であり，絵画に描かれたイメージと全く同じである．視対象は，ちゃんと現存していることが車窓から確認できた．

次に視点場を探す．市街地の左と右（見える塔の形

から右に描かれた教会と左に描かれた教会が判明）にこれらの教会の塔が描かれているのであるから，地図上でそれら2つの教会を三角形の底辺にして，その頂点にあるやや小高い丘が視点場であると，推定される．ただ視点場からの距離は不明である．当初は，旧市街地を流れるエーヌ川の近くが視点場であろうと推定した．しかしながら現地に行ってみると，河川沿いの地形は平坦であり，絵画のようには2つの教会を見ることができない．ついで，三角形の頂点あたりに丘陵地がないか，さらに地図上で等高線に注目しながら丘陵地のある場所を探す．

視点場は，2度目の現地調査でようやく発見できた．視点場は，ソワソン駅（SNCF）から北東約1kmの位置にある丘陵地にあった（図2.46）．この丘陵地一帯は，ヴィルヌーヴ・サンジェルマンという新住宅地である．そのはずれにシムチェール通りに面して墓地があり，その先に草地があり，やや傾斜している．絵画には，視点場のすぐ手前，近景に建物が描かれている．しかしながら，これは，現存しない．かつて住居があった形跡があり，住民の方の話からもその事実が確認できた．結局はこの草地が，視点場であると判断された．

この視点場から望む北部の2つの高い教会は，旧市街地に位置している．旧市街地は，駅から北西約1.5kmに位置．この比較的低いまちなみの中に，この2つの高い教会が際立って見える（図2.47）．絵のとおりに見えるのである．

この絵画は，左手つまり北西方向にサン・ジャン・デ・ヴィーニュ修道院の2つの塔，右手，つまり東の位置にサンジェルヴェ・サンプロテ教会を見た景観であり，両者とも視点場からは2km以上離れた遠景に位置している．このサンプロテ教会は規模が大きく，重量感のある教会であった．

この2つの教会は，絵画と実景の構図とを比較すると，ほとんど同じであるが，視点場から離れた距離の割にはやや大きめに描かれているし，2つの教会間は実際よりも近づけて描かれている．また，その背景にあるはずの山並みは，描かれていない．

現在，サンジェルヴェ・サンプロテ教会前の広場では，生鮮食品の市場があって賑わっている．一方サン・ジャン・デ・ヴィーニュ修道院の塔は，整備された芝生のオープンスペースによって囲まれている．

アヴィニョンと同様に，コローは，2つの教会を中心とした市街地全体が見渡せる場所を探し歩いてここ

図2.45　ソワソン風景

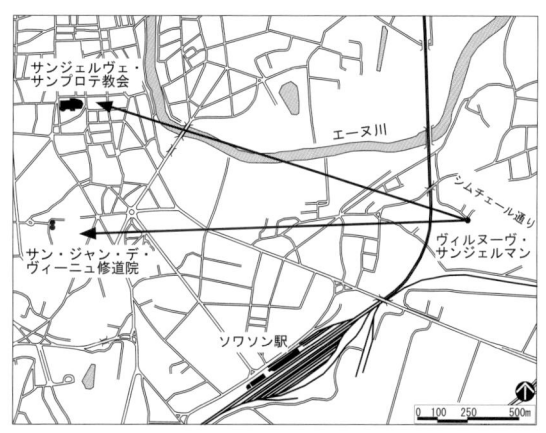

図2.46　視点場の位置

図2.47　実景

を見いだし，それを視点場として描いたように思われる．

2.12　コロー「サン・ロー市街の全景」1833　（フランス，サン・ロー）

このサン・ローは，パリ（サンラザール駅）の北西230kmの位置にあり，途中カンで乗り換え（カンま

図2.48　サン・ロー市街の全景

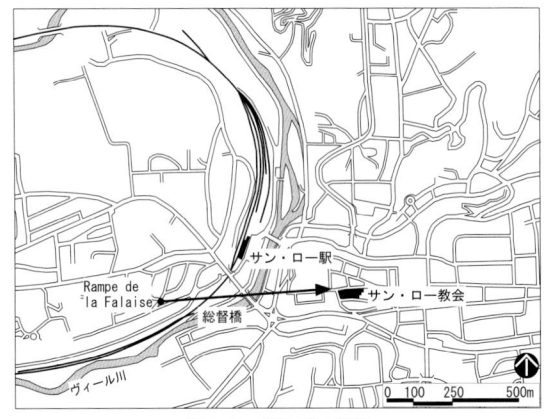

図2.49　視点場の位置

図2.50　実景

図2.51　サン・ロー教会

で約2時間)，さらにそれからサン・ロー駅（SNCF）まで約1時間で到着する．バス・ノルマンディ地方のマンシュ県の県都が，このサン・ローである．時間帯によっては，カンからバスに乗り換えてサン・ローに行くこともある．日本で言うとJRバスである．クックの時刻表に記載されていない場合もある．

この絵画は，サン・ローの駅から南西約400mの位置にある丘陵地から，東方向にサン・ローの市街地を見渡しながら，中景に位置するサン・ロー教会を見る景観が描かれたものである（図2.48）．視点場近くの丘陵地は，今では住宅地に変貌しており，住宅地を通るRampe de la Falaise通り（幅員6m）が視点場と判断される（図2.49）．その視点場からは，住宅地の屋根や壁にさえぎられ，教会の一部分と，城壁の一部しか把握できない．

絵では城壁の手前には川幅の小さなヴィール川（幅50m）とメルヴェイユ・デュ・ヴィニョ総督橋，さらに城壁の一部が描かれているが，現在の視点場周辺は，宅地開発が行なわれており，樹木が茂り教会方向が見にくくなっている（図2.50）．

市街地内はやや起伏がある．サン・ロー教会は，この市街地の中心にある城壁の内部に位置している．城壁は固い岩の一部を活用しながら作られている．教会前には，小さな広場がある．残念ながらこのサン・ロー教会は，1944年6～7月大戦終了直前の激戦で破壊され，現在では教会の前塔の一部しか残っていない（図2.51）．私は，調査後になって初めて知ったのだが，サン・ローは第2次大戦のノルマンディ作戦で，もっとも激戦の場所であったということだった．

教会の頂上の高さは，計測してみるとかつては約60m程度はあったと推定されるが，現在残っている南側の塔の高さは，44mである．

サン・ローを紹介するパンフレットには，「ドイツの砲火のもとに，北の塔が1944年7月18日の夕方，19日の昼に南の塔が落下した．それらは，再建されるべきか？　マンシェ県の歴史的モニュメントの建築家，イヴマリ・フロワドヴォは，現在の教会の理由を次のように説明している．『ノートルダム教会の西側のファサードは，これから数世代の間，1944年のドラマを伝えつづける……それは，平和への祈りと叫びを……破壊された教会が示すことによって』」とある．

今では一部のみ残されているだけの城壁とこの教会を除けば，全体としてサン・ローの市街地は新しくなっており，かつての面影は乏しい．

教会の仰角は，尖塔まであると仮定すれば1.5度である．教会の手前に見える城壁と，その前を流れる川と橋では，俯角は5.7度であり，これらはサン・ローの市街地を分節化する役割をもっている．

コローが描いた多くの教会のうちで，このサン・ローの教会のみが，唯一当時の面影を残さない教会である．

2.13 ピサロ「曇りの日のルーアン旧市街の屋根」1896（フランス，ルーアン）

図2.52 曇りの日のルーアン旧市街の屋根

図2.53 実景

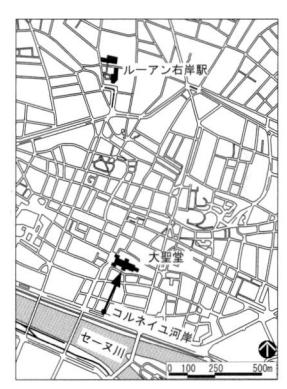

図2.54 視点場の位置

ルーアンは，パリ（サンラザール駅）から北西方向約140 km，列車で約1時間10分のところに位置している．ルーアンの旧市街地は，このルーアン右岸駅（SNCF）から南700 mの位置にあり，その中心部にこの大聖堂はある．大聖堂の塔は，フランスで最も高いと言われており，約145 mである．

ピサロは，ルーアンの大聖堂をはじめ，ルーアンの市街地の景観を数多く描いており，この絵は，その中の1枚である（図2.52）．モネもまた，ルーアンの大聖堂のファサードを数多く描いている．ターナーも多くの水彩画やスケッチをしており，それは，上流からコルネイユ橋の向こうに見えるゴシック様式の大聖堂として，あるいは対岸景として描いている[6]．このようにルーアンの大聖堂は，多くの画家によって，さまざまな角度から描かれている．

ここで取り上げるピサロの大聖堂の絵は，大聖堂とその周囲の市街地のスカイラインを間近に見て描かれたもので，市街地の特徴あるスカイラインと，屋根形状や色彩に統一感があることが重要であるということを指摘した構図となっている．現在でも，同じようにこの景観を見ることができる（図2.53）．

大聖堂のスカイラインの形態から判断すると，尖塔を直線軸として大聖堂の南側の側面が描かれていることがわかる．視点場からの位置を計測すると大聖堂は250 mの位置にあり，その尖塔までの高さは130 m，仰角は27.8度である．ピサロが，画面で描いた範囲の尖塔の高さは81 m，仰角は18度である．

この絵の視点場は，セーヌ川北側（右岸）のコルネイユ河岸に面した建物（かつてのホテル・デ・パリ）[7]の上階にあると判断される（図2.54）．ただ現在では，その建物は新しいマンションに変わっている．

2.14 コロー「サント・カトリーヌ広場の眺望」1829（フランス，ルーアン）

ルーアン市街地の南東方向，セーヌ川右岸の近くに標高151 mのやや小高い丘陵地がある．連続した山並みの端に位置するこの丘陵地は，サント・カトリーヌ広場と呼ばれ，ルーアン市街地を一望することができる（図2.55）．このことからこの丘は，ルーアン市のビュー・ポイントとして，観光地図に位置づけられ

図 2.55　実景

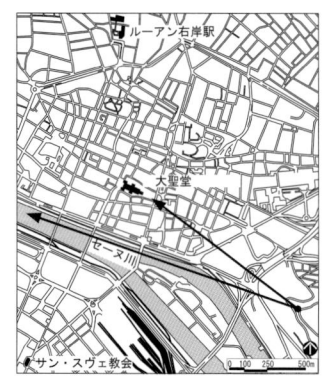

図 2.56　視点場の位置

図 2.57　サント・カトリーヌ広場の眺望

図 2.58　サント・カトリーヌの広場にあるモネのレプリカ

ている．

　コローは，この高台を視点場として（図 2.56），ルーアンの市街地の全貌を見渡す景観を描いている[8]（図 2.57）．密集した旧市街地，その市街地の中でポイントとなっている大聖堂，その中を流れるセーヌ川などを描いている．はるか遠くには，小高い丘陵地が見え，ルーアン市街地が丘陵地で囲まれていることが理解できる．その丘陵地までの距離は 1.1 km で俯角 7.7 度である．盆地の中にルーアンの市街地が展開されていることが，この絵からも印象づけられる．

　ターナーもまた，1834 年水彩画でルーアンの俯瞰景を描いたし，モネも全く同じ構図で，工場の煙突から煙るルーアン市街地を俯瞰して描いている．このサント・カトリーヌ広場の視点場には，実はコローのこの絵ではなく，モネの「ルーアン市街」(1892) のレプリカが展示されていた（図 2.58）．

2.15　「まちの全貌を見渡す景観」の諸特徴

　以上見てきたように，14 点の視点場調査の結果，以下のような特徴が得られる場合に，「絵になる景観」としての「まちの全貌を見渡す景観」を得ることができることがわかった．

2.15.1　視点場

　視点場は，1）市街地内のオープンスペース前に立地している建物の上階のテラスや展望台にある場合が 5 点，2）郊外の丘陵地にある草地や広場，庭園，などの場合が 9 点である．このことからも視点場は，ヴォルテッラを除くすべてが，下方に市街地を眺望出来る場所にあることがわかる．

2.15.2　画角

　以上の視点場は，その背後には，建物あるいは中腹であるために坂になって上る丘陵地がある．従って周囲の視野は，そう広くない．丘陵地の高台といえども，4 周 360 度を見渡せる場所が，視点場とはなっていないのである．

　建物の上階などが視点場の場合は，画角は平均で 64.2 度，左右を見まわし遠くを見渡せる視野の広がりは平均で 127 度である．丘陵地が視点場の場合，画角は 58.7 度，視野の広がりは 122 度である．建物の上階の方が画角，視野の広がりともにやや大きい．

　視点場から周囲を見渡す左右の範囲は，全体の平均で 124 度である．その中で，画面に描かれた水平の範

囲を画角で示すと，平均55.4度である．124度の視野の範囲から，教会などの建物がつくる特徴のあるスカイラインを見る景観を含めて平均55度が選択されていることがわかるのである．

2.15.3 視対象の特徴，視対象までの距離と仰角

1）視対象と仰角

視点場が，①市街地内の建物の上階の場合は，市街地の家並みが近景，中景に見えるし，②視点場が郊外の丘陵地の場合は，凹状の地形に，近景に視点場周辺の緑，中景から遠景に市街地，あるいは港湾，山並みが見える．

前者の主な視対象は，近景の家並みであり，それが共通して統一された家並みとして見えること，建物規模，屋根形状，色彩などが，類似の家並みであることに気づく．近景や中景の家並みの中には，教会の塔が見られる．

後者の主な視対象は，市街地の家並みとその中に聳える教会や市庁舎の塔である．それは，中景（300 m～1 km）から遠景（1 km～）にかけて見られ，その仰角は5度以下（平均3.4度）である．これらは，市街地のスカイラインを特徴づけている．逆に1 km以遠を仰角5度で見る場合，その建物は100 m程度の高さであった．

2）俯角

マルセイユ湾を見下ろす場合，マルセイユ湾は視点場から1.3 kmの距離に位置しており俯角は6.1度，ジェノヴァの港湾を見下ろす場合は，港湾は800 mの位置にあり，俯角は4.5度である．ルーアンのサント・カトリーヌ広場から市街地の縁まで1.1 kmあり，見下ろす俯角は6.3度，ヴァティカンから通りの俯角は5.0度である．

以上の俯角の平均は約6.3度で，これらの湾や水辺，平野までの距離が連続して広がる市街地を分節する角度となっている．

3）実景との比較

①画角が大きいことは，通常に見えるよりも左右に広めに描かれたということである．単純な画家のミスか．それとも意識的に広く描かれたのか．何故？ この描き方は，おそらく市街地の広大さを，強調するためだと考えられる．

②遠景の市街地を見る場合に，その中に含まれている教会などの特徴ある建物は，実際に見えるよりも，やや強調して大きめに描かれている．特に1 kmを超す位置にある建物の場合がそうであり，これはスカイラインを強調している．近景，中景の市街地のまちなみの場合は，実景の大きさに近く描かれている．

第3章
シンボリックな建造物の景観の視点場

図2.59 ノートルダム・ド・パリ

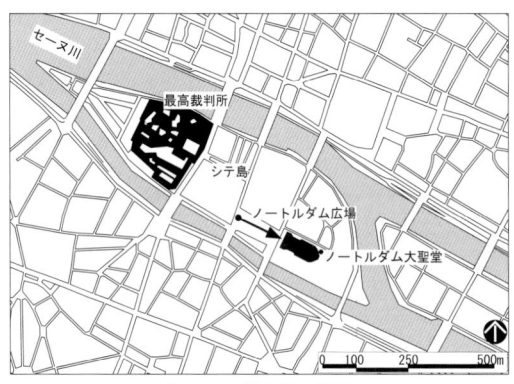

図2.60 視点場の位置

図2.61 実景

　シンボリックな建造物は，建物の高さやファサードのデザインなど，それ自体が周囲の建造物に比べ際立っており，強い印象を与える．特に，その建物から一定の距離だけ離れて，ある角度で眺めれば，最も強い印象を受ける．描かれた絵画の実景の調査を通して，距離や角度の特徴を述べよう．

　第3章では，このようなシンボリックな建造物のファサードを描いた景観，または橋梁を描いた景観についてふれる．

　視点場が確認できた絵画は，ユトリロ4点，コロー3点，コンスタブル2点，ゴッホ1点の計10点である．画題には，描かれたシンボリックな建造物の名前が含まれている．そのシンボリックな建造物は大きく描かれており，近景の範囲に位置していることから，視点場の発見も比較的容易であった．このシンボリックな建造物は，観光パンフレットにもよく記載されている．絵画ごとに視点場の特徴をみてみよう．

3.1　ユトリロ「ノートルダム・ド・パリ」1929（フランス，パリ）

　パリのシテ島にあるノートルダム大聖堂(1163-1320)は，初期ゴシックの傑作といわれ，完成に200年要している．スケール・アウトな建物であるが，西正面のプロポーションは安定しており，この大聖堂の平面，立面は，それ以降の教会の原型となったといわれている．現在でもフランス・カトリックの本山として様々な儀式に活用され，パリの代表的な建物のシンボルの1つである．当時は，多くの印象派の画家達によって，さまざまな角度から描かれ，現在でも多くの画家達が，セーヌ川沿いにイーゼルを立てて大聖堂を描いている．

　ユトリロは，この大聖堂の西正面のファサードを真

正面から見るという景観を近景の位置から描いている．このことは，シンメトリックな大聖堂のファサードが強調される構図となり（図2.59），大聖堂を描いた多くの絵画の中でも，正面から描いた数少ない絵画の1つである．

「シテ島は，……ほとんど全面的なとりこわしの対象となった．ノートルダム大聖堂と裁判所にはさまれた地区の建物はすべて撤去され，……このようにして獲得された広大な土地は，パリ市立病院と兵営（後にパリ警視庁）という2つの建造物の敷地になった．そして残りの部分は，広大なノートルダム広場として整備された．」[9]

視点場は，大聖堂の前のこのノートルダム広場である（図2.60）．正面を描くためには大聖堂から最も離れた広場の最西端でなければ，この構図を得ることはできない．近景で見ており，仰角は21.2度である．絵画は実景とほとんど同じであるが，この広場の隅からしかこのようには描けないのである（図2.61）．大聖堂の高さに比べると，広場の奥行きがやや不足している．

現在ではこの広場に，多くの観光客がたむろしている．広場の石張りの目地には，デザインの工夫があり，セーヌ川沿いには東洋風の小さな庭園が設けられている．

3.2　ユトリロ「ポルト・サンマルタン」1911（フランス，パリ）

パリ市内のイタリア大通りから東へモンマルトル大通りそしてサンマルタン大通りへとつながる大通りは，グラン・ブールヴァールと呼ばれている．ポルト・サンマルタン（サンマルタン門）は，ルイ14世の戦勝を記念して1674年に建てられた凱旋門であり，サンマルタン大通りの道路中央ラインに位置している．高さは約16m．このサンマルタン門は，「ピエール・ビュレの設計によりパリ市長と役人の肝煎りで建造された．ブザンソン攻略の戦勝記念の意図をもっているが，デザインはずっと穏やかな優雅さを湛え，新古典主義を思わせる」[10]と，言われている．

サンマルタン大通りにあるサンマルタン門から南に曲がると，サンマルタン通りがある．サンマルタン通りは，サンマルタン大通りと直交しているのである．この絵画は，このサンマルタン通りから北方向を見て超近景の位置にあるサンマルタン門の正面のファサードを見た景観を描いたものである（図2.62）．サンマルタン門を見る仰角は，12.2度である．サンマルタン門のアーチの間には，奥の道路（フォブール通り）がパースペクティブに描きこまれ，さらに中景の位置に見える10区役所のタワーが描かれている．現在でも実景は，絵画のように見える．

視点場は，サンマルタン通りを南にやや下りブロンデル通りの交差点付近の道路中央寄りで，やや高い位置にある（図2.63）．画角は30度と狭く，これは標

図2.62　ポルト・サンマルタン

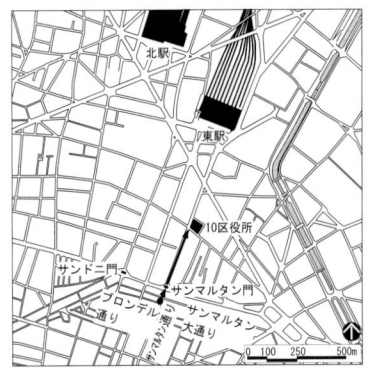

図2.63　視点場の位置

図2.64　実景

準レンズの範囲よりもさらに絞られ，周囲がトリミングされているように描かれている（図2.64）．

この視点場は車道上にあるので，現在ではそこにキャンバスを置いては描くことは出来ない．このことから当時，この路の交通量は少なかったとも推定される．

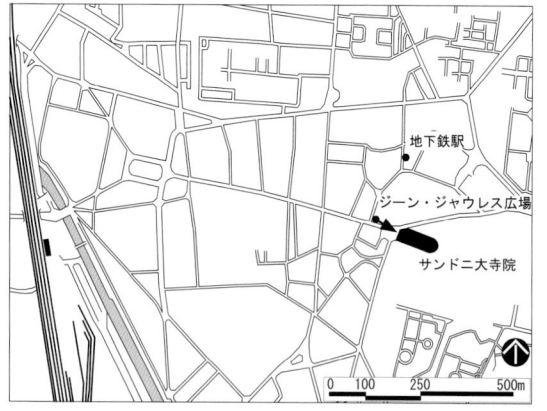

図2.65　視点場の位置

図2.66　サンドニの大寺院

図2.67　実景

3.3　ユトリロ「サンドニの大寺院」1908（フランス，パリ）

サンドニは，パリの北に隣接する町である．パリの地下鉄に乗り，サンドニ・バシリック駅で降り，歩いて数分のところにサンドニの大寺院は，位置している．この大寺院は，王室霊廟となっている修道院附属教会堂で，イール・ド・フランス最初のゴシック建築のモニュメントとされている．この絵画は，この寺院を正面から描いたものである．

視点場は，大寺院の近くリュプブリク通りの前のジャン・ジョレス広場である（図2.65）．この広場から近景に位置するサンドニ大寺院の西正面のファサードを見ると（図2.66），絵画と同じ実景をうることができる（図2.67）．この教会の西正面は，矩形と三角形のシンプルなデザインである．西正面の北側（絵画の左側）は，19世紀初期までは尖塔をつけた鐘塔があったが，後に撤去され，ユトリロによって描かれたような姿になり，現在もこの姿が保たれている．

大寺院の直ぐ前には，アンシャン・オテル・ディアン広場があるが，この広場は奥行きがない．これから大寺院を見るとすれば，その角度は45.5度の仰角となり，引きがなく絵のようには大寺院全体を把握することはできない．

この絵は，やや離れたジャン・ジョレス広場から描かれている．この広場からだと寺院は，近景の位置にあり，その仰角は23.0度でファサード全体が見わたせる．この広場には，格子状に樹木が配置されている．1回目の調査の時には，ここはこれらの樹木を巧く避けて駐車場として利用されていたが，2回目の調査では，衣服や食料品を販売する市場として賑わっていた．

広場には2種類ある．第1には，教会の前にある狭い広場．もともと教会のファサードは，キリストの由緒などが彫刻で，飾られる．人々は，それを近寄って見て，宗教心を高めたのであり，教会は遠くから見るという対象物ではない．従って大きな引きのある広場は，必要ではない．その後になって，教会前の広場は，少しずつ広げられていく．

第2には，やや離れた場所にある広場，ここで述べたジャン・ジョレス広場のような交通広場（商広場）がある．その場所からは，高い教会の全体像を，見ることができる．この絵画でユトリロは，その全体像を

把握できるこの種の広場から見て大寺院を描いている．

3.4 ゴッホ「オヴェールの教会」1890（フランス，オヴェール）

パリの郊外，北約30 kmにオヴェール・シュル・オワーズがある．パリ（サンラザール駅）からポントワーズへ行き，そこで乗り換えて，オヴェール・シュル・オワーズ駅（RER）[注2]に至る．ポントワーズとこの駅を結ぶ列車の土日の乗り継ぎ便は，タイミングが悪ければこの駅で3時間は待つことになる．実は時間を持て余し，このホームに掲示してあった路線RERのマップを詳しく見ていた時に，偶然にRERの駅名の中にセーヴル・ヴィル・ダブレーを見いだす．これは多分コローの里であるヴィル・ダブレーであろうと推定して喜んだのである．

さて，このオヴェール・シュル・オワーズは，ゴッホ，セザンヌ，ドービニ達によって多くの絵画が描かれた場所である．オヴェールの教会は，この駅から東方向200 mの位置にある．その通りの途中にはドービニの彫像があり，それから左方向（西）はドービニ通り，右側（東）はパリ通りであり，その坂道を上っていくとすぐに，オヴェールの教会が左側に見える．

この絵画は，そのオヴェール教会を正面から描いたものであり，教会のすぐ右側には教会の中に入る細い歩道があり，それを軸として，描いている（図2.68）．この教会は，大きくはないが，ずんぐりとして重量感がある．ゴッホは，超近景の位置でこの教会を色彩豊かに描いている．ガラスは青色のステンドグラス，屋根は，一部赤色である．現在でも，その色は建物にのこっているが，ややくすんで地味な色となっている．色調を除けば，ゴッホの絵に描かれた教会と現在の実景は全く同じである（図2.69）．やや波打っている形状の屋根などを，優れた観察力で描いている．デッサンが稚拙であるという評者がいるが，この建物と絵画を見比べると，その批判が全く当らないことがわかる．

教会は芝生に囲まれ，その一部は塀で囲まれている．塀が道路と教会の敷地のレベルを調整しており，塀の外は道路である．視点場は，教会の芝生のすぐ外のパリ通りの歩道上である（図2.70）．ここでも，視点場と想定される場所に，ゴッホの描いたこの絵画の

図2.68　オヴェールの教会

図2.69　実景

図2.70　視点場の位置

レプリカが置かれていた．

3.5 コロー「シャルトル大聖堂」1830（フランス，シャルトル）

フランス屈指の穀倉地帯ボース平野の中心地シャルトルは，パリ（モンパルナス駅）から南西約90 km離れたところに位置している（列車で約60分）．シャルトルは，「……現在でも商業地区が同じ場所を占め

図 2.71 シャルトル大聖堂

図 2.72 実景

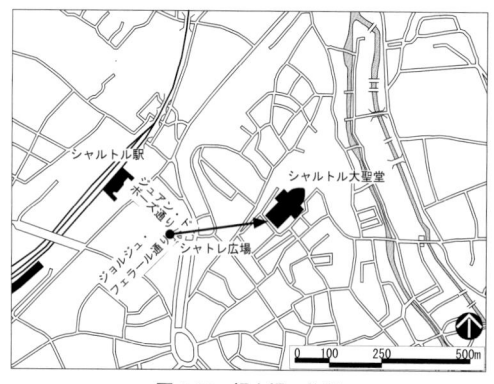

図 2.73 視点場の位置

図 2.74 シャルトルの大聖堂

ている．起源が宗教的なものにしろ，商業的なものにしろ，近郊の町は中心市街地とともに星雲状の市街地群を形成した．……高い場所の要塞集落……避難場所の機能をもつ……高い塔を建設したのは防衛のためだけではなく，……権威あるシンボルを中心に団結する必要を感じた……」[9]．そこにあるゴシック様式のノートルダム大聖堂が，シャルトルの大聖堂（1194-1260）と言われている．シャルトル大聖堂は，装飾的な彫刻，赤銅色，濃青色の美しいステンドグラスをもち，フランス・ゴシック様式の最高傑作とされる．南側の低い塔が，時代的には早く，16世紀初頭に再建された北側の塔には，華やかな装飾が施されている．

大聖堂は，市内で最も高い丘の上に建っており，列車でシャルトルに近づくにつれて見え，周辺に比べ際立っている．この絵画は，視点場から約300m離れて約110m高さの大聖堂を，やや南東方向の斜めに見た景観を描いたもので（図2.71），描かれた大聖堂は，実景と全く同じある（図2.72）．大聖堂を見る仰角は20.1度である．ただ，手前にある残土（あるいは植生があるので小山とも思われるが）は今はなく，そこはシャトレ広場となっている．

視点場は，シャルトル駅（SNCF）前から，南東方向真っ直ぐに市内に進入するジュアン・ド・ボース通りとジョルジュ・フェラール通りが交わる6叉路の交差点で，不整形をしたシャトレ広場と呼ばれているその周りの歩道上にある（図2.73）．大聖堂からは，やや離れている．このシャトレ広場は，現在は地下駐車場をもち，一方通行によって交通処理を行なう広場ともなっている．この視点場からしか，絵のようには見えないし，聖堂の全体像も把握できない．

3.6 ユトリロ「シャルトルの大聖堂」1910（フランス，シャルトル）

コローは，シャルトル大聖堂の全体をやや斜めから描いたが，ユトリロは，大聖堂の正面，ファサードを描いている（図2.74）．

「中世の都市に，公共の広場はわずかしか存在しなかった．大聖堂の前には，非常に小さな広場しかないことが多かった．従って，大聖堂のファサードを少し離れたところから眺めるというようなことは不可能であった．そもそも大聖堂のファサードは，そうした目的で作られたものではなかった．むしろ，逆に聖書や

教理問答の場面をごく近くから見るように作られたのである」[9]．

　もしユトリロがこの場所に来て描いたとすれば，大聖堂の正面のファサードを描いた視点場は，大聖堂前のジャン・ムーラン広場の前のペルシュロン通りに面した2階建ての建物の2階にあると推定される（図2.75）．ただ実際は，建物の全体を把握するには近づきすぎており，広場（98 m×39 m）は狭い（図2.76）．写真は広角で撮影したものである．仰角は40.1度であり，通常のシンボリックな建造物を見る仰角の角度を超えている．建物の横幅に関しても同じことが言える．また大聖堂の右側には見えないはずの東門が，さらに左側には見えないはずの低層の附属建物が描かれている．

　参考までに示せば，ユトリロは，ノートルダム・ド・パリでは仰角21.2度，サンドニの大寺院では仰角23.0度で描いている．特にサンドニの大寺院を描く場合に，直前の広場を避けてやや離れた広場から描き，視対象から十分に引きをとっている．このようにゆったりとした仰角を意識的に用いたユトリロが，仰角40.1度で大聖堂を描いたということは不思議である．この事実から，ユトリロが果たしてシャルトルの実景を見て描いたのか，実はそうではないのではないかと思える．というのは，ユトリロは，絵はがきを見て描いたのではないか，との疑念もあるからである．

3.7　コンスタブル「ソールズベリーの大聖堂とその境内」1820（イギリス，ソールズベリー）

　ソールズベリーは，イギリスのロンドン（ウォータールー駅）から西約130 kmに位置しており，約1時間20分で着く．ソールズベリー駅から徒歩10分のところに，大聖堂はある．この大聖堂は，塀に囲まれ，周囲とは遮断されており，この境内には，サン・ジョン通りに面した聖アン・ゲイトから入る．境内は，広い芝生の庭園で，よく手入れされ，大聖堂は，その中央に位置している．

　この大聖堂は，イギリスの初期ゴシック建築の代表と言われ，平頭祭室をもつ複十字平面の典型的なイギリス式三廊聖堂となっている．主廊と主袖廊の交わる頭上には，大きな方形の明かり塔が突出し，さらにその上に尖塔を高く聳えさせていることにより，大聖堂のシルエットが引き締まる．この大聖堂の空間構成は，

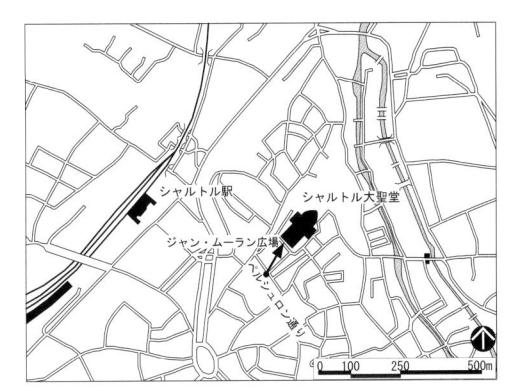

図2.75　視点場の位置

図2.76　実景

図2.77　ソールズベリーの大聖堂とその境内

図2.78　実景

確かにイギリス・ゴシックの代表選手と言えよう．

この絵画は，この大聖堂の斜め後ろで，南方向に位置するビショップ宮の前から描いたものである（図2.77）．

この絵画は，大聖堂の背後斜めから見た構図であり，大聖堂の全体を描かず，尖塔が高く聳え立っている様子を強調する構図となっている．仰角は34.0度で，この尖塔の高さは標準レンズでは把握できない（図2.78）．

視点場は，前にも述べた通りビショップ宮の前の庭園である（図2.79）．

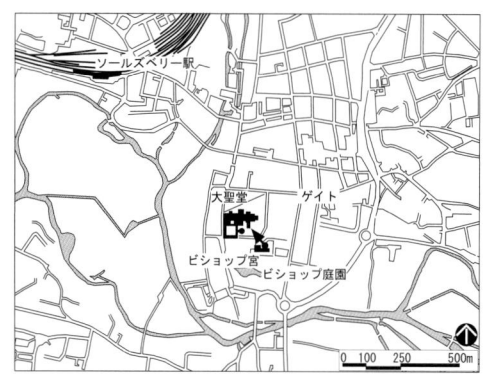

図2.79　視点場の位置

図2.80　ビショップ庭園から見たソールズベリーの大聖堂

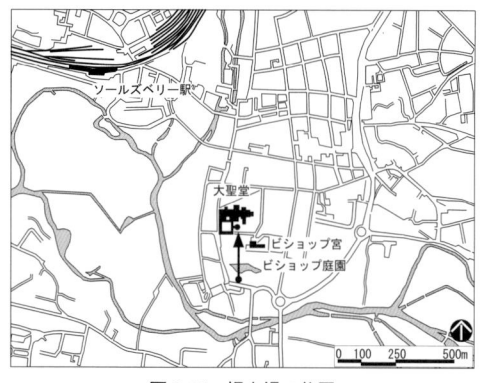

図2.81　視点場の位置

図2.82　実景

3.8　コンスタブル「ビショップ庭園から見たソールズベリーの大聖堂」1823（イギリス，ソールズベリー）

この絵は，先のソールズベリー大聖堂を，ビショップ庭園側から見た構図となっており，裏側のファサードを正面から見た景観である（図2.80）．ビショップ庭園には小さな池や樹木があり，この池を前面に配し，その背後に大聖堂の裏側をみる構図となっている．この絵は，左右に樹木を配して，木々の間の中央部分に大聖堂を配した構図であり，樹木を額縁と見立てて描いている．

ビショップ庭園には，現在クリケット場とそれに隣接して作業所が建てられている．視点場は，建物の構図からも明らかなように，この作業所からさらに南方向に引きこんだ場所だと推定される（図2.81）．大聖堂自体は，描かれた当時と全く変化していないが，その周辺の庭園は，変化している（図2.82）．

仰角は20.5度であり，先の「ソールズベリーの大聖堂とその境内」の絵画と比べると，適度な角度であることがわかる．

コンスタブルは，大聖堂の牧師とは友人関係にあり，依頼されてこの構図以外にも大聖堂の絵画を多く描いている[28]．周囲は，広いオープンスペースがあったと推定され，さまざまな方向から描けるようになっていたと思われる．

3.9 コロー「マントの橋」1870
（フランス，マント・ラ・ジョリ）

マントは，パリ（サンラザール駅）から西方向約60 kmに位置し，約30分で着く．このマント・ラ・ジョリ駅（RER）から1 kmの位置，セーヌ川の中島（リメー島）に，コローによって描かれたマントの橋は存在する．

視点場は，リメー島の中にあり，そこは雑種林でおおわれている．そこは，私有地であり，住民の方に断られて入ることができなかった．ベネ橋通りのさらに南方向の先にセーヌ川沿いで小舟を繋いだ場所があり，そこが視点場と推定される（図2.83）．視点場から視対象までの距離は，約150 m．

視対象は，ベネ橋であり，石造の橋のデザインが特徴的である（図2.84）．アーチ橋には三角形のリブが流れる方向に付加されている．上流方向には長さ2.7 m，下流方向には長さ3.7 mのリブ（寸法は柱ごとに異なる）があり，これが橋に陰影を与えている．この絵画は，この橋を上流側から下流方向にやや斜めから見た景観である．陰影の具合から判断すると，朝方に描いたものと推定される．

図2.85の写真は，コローが描いた方向とは逆方向から撮った写真である．現在の橋は，左右の4スパンと3スパンのみが残され，中央の1スパンの路面は破損して存在していない．橋の長さは112.2 m，幅員は4.7 mであったと推測される．絵画の画面の右側の（写真では左側），橋に隣接したベネ橋の管理用の建物は，現在では「コローの橋のギャラリー」となっている．

さらに右岸には，川辺から段々と傾斜した芝の河川公園がある．ここは，リベラシオン広場と称されて整備され，そこには絵画の「マントの橋」の看板があり，この橋が歴史的に重要であることをうかがわせる．

3.10 コロー「ネラ川にかかるナルニの橋」1843
（イタリア，ナルニ）

イタリアのナルニ市は，ウンブリア州テルニ県の南に位置している山岳都市で，ローマの北約70 kmの位置にある．ナルニ市のパンフレットによると，ナル

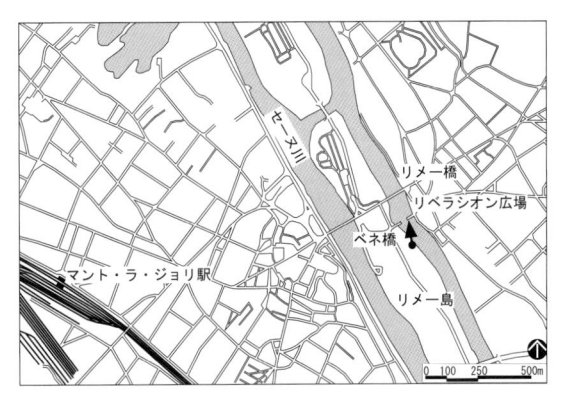

図2.83 視点場の写真

図2.84 マントの橋

図2.85 実景

図2.86 ネラ川にかかるナルニの橋

図2.87 実景（1）

図2.88 実景（2）

ニは，地理的には，イタリアの国土の中心地に位置しているという．

ナルニ市のチェントロ・ストリコの近くの外側には，ネラ川の上を通る大きい橋の一部が残っており，これがアウグストゥス橋で「ナルニの橋」として名高い．この橋の規模は，残された橋の柱から見ても非常に大きかったものと推定され，これを描いたのが「ナルニの橋」である（図2.86）．地元でもこの遺跡は，著名である．しかしながら橋は風化しており，保存状態は良くない．

この「ナルニの橋」のすぐ前には，新しい橋ができている．その新しい橋から「ナルニの橋」を見るには近すぎた（200m程度か）が，「ナルニの橋」の向こうに描かれている背後の山並みは，絵画と全く同じように見ることができた（図2.87, 88）．

描かれた絵は，この新しい橋の背後の山から（おおむね800m〜1kmの背後）ナルニの橋をみた景観であると推定する．背後の山を見ると，やや谷のように凹んだ場所があり，丁度そこに教会がある．そこであらためてそびえている山に1戸だけあるその教会を目指す．そこへ至る道路は，未舗装で狭い．その教会は，アバツア・デ・サン・カッシアノという教会で，入口にあったパンフレットから，そこでは定期的に音楽会が開催されていることもわかった．

そこまで，車で行くが，教会は鍵がしまっていて，中には入れない．そのまわりから写真をとる．この教会のテラスから北方向を見る景観は，コローの構図と一致しており，このことからテラスで描いたことが確定できた．1/25,000の地図が入手出来なかったために，残念ながら視点場の位置を示すことは出来ない．

3.11 「シンボリックな建造物の景観」の諸特徴

以上見てきたように，パリのノートルダム大聖堂，サンドニの大寺院，ソールズベリーの大聖堂，サンマルタン門などの，いずれもがシンボリックな建造物を描いている10点の絵画について調べたが，これらの視点場，視対象の特徴をまとめてみよう．

3.11.1 視点場

視点場となった空間は，次の4つである．

1） シンボリックな建造物の正面にある広場かあるいは周辺の芝生庭園

シンボリックな建造物の周辺は，オープンスペースに囲まれている場合が多い．シンボリックな建造物を見る視点場となるのは，その正面にある広場であり，あるいは周辺を囲む庭園であった．調査した中では4点が該当した．

視点場となっている建物の前面にある広場の空間のプロポーションを調べると，パリのノートルダム大聖堂前の広場では，D/H＝2.4〜3.8であった．

2） シンボリックな建造物からやや離れて存在している広場

シンボリックな建造物の正面にある広場の奥行きが狭い場合，つまり，シンボリックな建造物の高さに比べ，奥行きが狭い広場の場合は，それから離れた広場が視点場となっている．調査した中では2点が該当した．

前にも述べたが，この場合の視点場は，コローのシャルトル大聖堂では，正面の聖堂前広場ではなく，やや離れたシャトレ広場から描いている．また，ユトリロのサンドニ大寺院は，正面から描いているが，すぐ正面にあるランシャン・ホテル・ディアン広場では狭く引きがとれないので，その近くにあるジャン・ジャウレス広場から大聖堂を見てこの絵を描いてい

る．

3） シンボリックな建造物にいたる道路または歩道

サンマルタン門とオヴェールの教会は，そこに至る道路上または歩道上が視点場となっていた．いずれも周辺のオープンスペースが狭いために，視点場は道路上となっており，調査した中では2点が該当している．

4） 河川沿いのオープンスペース

マントの橋など橋梁の場合の視点場は，河川沿いのオープンスペースであった．橋のほぼ正面から流軸方向を見て，描かれており，調査した中では2点が該当した．

3.11.2 絵画と実景との差異

シンボリックな建造物の景観は，現在でもほとんど同じ構図をえることができ，基本的には，絵画と実景は同じであると考えてよい．

視点場の視野の広がりを調べると，平均で256度であり，視点場周辺は広がりを持っていることがわかる．「まちの全貌を見渡す景観」の視野よりも広い．一方で，このタイプの景観は，画角が小さく平均36.5度で，他のタイプに比べ最も狭い．通常見る範囲よりも，さらに，小さく絞った構図となっている．

オープンな場所に視点場をおき，視対象を中心に思いきって絞って描いている．正面から見る場合でも，斜めから見る場合でも，両者に画角の差ははほとんどない．これは見る視線方向が重要であることを示しており，シンボリックな建造物を強調した構図としている．

3.11.3 視対象の特徴，視対象までの距離と仰角

1） 視対象

視対象は，きわめて高い尖塔をもち，多分に遠くから見ても市街地のまちなみの中にそびえて見える教会である．一方，この教会は，近くから見てもエネルギーのかかった彫刻のファサードとそのプロポーションの良い建物となっており，周囲の建物に比べ際立っている．

この建造物を見る場合には，正面から建造物のファサードを見る場合と，斜めから建造物全体を見る場合の2つの景観がある．いずれも近景の位置から建物をやや見上げる景観である．

2） 視対象までの距離と仰角

シンボリックな建造物の景観の特に重要な指標は，距離と仰角である．

シンボリックな建物を見る場合の距離は，10点とも視点場に近い位置，近景の範囲（～300m）にある．この程度の引きでもって建造物を見ていることになる．その仰角は，20～40度（平均24.8度）である．建物の高さによっては，視対象までの距離は若干異なるが，仰角はこの範囲にある．仰角が大きくなる限界は，30度といわれているが，本調査では，1点の例を除けば，一致している．コンスタブルが描いた2つのソールズベリー大聖堂の場合を考慮すると，30度以内の方が適切のように思えるのだが．

コローとユトリロによって描かれた2点のシャルトルの大聖堂を比較すると，コローの構図は，大聖堂の周辺に空が適度に含まれ，仰角20度でこの角度は，画面のなかに余裕を生む．

一方，ユトリロの絵画は，大聖堂が画面いっぱいに描かれ，画面に空間的なゆとりがないことが指摘できる．実際にその前面の広場に立って仰角を調べてみると，40.1度であり，視野を超えており見にくい．果たして，ユトリロが現地に行って描いたのか，絵はがきを見て描いたのか，疑問の残るところである．事実，先に指摘しておいたようにユトリロが描いたサンドニ大寺院の場合には，直前の広場ではなく，わざわざ離れた広場から描いており，仰角を確保している．このことからも，何故シャルトルの大聖堂の場合では，十分に仰角を得なかったのかというこの疑問は，残されていると言えよう．

第4章
道路と建築のパースペクティブな景観の視点場

　パリのシャンゼリゼ大通りは，広幅員の直線道路で，当時でも9km以上の長さの直線道路であった．この通りは，銅版画などの記録画ではよく描かれているが，印象派の画家たちは，オペラ座通り，モンマルトル大通りなどの通りは描いているにもかかわらず，何故かこの大通りを描いていない．どのような通りを画家達は，好んで描いたのであろうか．

　第4章では，「絵になる景観」としての「道路と建築のパースペクティブな景観」についてふれる．通りのパースペクティブな景観が成立するには，つぎのような存在が指摘されている．「すべての家屋が類似の形態をしていた……これは一見ささいなことであるが，……実際には重大な進歩を意味していた．事実，直線的で一定の幅をもつ街路を設定したり，街路にそってのパースペクティブ（見通し）を整えるためにはこうした条件が絶対に必要だからである」[9]．つまり，通りが景観として成立する背景には，両側の建物と道路とが整備されてはじめてそれが可能になるのである．

　このように景観としてのまちなみが確立されたのは，比較的新しい時代にはいってからであり，そのような新たな景観の成立によって，画家達は，通りの景観を描くようになった．しかしながら，それだけでは，画家達が描く「絵になる景観」とはならない．そこには通りに接した広場があり，その広場のプロポーション，両側の建物の高さなどに視点場に必要な条件が存在し，さらに視対象である通りと建物の比にも適切な値があってはじめて，私達が好んで取り上げる印象派の絵の構図となるようである．

　このタイプの構図の視点場が確認できた絵画は，ユトリロ5点，ピサロ3点，ゴッホ2点，コロー1点，ムンク1点の計12点である．これらの絵画に描かれた通りの景観について，視点場ごとに特徴を調べてみよう．

　この景観タイプの絵画には，パリのオペラ座通り，イタリア大通り，パシー河岸通り，ポントワーズのエルミタージュ通りなどの道路の名称がそのまま画題につけられて描かれている場合と，ドゥーエの鐘楼，サン・セヴラン聖堂などの，アイ・ストップとなった建物の名称がつけられている場合の2種類の絵画が含まれる．

　通りの名称が画題に含まれているために，視対象は比較的発見しやすい．しかも道路奥には，アイ・ストップとしての建物が配されて，それらが画題に含まれている場合もあり，このことにより視点場を発見することが，比較的容易となるのである．但し，このことは通りなどが記載されている地図を，入手していることが前提である．

4.1　ピサロ「テアトル・フランセ広場・雨のパリ」1898（フランス，パリ）

　この絵画は，パリのルーヴル宮からオペラ座に向かう直線道路であるオペラ座通り（直線道路で約1km）を含んだまちなみを描いたものである．画面の

図2.89　テアトル・フランセ広場・雨のパリ

手前右にはテアトル・フランセ広場、そしてオペラ座通りの両側にはオスマンの都市計画によって高さが規制された5層の建物が建ち並び、約1km奥にはオペラ座が描かれている（図2.89）。

道路幅と建物高さの比（D/H）は、1.09であり、建物高さと道路幅はほぼ同じである。オペラ座との仰角は1.6度であり、絵画の中ではオペラ座は重要な役割を果たしていないし、むしろ印象は弱い。オペラ座通りと手前の広場には、様々な馬車が描かれ、このことからこの絵画は、通りの賑わいの景観を描いた絵画であると言える。

視点場は、テアトル・フランセ広場に面したホテル・ルーヴルの2階である（図2.90）。この視点場は、サントノレ通り、オペラ座通り、リシュリュー通りが交わる変形交差点でテアトル・フランセ広場に面している。現在この広場は、アンドレ・マルロー広場と称されている。絵画と実景はほぼ同じ構図である。この絵画と視点場は、他の著作にもよく紹介されている有名な構図である。

4.2 ピサロ「イタリア大通り・朝・陽光」1897（フランス、パリ）

オペラ座前でオペラ座通りと直交している直線道路で、モンマルトル大通りと鈍角（135度）に交わっているのがイタリア大通り（直線道路の長さは約0.6km）である。この絵は、このイタリア大通りのにぎわいを上部から見た景観である（図2.91）。

モンマルトル大通りとイタリア大通りの交点に面した建物の上階が、視点場である（図2.92）。

1900年版の古地図によると、当時のモンマルトル大通りは未完成で、現在のようにはオスマン大通りとは直通しておらず、折れ曲がってイタリア大通りとつながっていた。この曲がっているところに面した建物の上階が、視点場であり、そこからイタリア大通りの賑わいが描かれている。

4.3 ユトリロ「サン・セヴラン聖堂」1912（フランス、パリ）

サン・セヴラン聖堂は、シテ島のノートルダム大聖堂の近く、セーヌ川左岸に位置している。

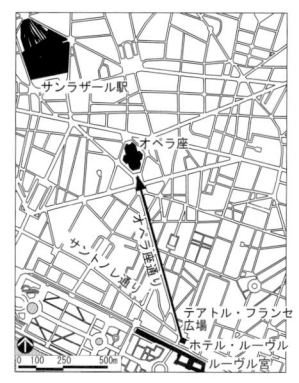

図2.90 視点場の位置

図2.91 イタリア大通り・朝・陽光

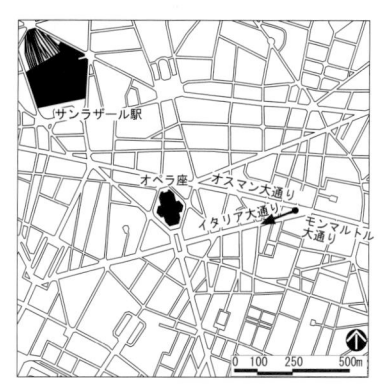

図2.92 視点場の位置

図2.93 サン・セヴラン聖堂

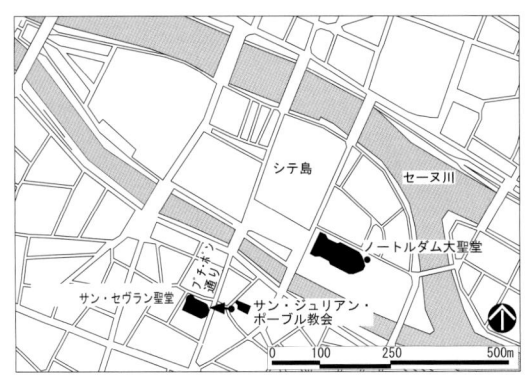

図2.94　視点場の位置

図2.95　実景

図2.96　雪のパシー河岸通り

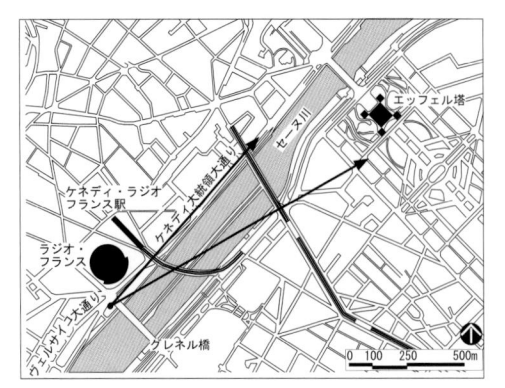

図2.97　視点場の位置

　ユトリロは，サン・セヴラン聖堂を描いたこの絵と全く同じ構図の絵を，この絵を含めて2枚描いている（図2.93）．

　視点場は，プチ・ポン通りとサン・セヴラン通りの交差点からやや引いた場所，5叉路の小広場（サン・ジュリアン・ポーブル教会の前の小広場）である（図2.94）．この5叉路の石畳は美しい．サン・セヴラン聖堂の周囲を歩きまわってみたが，この場所からしか，絵画のような構図は，えられない．

　この絵は，この視点場から，サン・セヴラン通りと近景のサン・セヴラン聖堂を見た景観を描いたものである（図2.95）．仰角は23.3度で，サン・セヴラン通りのD/Hは0.54である．このサン・セヴラン聖堂は，13世紀のゴシック式の聖堂で，かちっとしたデザインである．ただ，この視点場からはサン・セヴラン聖堂のフライング・バットレスが見えるのだが，それは描かれていない．同じようにプチ・ポン通りも見えるが，これもやはり描かれていない．省略された部分があるこの建物は，実景では絵にならないと判断したということなのであろうか．

　この絵画は，コローの「ドゥーエの鐘楼」の構図に近いまちなみの景観である．

4.4　ユトリロ「雪のパシー河岸通り」1955（フランス，パリ）

　この絵画は，パシー河岸通りからその通りとエッフェル塔を見る景観を描いたものである（図2.96）．現在では，周辺の建物は大きく変化しており，絵画と実景は大いに異なっている．

　パシー河岸通りは，ケネディ大統領大通りとなっているが，当時の地図と，描かれたエッフェル塔と道路とを比較して判断すると，視点場は，ケネディ大統領大通りのさらに西につながるヴェルサイユ大通りとの交差点近く，ラジオ・フランスの前，グレネル橋の歩道側であると推定される（図2.97）．この視点場は，6叉路となっており，それぞれの通りが見とおしのきく場所でもある．

　パシー河岸通りとは，セーヌ川右岸沿いの通りのことである．これから河岸通り，高架鉄道と対岸のエッフェル塔を見る．エッフェル塔を見る仰角は，10度である．この高架鉄道とエッフェル塔だけが，描かれたものと実景を比べた時に同じであるが（図2.98），

他の市街地は，すべて変化している．エッフェル塔は，視点場から1.7 kmの遠景に位置するのだが，高いために視野にはいる．

4.5 ユトリロ「ポルト・サンマルタン」1911
（フランス，パリ）

　この絵画は，サンマルタン大通りを西方向に見た市街地の通りの景観である．そこには，斜めからシンボリックなサンマルタン門を見て，さらにその遠く中景の位置にあるサンドニ門を見た景観が描かれている（図2.99）．サンマルタン門との仰角は，11.6度である．グラン・ブールヴァールと呼ばれているこの大通りの真ん中には，このサンマルタン門，ややはなれてサンドニ門と2つの門が，残されている．この大通りのD/Hは，幅員が大きく1.26である．

　視点場は，サンマルタン大通りの左側（西側）の歩道である．この歩道は，視点場付近でやや膨らんでおり，車道のレベルからは高くなっている（+1.5 m）（図2.100）．その歩道は上り坂で，反対に車道はやや下り坂となっている．サンマルタン門あたりで同じレベルになる（図2.101）．視点場となったここの道は，ポルト・サンマルタン座の前である．

　「サンマルタン大通りにはサンマルタン門，その横には……（当時）……流行のカフェや……芝居……小屋が軒を並べる……サンマルタン門の脇には，建物こそ当時のものではないが，面影を多少とどめて今も建つポルト・サンマルタン座は，ユゴーの『マリオン・ド・ロルム』，……デュマの『アントニー』などの劇が初演されたことで，まさにロマン主義の「陽のあたる場所」であった……」[10]．

　ユトリロは，このように歴史のあるポルト・サンマルタン座の前の歩道から，サンマルタン大通りがやや下っている西方向を見た景観を描いている．

4.6 ユトリロ「ポアソニエ通り」1933
（フランス，パリ）

　オスマン大通りにつながっているポアソニエ大通りを南に曲がるとポアソニエ通りがある．この絵は，この通りのまちなみを見た景観を描いたものである（図2.102）．この通りのD/Hは0.62である．絵画では

図2.98　実景

図2.99　ポルト・サンマルタン

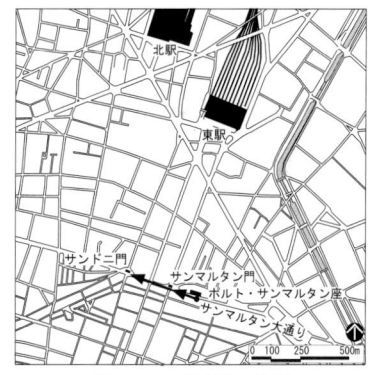

図2.100　視点場の位置

図2.101　実景

図2.102 ポアソニエ通り

図2.103 実景

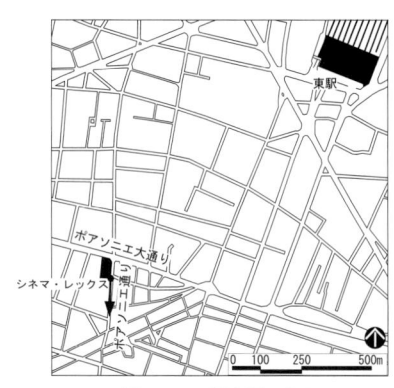

図2.104 視点場の位置

図2.105 エルミタージュ通り, ポントワーズ

図2.106 実景

色彩豊かな建物が描かれているが, 現在は, 色感はない (図2.103).

視点場は, ポアソニエ大通りからポアソニエ通りにすぐ曲がったところにあるシネマ・レックスの前の, やや広い歩道にあった (図2.104).

大通りから入ったこの通りは, 幅員が狭くわずかに坂となっており, モンマルトル地区内の通りに近い雰囲気をもっている.

4.7 ピサロ「エルミタージュ通り, ポントワーズ」1874 (フランス, ポントワーズ)

ポントワーズは, イール・ド・フランス地方のヴァル・ドアーズ県の県都である. パリ (サンラザール駅) から北西約 30 km の位置にポントワーズの駅 (RER) がある. この駅から北東約 1 km, セーヌ川の支流オワーズ川沿いの道路に直交した道路が, 絵画のタイトルにあるエルミタージュ通りである. この絵画は, この通りと両側の低層住宅地を北方向に見た景観を描いたものである (図2.105). この道路の直線で見通すことのできる距離は約 200 m で, 通りの D/H は 1.4 である. この周辺は, 当時と大きく変化し, 道路の幅員, 建物高さなどの印象がわずかに残されているのみであった (図2.106).

視点場は, オワーズ川から内部に 300 m ほど入ったこのエルミタージュ通りと, アドリアン・ルモアン通りの交差点付近である (図2.107). 現在この道路は, 混合道路として整備されている.

ピサロは, このポントワーズを描いた作品を数多く残している. このエルミタージュ通りを描いた絵画も数点あるが, ここに挙げた絵は, その中の 1 点であ

る．現地では，ポントワーズを描いたピサロの作品を歩いて辿る散歩ルートが観光案内所（i）で企画されている．

4.8 コロー「ドゥーエの鐘楼」1871
（フランス，ドゥーエ）

パリ（ノルド駅）から北方向約220 km，ベルギーに近い位置にドゥーエは位置しており，TGVで約1時間で到着する．ドゥーエ駅（SNCF）から西800 mの位置に旧市街地がある．この旧市街地の中心部に位置する市庁舎にある鐘楼は，フランドルの獅子像を戴く四角い塔で，組み鐘が12時になると美しい音色を響かせ，町のシンボルとなっている．現在もこの鐘楼は，庁舎の一部として利用されている．

絵画は，市街地に面したマリー通りの奥に，この鐘楼をアイ・ストップとして見た景観を描いたものである（図2.108）．仰角は12.6度である．

視点場は，旧市街地の5叉路となっているスザンヌ・ラノア広場に面した建物の2階にある（図2.109）．現在このスザンヌ・ラノア広場では，自動車交通の処理のために，バス・レーンの一方通行を主にした複雑な交通規制が行なわれている．

マリー通りは，両側の建物の高さに比べ，道路幅が狭く，D/Hは0.93である．画面の左手にある手前の建物は，現在はなく広場の一部となっている．他は実景と同じである（図2.110）．

「すべての都市で，『聖なるもの』が景観の中核に位置していたわけではなかった．世俗的価値がたかまる前兆は，いくつかの都市で認められた．……市役所の鐘楼や世俗的な広場が都市の中核を占める……商工業が発達した都市では，労働者に仕事の開始時刻を告げたり，中央広場で開かれる市の始まりと終わりを告げたり，市参事会員を召集したり，都市の祭典を挙行したりすることが必要だった．……こうした鐘楼は，しばしば市役所や市参事会庁舎の不可欠な一部分となり，それぞれの都市の商業的繁栄に応じて派手な装飾が施された」[9]．

ドゥーエの鐘楼は，この事例の1つといえる．

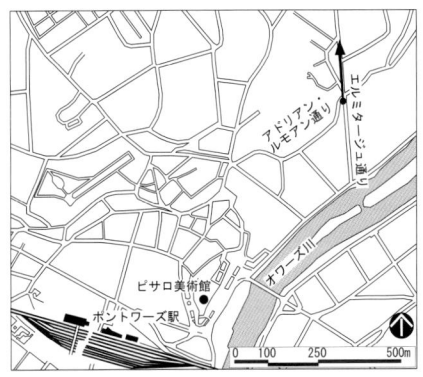

図2.107　視点場の位置

図2.108　ドゥーエの鐘楼

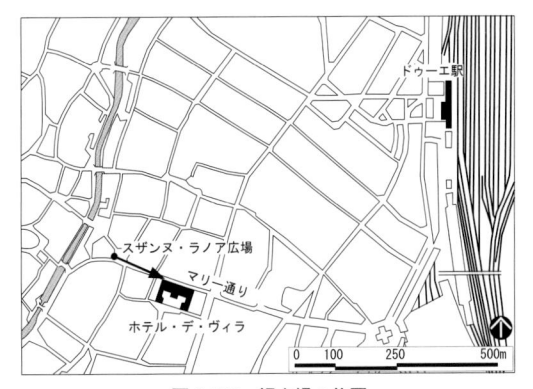

図2.109　視点場の位置

図2.110　実景

図2.111 シャルトルのギヨーム門

図2.112 実景

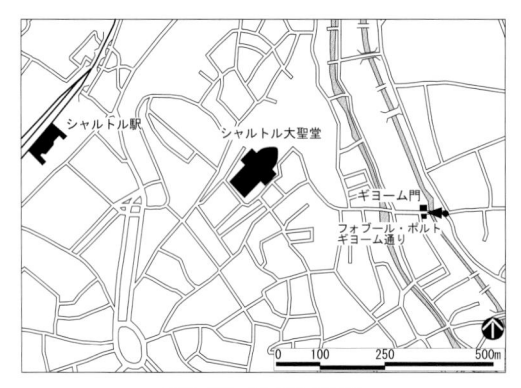

図2.113 視点場の位置

図2.114 夜のカフェ

4.9 ユトリロ「シャルトルのギヨーム門」1914 （フランス，シャルトル）

　シャルトル市の東部にある城壁と小川の交点にギヨーム門はある．絵画は，このギヨーム門を描いたものである（図2.111）．現在残っている門は，その一部であり（図2.112），その門の周辺は，広場として整備されている．第1回目の調査では，この広場には戦時中に爆撃を受け破壊された様子を撮った写真のパネルが，展示されていたが，2回目の調査では，この展示物は，破損して今は何もない．

　小川は，北から南方向に流れている．小川の西側が城内で，東側が城外である．西側つまり城内側にギヨーム門はあったと推定される．写真で示すように残存している一部の門が，描かれているギヨーム門の一部である．戦時中に破壊されたという．そこには，新しい建物が建てられている．

　小川の東，城外にはきわめて小さな島がある．この島は，広場として整備されているが，門に入るための待合空間であった．門から中島，そして外に向かった直線道路というふうにつながっている．また，絵画に描かれたギヨーム門と当時の地図，それに現地の様子から判断すると，視点場は，この城外のフォブール・ポルト・ギヨーム通り上にあると推定される（図2.113）．当時は，この視点場からは門のためにシャルトルの大聖堂は見えなかった．現在は，写真でみるように門がないために，大聖堂の屋根の一部が見える．

　描かれたのは，城内へと向かうフォブール・ポルト・ギヨーム通りと，その道路の奥にシンボリックなギヨーム門（視点場からの距離は100 m）を見た近景の通りの景観である．

4.10 ゴッホ「夜のカフェ」1888 （フランス，アルル）

　私は，アヴィニョンからアルルへと約20分で入った．アヴィニョン駅（SNCF）の駅構内の発着案内板でアル行きの時刻をみながら待っていると，ホームの番号がなかなか出ない．時間になっても乗り場がわからない．周囲の乗客に尋ねてみると，その時間のものはバスであり，乗り場は駅前の広場にあるという．こういった経験は，1度目はルーアンへ行った時，突

然降ろされてバスに乗り換えた時，2度目はサン・ローに行った時，そしてこのアルルのこの時が3度目であった．

　ゴッホは，アルル市内のカフェを描いている．このカフェは，アルル駅（SNCF）から南西800mの旧市街地の中にある．描かれている青色の夜空と星，カフェを照らす黄色の照明，赤いじゅうたん床が強い印象を与える（図2.114）．青っぽい床の石貼は，現在はその上から舗装されている．オープン・カフェの屋根は，簡易な日除けのキャンバスの造りである．右側の広場のほうは，大きな樹木に覆われ，その下は野外レストランとなっている．

　この絵画は，フォルム広場とカフェの間を通るプラース通り，さらに先にあるパレ通りの道路を軸景として，左手にカフェの建物，右手に広場とノール・ピニュス・グランドホテルの建物のある景観を描いたものである．奥の道路のD/Hは，0.35と，狭い．街灯のブラケットのデザインまで一致している．ちゃんと実景は現存しているし，ゴッホが，実景に基づいて写実的に描いていることがわかる．図2.115に実景の写真を示し，図2.116に視点場の位置を示す．

　視点場は，フォルム広場（42m×23m）に面したプラース通り上である．カフェのある建物は，現在4階建で，1階にゴッホによって描かれたカフェ・ラ・ニュイがある．ゴッホの名前は，現在カフェ店の看板にも記載されているし，この絵画のレプリカが視点場と推定される場所に置かれている．

4.11　ゴッホ「アルルのゴッホの家」1888 （フランス，アルル）

　この絵画は，アルルの駅のすぐ近くにある円形ロータリの芝生のリベラシオン広場に面した建物を見た景観である（図2.117）．ラマルティーヌ通りが，画面の右手にある．その通りのD/Hは，1.2である．その通りの左手にはゴッホの家が配されている．黄色の建物，黄色の道路，青い空．この右手の通りの中景には，マルセイユ行きの鉄道のガードが見える．構図は，全く同じであると判断しているが，描かれた手前の建物は，現在では広場になっており，当時の実景とは異なっている（図2.118）．

　この絵画も道路を軸景として，描かれている．広場には，ゴッホが描いた絵画のレプリカや，経歴などを

図2.115　実景

図2.116　視点場の位置

図2.117　アルルのゴッホの家

図2.118　実景

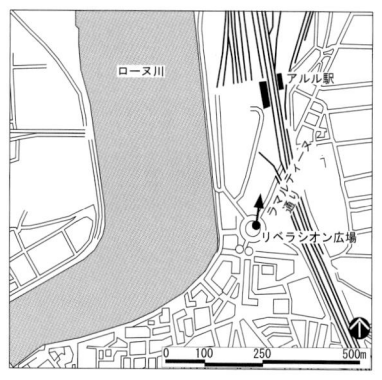

図 2.119　視点場の位置

図 2.120　オスロ・カールヨハンス街の春日

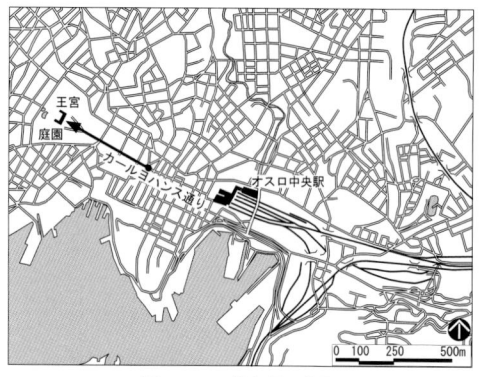

図 2.121　視点場の位置

図 2.122　実景

示す掲示板がある．視点場は，ラマルティーヌ通りの歩道上にある（図2.119）．

4.12　ムンク「オスロ・カールヨハンス街の春日」1891（ノルウェー，オスロ）

　カールヨハンス通りは，オスロ市の中心部の大通りであり，東の中央駅と西の王宮を直線で結ぶ約1.3 kmの道路である．この絵画は，このカールヨハンス通りから西北方向の奥にノルウェー国王の王宮を見る景観を描いたものである（図2.120）．視点場から王宮までの距離は，約500 mである．通りの左側には，公園の樹木，右側にはグランドホテルやオスロ大学が見える．右側手前に描かれているグランドホテルやその先に描かれている建物は，いずれも改築されており当時の面影はない．この通りのD/Hは，1.0～1.48の値をとる．

　視点場は，カールヨハンス通りにある国会議事堂横の道路上であり，国会議事堂の前に公園があることにより（図2.121），ここは，オープンな視点場となっている．この通りは，やや坂道になって下り，ノーベル平和賞の授賞式があるオスロ大学前で最も低くなる．それから再度，上り坂になりその頂点に王宮と王宮庭園，ドロニング公園が位置している．つまり，凹状の道路の地盤面を見るために，仰角は，3.0度である実際の王宮は，描かれた王宮よりも大きく見える（図2.122）．

　この絵画の所蔵元は，実はオスロのムンク美術館ではなく，ベルゲン美術館にある．折角ノルウェーに来たのだからと私達は，ベルゲンを訪問することにした．

　朝8：00オスロ駅を出発しミルダールまでベルゲン鉄道で移動し，それからフロム鉄道に乗り換えフロムに至る．フロムからは船に乗り換えフィヨルドを巡りながらグドバンゲンに至る．グドバンゲンからバスに乗り換えボスに至り，再度ベルゲンまで列車でいくのである．着いたのは夕方20：30である．

　船中から両側のフィヨルドの山頂を見る仰角は，20～30度で，おおむね「シンボリックな建造物の景観」で計測してきた仰角に近い．山の中腹にある集落は仰角15度の位置にあり眺めやすい．8月下旬の旅であったが，日本人の私達にとって山はすでに冬であった．当初は楽しいと思って出発した旅のはずで

あったが，船旅は寒いだけの印象である．6月下旬が季節としては最も良いとのこと．

翌日ベルゲン美術館を訪問する．ムンクの「カールヨハンス街の春日」を所蔵しているベルゲン美術館のシティ・アート・コレクションは改装中であって，残念ながらムンクの絵画に対面することができなかった．ベルゲンは，ノルウェーのロマン派の画家ダールの故郷でもあり，そのコレクションも豊富なベルゲン美術館（ラスムス・メイヤ・コレクション）がある．ダールは，「満月のドレスデン」を描いた画家でもある．訪問した時には，目指したムンクの絵画を見ることは出来なかったが，展示中であったダールの多くの絵画を見ることができた．

4.13 「道路と建築のパースペクティブな景観」の諸特徴

ここで取り上げたタイプの絵画は，道路と建築を同時に見たパースペクティブな景観を描いたものである．道路の奥には，ランドマークなどのアイ・ストップが見える場合もある．

代表的な通りの景観は，オペラ座通り，サンマルタン大通り，モンマルトル大通りなどのパリの大通りの賑わいの景観や，古い市街地の中心を通る細い路地の奥にわずかに見える教会などの景観，細い路地の通りの景観などである．

4.13.1 視点場

道路と建築のパースペクティブな景観を見る視点場は，広場または道路交差点上などのオープンスペースの場合と，あるいは，その前面にある建物の上階の場合とがある．広場のプロポーションは，D/Hで1.8〜4.3である．

1) 広場前の建物の上階

オペラ座通り，イタリア大通り，ドゥーエのマリー通りなど3点は，広場前に面している建物の上階が，視点場となっている．

オペラ座通りの視点場は，交差点に隣接したテアトル・フランセ広場であり，ドゥーエの鐘楼の場合も視点場となっている建物の前面には，オープンスペースが存在している．

2) 道路交差点の歩道やそれに隣接した広場

エルミタージュ通り，カールヨハンス通り，サン・セヴラン通り，サンマルタン大通り，ポアソニエ通りなどの視点場は，いずれもが歩道上や交差点，またはそれに隣接した広場にある．調査した中では，9点が該当した．

4.13.2 絵画と実景の差異

「道路と建築のパースペクティブな景観」のタイプの絵画は，実景とほぼ同じと判断される．通りの軸景とその奥にアイ・ストップとしての建物が描かれており，それが重要で，実景のままが「絵になる景観」になることを示している．

調査した中では，視野は平均218度と広く，画角は，平均48.6度である．これは普通の画角であり，見えるとおりの範囲が描かれている．画面も縦長に用いられている場合が多い．その他は，描かれていない．このことは，見られる素材と軸景のみが重要であることを示している．

4.13.3 視対象の特徴，視対象までの距離と仰角

1) 視対象

視対象は，道路とその両側にある建物である．さらには道路の奥にアイ・ストップとなる建物は，必ず町を構成するまちなみより高い建物で，公共的な建造物である．それは，オペラ座，鐘楼，王宮，聖堂，門などである．

2) 視対象までの距離と仰角

このタイプの景観で，最も重要な指標は，道路と両側の建物の高さの関係と，アイ・ストップとなる建物の仰角である．

①直線距離で道路の見通し距離は1km以内で中景の範囲で，平均350mである．描かれた通りの建物の高さと道路幅の関係をみると，最も大きいのがエルミタージュ通りで，D/Hは1.4であり，最も小さいのがパレ通り（ゴッホの「夜のカフェ」）で，D/Hは0.35である．オペラ座通りは，1.09で，サンマルタン大通りは，1.29であった．これら描かれた通りの全体の平均ではD/H＝0.96で，両側の建物よりもやや道幅は狭い．そのような通りを，「絵になる景観」として，画家達は好んで描いている．要するに，建物の高さに比べてほぼ同じ幅員の道路は，絵になりやすいということが，このことからわかる．軸景としては，正方形に近い通りの構図が得られるのである．

②このアイ・ストップとなる建物は，大半が300m以内の近景の範囲にある．その仰角は，視点場から見て平均15.5度である．建物の高さによっては，中景に配される場合もあるが，このことはサンプルが少ないことから，確定的には言えない．

第5章
道路と河川のパースペクティブな景観の視点場

　ヨーロッパの都市の中央部を流れる河川は，その水面と道路面の高低差が小さく，両側の地区を分断する空間ではなく，むしろ両側をつなぐ都市空間の一部のように見える．また両側の地区を結ぶ橋のデザインもすばらしく，背後には，石造の家並みが見え，さらにその遠くには高い尖塔をもつ教会がまちなみを特徴づけるものとなっている．このように，ヨーロッパの河川は，まちなみと一体となって都市景観を構成しているものに見える．そのような河川とまちなみが一体化した美しさの秘密を，絵画を通してさぐりたいと思う．

　絵画でよく描かれる河川や水辺は，パリの市街地内を流れるセーヌ川であり，ロンドンの市街地を流れるテムズ川，それに，スイスのレマン湖，オランダの運河沿いなどの水辺の景観である．

　第5章で調べるのは，河川が描かれた景観タイプで，「道路と河川のパースペクティブな景観」を取り上げる．河川が流れる方向と河川沿いの道路，そして背後の市街地を見る景観である．

　このタイプで視点場が確認できた絵画は，コロー3点，ピサロ2点，シスレー2点，ユトリロ1点，スーラ1点，モネ1点，ターナー1点の計11点である．画題には地名または建物名が含まれており，それを視点場の発見の手掛かりとした．それでは視点場ごとに特徴をみていこう．

図2.123　ジュネーヴのパキ岸壁

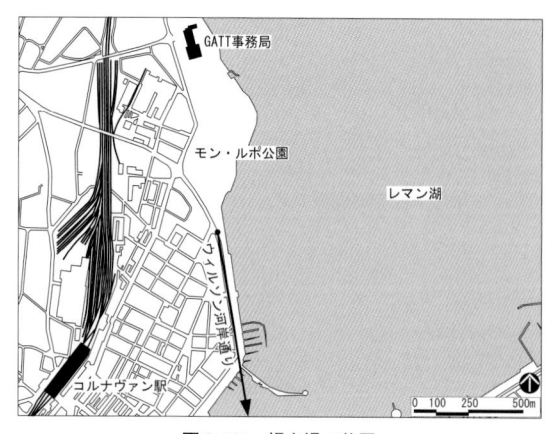

図2.124　視点場の位置

5.1　コロー「ジュネーヴのパキ岸壁」1860
　　　（スイス，ジュネーヴ）

　この絵画は，スイスのジュネーヴ市内にあるレマン湖に面したパキ桟橋を描いたものである．第2回目のジュネーヴへの調査では，パリからTGVで行くことにした．フランス国内では停車駅が少なく乗務員が来なかったが，スイスに入ると停車駅も多く，女性の乗務員が頻繁に乗車券のチェックにやってくる．3時間40分でジュネーヴ市の中心駅であるコルナヴァン駅に着き，簡単な入国審査を受ける．

　駅を降り，南東にモンブラン通りを真っ直ぐに約600 m歩くと，レマン湖に至る．この絵画は，レマン湖沿いのこの桟橋と道路それに並木を南方向に見た景観であり（図2.123），遠景には山並みが見える．レマン湖に配したヨットの三角形の帆が特徴的である．通常コローの絵は，まちなみの中に尖塔を加えること

によって，市街地の景観を引き締めるという手法がよく用いられる．ここでは，ヨットの帆が，その役目を果たし，湖の景観を引き締めている．

視点場は，GATT事務局の裏にある公園（モン・ルポあるいはラ・ペリー・デュ・ラック）に沿ったレマン湖の海岸通り上である（図2.124）．レマン湖の南に見える遠景に描かれた山並みは，現実に見る山並みと全く同一であり，このことから視点場の位置を確定することができる．絵画は，この近辺から海岸通り（ウィルソン河岸通り）の南方向を見て，その対岸と山並みを見る景観である．視点場から山並みまでの距離は，7.5 kmで遠景にあり，山並みとの仰角は4度である．左側に見えるレマン湖は，現在はマリーナとしても整備されている（図2.125）．

ウィルソン河岸通りの幅員は，現在計測してみると40 mである．私は，コローがこの絵を描いた当時には，湖辺側の遊歩道と芝生の幅約21 m分は，存在しなかったのではないか，後に湖が埋め立てられて拡幅されたのではないかと，想像している（図2.126）．何故かと言うと，遠景に見える山並みが，現在の芝生の通りの軸線と合致しているからであり，また，1879年版の古地図によると，コローが描いた当時は，狭い道路と並木からすぐに湖畔となっており（図2.127），今日見られるような幅の広い遊歩道は見られなかったからである．

旧市街地にある美術歴史博物館を訪問すると，当時の古地図と模型が展示してあり，これらを見ても，そのことを確認することができる．後になって，当時の並木と道路や岸壁は，約40 mに拡幅されて遊歩道を中心とした海岸通りへと整備された．湖辺側から遊歩道，そして芝生，次にサイクリング・ロード，さらに並木，車道，歩道，そして隣地境界の建物敷地というように道路の断面構成が変わった，と判断することができる．

現在は，実景の写真で見るように，絵画の左側に描かれたような湖と道路の間には岸壁はなく，水面と路面は近接しており，より親水性をもつ構成となっている．また遠くに見える市街地の様子も当時と比べ一変している．

図2.125　実景

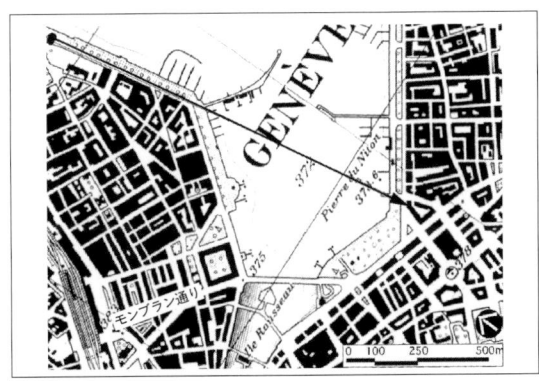

図2.126　現在の遊歩道

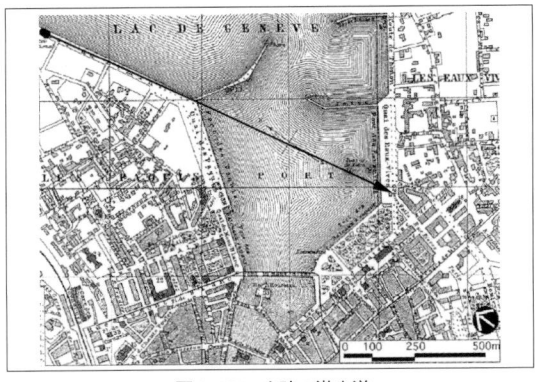

図2.127　当時の遊歩道

図2.128　セーヌ川とポン・デ・ザール・パリ

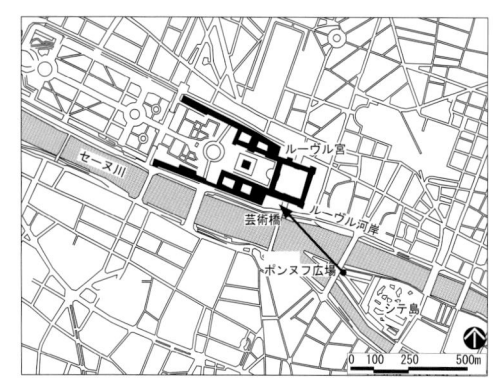

図 2.129 視点場の位置

図 2.130 実景

図 2.131 両替橋と裁判所

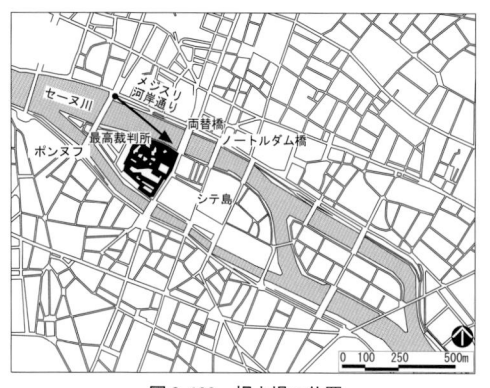

図 2.132 視点場の位置

5.2 ピサロ「セーヌ川とポン・デ・ザール・パリ」1901（フランス，パリ）

パリ市の中心，セーヌ川にかかるルーヴル宮と対岸の学士院を結ぶ橋が，ポン・デ・ザール（芸術橋）である．この橋は，鉄骨構造の橋であるが，路面は木材で仕上げられている．現在では，この橋上あるいは橋のたもとで，芸術家の卵達のパフォーマンスをみることができる．

この絵画は，シテ島の先端を視点場とし，手前に，ポンヌフ広場のテラスとセーヌ川，そして画題にある芸術橋を近景にとらえ，さらに遠くのセーヌ川沿いの道路と中景のルーヴル宮を見る景観を描いたものである（図 2.128）．

その視点場は，シテ島の先端に位置するポンヌフ広場の前の住宅の上階にある（図 2.129）．ここからセーヌ川，ルーヴル宮を俯瞰している景観である（図 2.130）．写真は，路面から撮影したものである．この構図をピサロは，数多く描いており，これはその中の1枚である．

5.3 コロー「両替橋と裁判所」1830（フランス，パリ）

この絵画は，パリ市中心，セーヌ川沿いのメゲセリエ河岸通り，その東方向に位置するシテ島とを結ぶ両替橋と，最高裁判所を見た景観を描いたものである（図 2.131）．裁判所の仰角は 7.7 度，右手に見えるセーヌ川の幅は 80 m である．手前左側には，建物から通りへと突き出した街灯が描かれている．この街灯は，ローソクのランターンであり，紐と滑車で軒先に下げられたものである．最初の街灯は，このローソクによるものであったという．その後になってガス灯が，1829 年にはじめて灯される．その後ガス灯は普及していくが，ガス爆発が多発し，1881 年以降白熱灯に変わる[10]．この絵には，その街灯のはしりのランターンが描かれている．

両替橋の向こうには，ノートルダム橋の揚水機が描きこまれている．17 世紀以来パリに住む人々の飲料水を供給してきたこの揚水機は，ウルク運河の完成にともない，ノートルダム橋の架け替えとともに取り壊され，今は現存しない．家が残されている河川敷内も

また，現在では道路となっている．この絵画は，コローがパリの市街地の様子を描いた数少ない絵画の1つである．

　視点場は，ポンヌフのたもとセーヌ川右岸のメジスリ河岸通りの歩道である（図2.132）．

　両替橋のデザインは当時と同じであるが，絵では7スパンあるのが，現在の両替橋は建てかえられ，3スパンとなっている（図2.133）．

5.4　コロー「ノートルダムとオルフェーヴル河岸」1833（フランス，パリ）

　オルフェーヴル河岸は，シテ島南側の河岸にあり，ノートルダム大聖堂もシテ島側にある．この絵画は，視点場からは上流方向にあたるシテ島のオルフェーヴル河岸，中景の位置にあるノートルダム大聖堂，サン・ミシェル橋を見た景観が描かれている（図2.134）．ここの河川の幅は，48 m である．

　視点場は，オルフェーブル河岸（シテ島）の対岸，つまりセーヌ川左岸の通り（シテ島の南側）であり，ノートルダム大聖堂の中心軸上とセーヌ川の歩道沿いの交点である（図2.135）．セーヌ川がやや曲がって流れている場所が視点場となっている．描かれている絵画を見ると，視点場は高い位置にあり，通りに面した建物の上階であると判断され，そこから俯瞰した構図となっている．描かれたノートルダム大聖堂の屋根は，黒い．ユトリロが描いた「ノートルダム・ド・パリとセーヌ川」の視点場に比べ，ノートルダム大聖堂からはやや離れている．

　描かれた年代の相違によってセーヌ川の河川整備の違いが浮かび上がってくる．コローが描いた時代のセーヌ川は，シテ島のオルフェーヴル河岸と河川敷がまだ一体化しており，護岸工事がなされていない．また，コローが描いた頃のサン・ミシェル橋は，4スパンであるが，現在は，3スパンとなっている（図2.136）．

5.5　ユトリロ「ノートルダム・ド・パリとセーヌ川」1937（フランス，パリ）

　この絵画は，先のコローの絵とほぼ同じシテ島にあるノートルダム大聖堂とセーヌ川を描いたものである

図2.133　実景

図2.134　ノートルダムとオルフェーヴル河岸

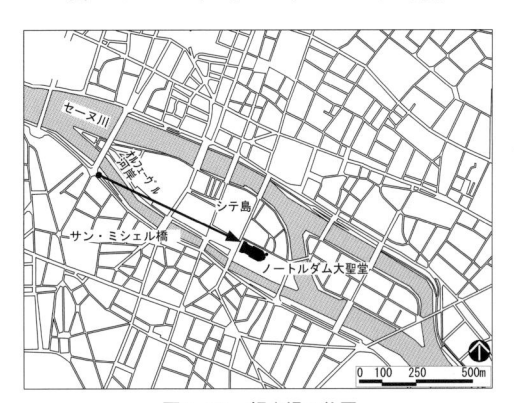

図2.135　視点場の位置

図2.136　実景

（図2.137）．

　視点場は，セーヌ川沿い左岸のグラン・ゾーギュスタン河岸で，川がやや曲がっているところの河川敷レベルの遊歩道である（図2.138）．コローの場合の視点場は，建物の上階であり，ユトリロの場合は，河川敷と低い．しかもこの視点場は，コローの視点場と比べてノートルダム大聖堂に近い位置にある．

　ここから南東方向にあるノートルダム大聖堂とセーヌ川，サン・ミシェル橋，セーヌ川沿いの河川敷レベルの歩道そして市街地を見た景観である（図2.139）．おおむね構図は合致しているが，河川の幅が実際よりも狭く描かれている．また，橋のプロポーションもやや異なる．主な視対象であるノートルダム大聖堂の位置もまた，やや修正されて描かれている．この絵画では，ノートルダム大聖堂の正面に近い位置から描かれているが，この視点場からは絵画のようには，正面の大聖堂を見ることができない．

　ヨンキントもほぼ同じ構図の絵画（「セーヌ川とノートルダム大聖堂」）を描いており，この視点場周辺が，大聖堂を見るビュー・ポイントのようである．

5.6　スーラ「グランド・ジャット島」1884（フランス，パリ）

　この絵画は，パリ・セーヌ川の中の小島の行楽地，グランド・ジャット島内の公園を描いたものである（図2.140）．この島へのアクセスは，パリのメトロ3号線の終点で降り，セーヌ川沿いに400m下るとグランド・ジャット島に至る歩道橋があり，それを渡れば公園にアクセスできる．この絵は，左にセーヌ川，右に公園内の芝生と樹木を見た構図で描かれており，描かれた樹木の影を見ると，木々に夕日が当っていることがわかる．

　視点場は，グランド・ジャット島の北部にある公園の中で，川沿いの小さな遊歩道である（図2.141）．現在グランド・ジャット島は，南地区が住宅地として整備されている．北地区は，築山までも平面格子状に植樹がなされており，徹底したフランス式のデザインの公園として整備されている．さらに島中央の縦方向には公園のアベニューがあり，さらに水面沿いには遊歩道が設けられている（図2.142）．この絵は，視点場から北東方向にあたるセーヌ川，その川沿いの遊歩道，芝生と樹木の公園を見た景観を描いている．

図2.137　ノートルダム・ド・パリとセーヌ川

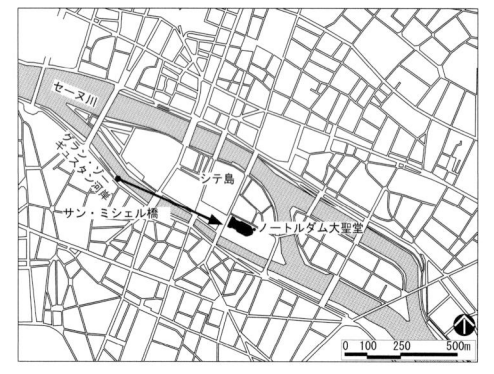

図2.138　視点場の位置

図2.139　実景

図2.140　グランド・ジャット島

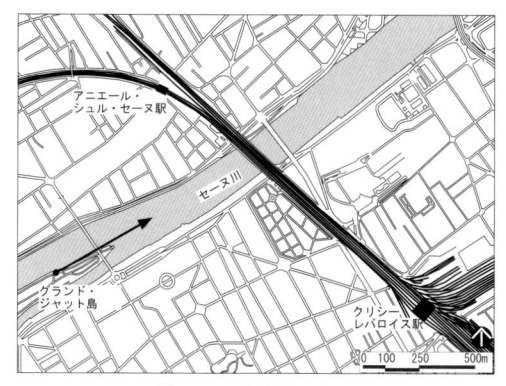

図2.141 視点場の位置

図2.142 実景

5.7 ピサロ「ポントワーズの埠頭と橋」1867（フランス，ポントワーズ）

ポントワーズは，イール・ド・フランス地方のヴァル・ドアーズ県の県都で，パリから北西約30 kmの位置にある．

この絵画は，ポントワーズ駅（RER）のすぐ近くのオワーズ川（セーヌ川の支流）にかかるポントワーズ橋と，エクリューズ河岸通りを描いたものである（図2.143）．ピサロは，当初，ポントワーズのオワーズ川周辺の市街地景観や農村風景を数多く描いたが[11]，この絵画は，その中の1点である．

この絵画は，実景よりも左右を広く描いている．左側に描かれている丘は，もっと左にあり，実際には，視点場に立って見るとその視野には入らない．橋は，すでに架け替えられているが，その当時のデザインは，現在も残っている．ただ絵の右側の手前に描かれた建物は，大きく変わっている．オワーズ川の幅は，100 m程度で広くはない．

視点場は，河川沿いのエクリューズ河岸通りにあり，それから北方向に向かって河川と超近景にあるポントワーズ橋を斜め方向に見ている（図2.144）．中景には，北方向にある市街地とその上の丘が描かれており，これは現在でも残っている．この丘の上には，ピサロ美術館がある．画角が80度で，広角で描かれているために，写真では入らない．通りを見ると橋と丘は見えず，丘を見ると通りが見えない．

図2.143 ポントワーズの埠頭と橋

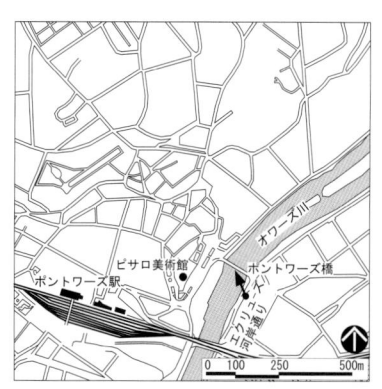

図2.144 視点場の位置

図2.145 サン・マメス6月の朝

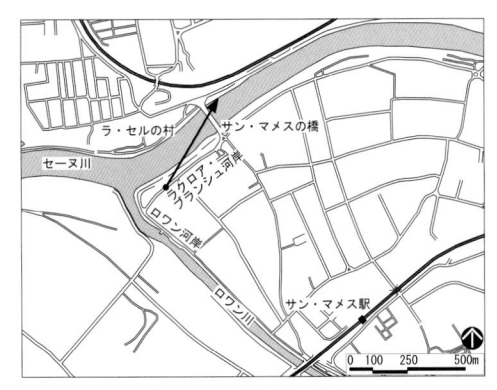

図 2.146　視点場の位置

図 2.147　実景

図 2.148　モレのロワンの河岸

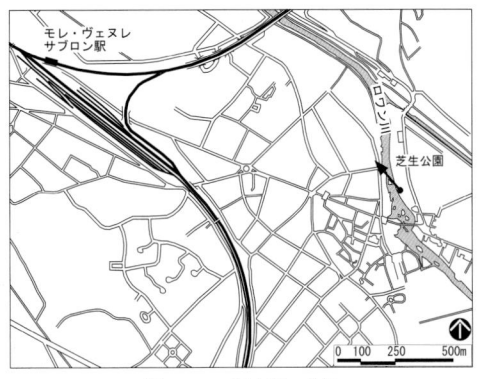

図 2.149　視点場の位置

5.8　シスレー「サン・マメス 6 月の朝」1884
（フランス，サン・マメス）

　パリ（リヨン駅）から50分でフォンテーヌブローを過ぎ，その東南のモレ・ヴェヌレサブロン駅に着く．さらに乗り換えて1つめの駅がサン・マメスの駅である．駅から北方向に約1km，徒歩で20分のところ，セーヌ川とロワン川の合流地点に，サン・マメスの町がある．この絵画は，セーヌ川と，サン・マメスのセーヌ川河畔沿いにあるラクロア・ブランシュ通りの道路を東方向に向かってパースペクティブに見た景観を描いたものである（図2.145）．河川沿いに連続する樹木は，遠近感を強調している．

　視点場は，ラクロア・ブランシュ通り上にある．この地点から，左手に対岸のラ・セル地区，セーヌ川をはさんで遊歩道，ラクロア・ブランシュ通り，一番右手には2階建ての商店が見える（図2.146）．セーヌ川の水面と歩道面は差が少なく，河川景観としては優れた地区と判断される．

　セーヌ川がやや狭く描かれているが，目の高さからは事実そのように見え，水面を見る面積は狭く，実景に近い．ここのセーヌ川の幅は137mである．ただし対岸は，実際にはもっと遠いように感じられる（図2.147）．描かれている河川敷は，現在，駐車場，公園として整備されている．また南方向には教会があるが，この教会は描かれておらず，この絵画では，道路と河川との軸景が描かれている．

5.9　シスレー「モレのロワンの河岸」1892
（フランス，モレ）

　サン・マメスからすぐ南方向，セーヌ川支流のロワン川のほとりに，モレのまちがある．モレ・ヴェヌレサブロン駅（SNCF）から南東方向に向かい徒歩15分程度で，モレの旧市街地につく．この絵画は，このモレを流れるロワン川の景観を描いたものである（図2.148）．ロワン川の川幅は，100mで対岸景を見る距離としては違和感がない．モレの中心を流れるロワン川に架かる橋からやや下った場所に芝生公園があり，視点場は，この芝生公園内にある（図2.149）．そこから，ロワン川の下流方向を見る．つまり北西方向にある対岸の集落とロワン川，手前右手には河川敷，そ

して樹木が見える景観がそこにはある．

　絵画と実景を比較すると，絵画に描かれた対岸の建物のうち現在でも確認できる建物は，丸い筒をもつ3階建ての建物である（図2.150）．水面と芝生公園との差は少なく，描かれた絵画の通りの景観をみることができる．ただ描かれている河川敷は，現在では市民が使えるように芝生で整備されて，芝生公園となっており，これが視点場の空間と連続しているものとなっている．

　シスレーの構成力は，コローの影響によるものと言われており，シスレーは内部へと導く道路や小道を偏愛したとも言われている[12]．このような構図の絵画をシスレーは，数多く描いている．

5.10　モネ「ザーンダム」1871
（オランダ，アムステルダム）

　当初，画題の「ザーンダム」という名称が，何を意味するのか全くわからなかった．もちろん，地名であることも．暇な折に，オランダの地図を調べているうちに，ダムという地名が多いことを見いだし，さらにアムステルダム周辺の観光地図を調べていくうちに，全く偶然にザーンダムという地名を発見した．それから，オランダの全国の区分地図の中にザーンダムが記載されている地図番号を確かめ，ザーンダム地区の地図1/25,000を入手した．

　ザーンダムは，アムステルダムの北部約20 kmの位置にあり，ザーンダム駅を中心にした住宅地である．この駅から東約1 kmの位置に南北を流れるザーン運河がある．地図によってザーン運河沿いには，4つの教会があることを確かめる．

　絵画では，手前に川，右手に川沿いの並木，その背後に住宅が描かれている（図2.151）．中央の河川の奥には，2つの塔が描かれている．川は，ザーン運河と判断できるが，2つの塔がどこにあって，何という建物かは，不明であった．多分，地図上に記載されている4つの教会のうちの1つが描かれているに違いないと考え，以上の予備知識で現地に入る．

　アムステルダム駅から列車で約10分で着く．駅から東方向に歩き，比較的新しい歩行者専用道となっているモールの商店街の中を通り抜け，運河まで歩く．そこまでの道のりは，約700 mである．地図によると運河沿いに4つの教会があることが分かっていたの

図2.150　実景

図2.151　ザーンダム

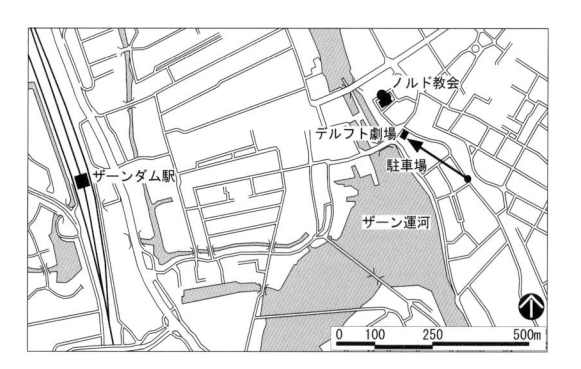

図2.152　視点場の位置

図2.153　実景

図 2.154 モートレイクのテラス

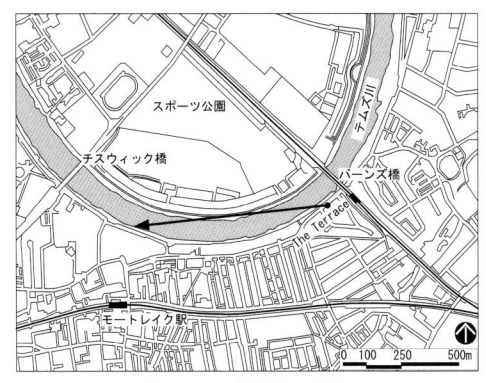

図 2.155 視点場の位置

で，現地調査では，この運河に沿って両側の教会周辺を逐一調べ上げる．

描かれた 2 つの高い建物の輪郭を手がかりに，数時間をかけて調査したが，それでも描かれた場所は分からない．「モネの絵画に描かれた建物はほとんどが建て変わっている」，「いままでの経験からも，モネのこの絵画に関しても実景は見いだせないのではないか」，「これは発見することは難しい」とあきらめかけた程であった．

しかし折角来たのだからと，最後の手段として調査班を南と北の 2 つの班に分けて調査をし直す．そうすると，南方向を担当したチームから，絵画に描かれた建物と類似したノルド教会，デルフト劇場を発見したとの知らせがあった．実は，絵画の手前にある水辺は，すでに埋め立てられて駐車場になっていたのである．

この絵画は，ザーン運河の河川敷から北方向のザーン運河，中景に見えるデルフト劇場とノルド教会，そして右手に並木を見る景観を，描いたものである．ノルド教会との仰角は，5.7 度である．右手の並木の木々の間から，住宅群が見える．視点場は，当時河川敷であったと推定される場所であるが（図 2.152），もしかしたら，水辺で，もしくは船上から描かれたのか．周囲に比べ地盤はやや低いと判断される．

現在，この河川敷は，埋め立てられて駐車場となっており，絵画とは異なる（図 2.153）．しかし右側に描かれた並木の木立とその周辺のみは，小さな庭園として整備され，その面影は残されている．ここはフランス式の庭園とは異なり，自然庭園である．モネの視点場は，より水面へ，水辺へと近づいていることがわかる．

実はモネは，1871 年 5 月にオランダのこのザーンダムに住み着き，新しいモチーフに夢中になっている．「私が見たものは，話に聞くよりはるかに美しいと思われ……ザーンダムは特に魅力的である．ここには，一生でも絵をかけるほどいろいろのものがある」と言って[13]，ザーンダムの景観を 20 点以上描いている．

5.11 ターナー「モートレイクのテラス（公園）」1827（イギリス，ロンドン）

モートレイク駅は，ロンドンのウォータールー駅から列車で 15 分の位置，ロンドンの中心地から西 15 km の位置にある．モートレイク駅を降り，そこから北方向に 10 分程歩くと（距離約 300 m），テムズ川のほとりに着く．

さらに，600 m 程度テムズ川に沿って東に歩いていくと，絵画に描かれた並木と同じ形の並木が，テムズ川沿いにある．「ティックナムに建てたターナー家からそう遠くないモートレイク湖畔の館のテラス」[14] から，テムズ川，川沿いの道路と並木が見える景観を発見したのである（図 2.154）．

最初は，テムズ川沿いの西方向にあるチスウィック橋まで歩きながら並木を探す．しかしながら見いだすことができず，すでに並木は伐採されているのではないか，とも想像した．この川沿いから歩いてきた方向はるか東方向を見ると，並木らしい樹木の列があるのを見いだす．急いでテムズ川沿いを引き返して，ターナーの並木が存在していることを，発見した．

その視点場は，鉄道用のバーンズ橋から約 150 m 西の位置にあるテムズ川沿いの The Terrace という幅員約 10 m の通りに面した建物のテラスである（図

図 2.156　実景

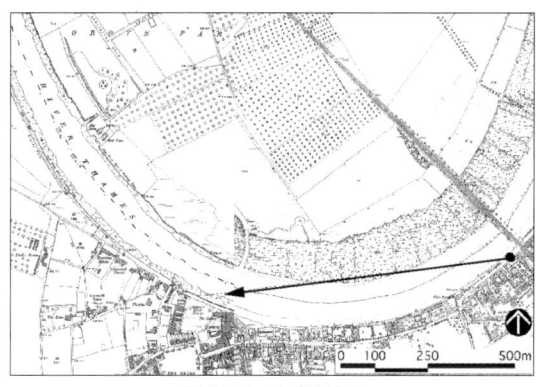

図 2.157　当時の地図

2.155).この通り沿いには,絵に描かれた並木が川沿いに現存している(図2.156).絵には,通りの並木の外側に低い腰壁があるが,現在ではこの腰壁は,樹木の内側,車道側に置かれていた.

腰壁の外側,並木の外側,つまり河川敷側に,幅約10m遊歩道(テムズ自転車路 No. 4)が設けられており,この遊歩道を確保するために,腰壁の位置が動かされたのである.このことは,撮影した写真の低い壁の詳細で明らかである.描かれているこの並木は,おおむね11mの高さにまで伸びている.

テムズ川の対岸までの川幅は,126mであり,対岸は現在スポーツ公園となっている.

現在では遠くにチスウィック橋(視点場から1.2km)が見えるが,ターナーが描いた当時は,この橋は存在していないことから,描かれていない.このことは,当時の地図で確認することができた(図2.157).

5.12　「道路と河川のパースペクティブな景観」の諸特徴

以上11点の絵画を見てきたように,「道路と河川のパースペクティブな景観」とされる絵画では,セーヌ川やテムズ川などの川が流れる方向と両側にある道を軸として,周辺にその市街地の街並みを見た景観が取り上げられ描かれてきた.

河川景観の絵画を見ていると,画家別に視点場の特徴が見えてくる.モネは最も水面に近づいて描いた画家といえる.その場合,船上か,あるいは河川敷を視点場としたと推定される.ついで,ヨンキントも河川敷あたりと思われる.シスレーは河川沿いの歩道であ

り,コローになると水辺からはだいぶ離れたところに視点場がある.ピサロに至っては,水面を描くにしても建物の中に視点場をすえている.

以下に,「絵になる景観」の1つとして,「道路と河川のパースペクティブな景観」たらしめる指標についてまとめてみよう.

5.12.1　視点場

河川の景観を見る場合には,その視点場は,河川の湾曲したところから流軸方向を見るか,あるいは橋上から河川の流れ方向を見るか,この2つのうちどちらかである.このことから,そのような視点場がないと,印象深い河川景観をうることができないと考えられる.

1)　河川沿いの歩道,またはそれに面した建物の上階

視点場がセーヌ川,テムズ川の両岸にある河川沿いの歩道にあるものは,4点である.それに面して建っている建物の上階を視点場としているものは,4点である.シテ島の突端にあるヘンリー4世広場は,D/H=3.16である.

2)　曲がった河川沿い歩道

セーヌ川などの場合,河川がやや湾曲している河川沿いの歩道が視点場となり,河川の軸景が描かれている.該当する絵画は,2点である.

3)　橋のたもと,あるいは河川敷

セーヌ川に架かる橋のたもとから流軸方向を見たり,セーヌ川の河川敷から,あるいは運河の場合は,河川敷の低い視点場から流軸方向を見て描く.該当する絵画は,2点である.

5.12.2　絵画と実景の差異

当時の実景と絵画は同じ構図と判断される.シンボリックな対象物をまちなみに配置するとき,ややそ

建物が強調されて描かれる．ただ，現在では河川やその周辺環境は著しく変化している．例えば，橋の架け替え，護岸の整備，河川敷の道路化，それと両側の建物群の改変などである．

河川を見る景観であるので，広角となっているケースが多く，通常見える左右の範囲よりもやや広く描かれている．描かれた水平の画角は，平均59.4度である．他の景観タイプに比べ，左右に広く描かれる傾向にあることがわかる．河川景観は，広さを強調する景観として，描かれているのである．

5.12.3 視対象の特徴，視対象までの距離と仰角

1）視対象

主な視対象は，都市河川であり，両側に見える歩道や道路，並木，橋，さらにはその周囲のまちなみである．特に河川の景観では，橋が視対象になっているところに注目すべきで，その視対象としての橋までの距離は平均で222mであり，近景の位置にある．

2）視対象としての河川の幅，まちなみまでの距離と仰角

このタイプの最も重要な指標は，河川の川幅，それに両岸に見えるまちなみまでの距離とその仰角である．

主な視対象である河川の幅は，平均97mであるが，その流れが，視野を広く見せオープンな景観を特徴づけている．流軸角は，平均で17度．

両岸に見える市街地のまちなみには，まちなみを特徴づける教会の尖塔がある．その建物は，中景の位置（300～1,000m）にあり，その建物の仰角は，5～10度（平均5.6度）である．

3）川幅と両側の建物の関係

描かれた河川敷と両側の建物の関連を見ると，$D_1/H_1=3.24$，河川沿いの道路と建物の関係をみると，$D_2/H_2=5.08$である．河川の幅は狭いが，両側の道路，さらに両側に建物があることから，通常の道路の軸景よりも，広がりを示すものとなっている．

第6章
河川とまちなみの景観の視点場

　ヨーロッパで見る水辺の都市景観は，素晴らしい．周辺のまちなみとともに水辺を見る．まちなみの中の水辺は，自然の造形でありながら，最もシンプルで唯一人工的な水平線を私達に与える．それが，私達の視線を水辺にくぎづけにする理由ではないだろうか．しかし描かれた絵を見てみると，それだけではないと思う．印象派の画家達が描いている絵画には，河川の幅や河川を見る流軸角，さらにはまちなみとの適切な関連などをもつことによって，フィジカルな水辺景観を演出しているのを見いだしうる．

　第6章では，河川とまちなみの景観，特に対岸景を中心にみるつもりである．絵画に描かれた川は，セーヌ川，ローマのテヴェレ川，ロンドンのテムズ川，オランダの運河などであり，いずれも水辺とともにまちなみを見る景観が描かれている．

　視点場の位置は，河川の名称と描かれた橋や建物の形状により，おおまかには判断できる．結局は，河川とまちなみを描いているのだから，河川沿いが，画家が立ったであろう視点場だと判断できるのであるが，しかしながらその地点を発見することは容易ではない．何故なら，河川沿いは，河川敷などの整備が進み，当時の景観とは大きく異なっており，また現在では河川沿いの道路には多くの車がスピードを上げて走る危険な場所ともなっているからである．

　「河川とまちなみの景観」は，河川の対岸景が主な構図となっている．視点場が確認できた絵画は，シスレー5点，ターナー5点，コロー3点，ヨンキント3点，スーラ1点，モネ1点，ピサロ1点，ユトリロ1点，ダール1点，シニャック1点の計22点である．以上の絵画を視点場ごとに特徴をみよう．

6.1　コロー「サンタンジェロ城とテヴェレ川」1828（イタリア，ローマ）

　サンタンジェロ城は，ローマ中央駅から西約3 kmの位置にある．テヴェレ川は，ローマ市内の中央を北から南へと蛇行しながら流れており，サンタンジェロ城はその川沿いにある．この建物は，石造でプロポーションも良い円柱状の建物の特異のデザインをもつ．

　「ヴァティカン宮の東隣，テヴェレ川に面してそびえるカステル・サンタンジェロ（聖天使城）は，ローマ皇帝ハドリアヌスの霊廟として139年に建てられ，……ルネッサンス時代から教皇の住居として使われ，

図2.158　サンタンジェロ城とテヴェレ川

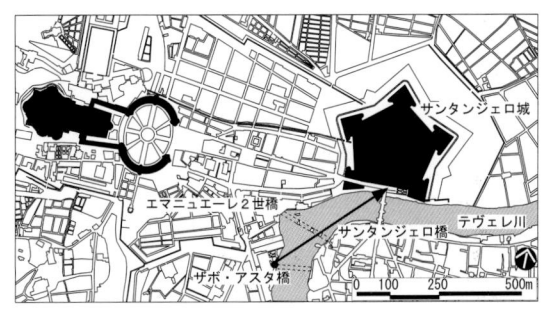

図2.159　視点場の位置（1748年の地図）

……画家によって古代の名所絵にも選ばれ，18世紀には古代遺跡ブームにのって大いに描かれた．……（コローは）下流から視点を低めに描いている」[2]（図2.158）．コローは，イタリアを1825年，1834年，1843年と3回訪問している．この絵画は，第1回目の訪問の時に描かれている．

視点場は，ローマのテヴェレ川に架かる現在のサボ・アスタ橋の袂か，あるいはそれに面した建物の上階にある（図2.159）．

この絵画は，この橋の袂を視点場として北方向を見て，テヴェレ川，中景にあるサンタンジェロ橋と円形のサンタンジェロ城を見た景観が描かれている．ちょうどテヴェレ川が曲がった位置に，サンタンジェロ城がある．視点場はやや高い．テヴェレ川の幅は110m，流軸角は45度である．

実景の写真でもわかるように，現在はエマニュエーレ2世橋が架けられており，視点場からは手前にそれが見え，サンタンジェロ橋が見えない（図2.160）．1760年製作の地図では，エマニュエーレ2世橋は存在しない．つまり，コローは，この絵を実景のとおりに描いたと推定できるのである．

図2.160　実景

図2.161　サンタンジェロ城と橋

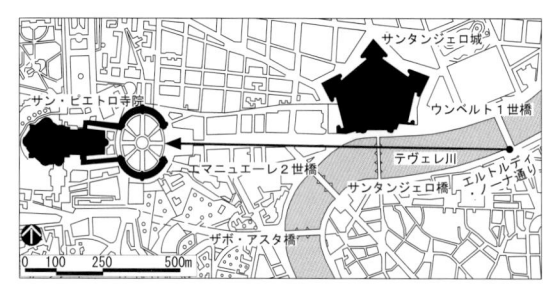

図2.162　視点場の位置

図2.163　実景

6.2　コロー「サンタンジェロ城と橋」1826（イタリア，ローマ）

この絵画は，テヴェレ川，中景にサンタンジェロ橋とサンタンジェロ城，そして画面中央，つまりサンタンジェロ橋の中央に，遠景に位置するヴァティカンのサン・ピエトロ寺院を見た景観が描かれている（図2.161）．サン・ピエトロ寺院との仰角は，6.1度である．先の絵とは反対の方向から，サンタンジェロ城を見た構図である．

視点場は，エルトルディ・ノーナ通りで，現在は，テヴェレ川に架かるウンベルト1世橋（当時は，この橋はかかっていない）の袂の近くか，河川敷の歩道上で水辺のレベルに近い部分にあると判断される（図2.162）．

残念ながら，現在ではこの場所からは木々に隠れてサンタンジェロ城の一部しか見えない．橋は建てかえられており，サンタンジェロ橋のデザイン，アーチの曲がりなどこそ異なっているが，欄干の彫刻などは，当時のものがそのまま付け加えられて，現在の橋となっている．当時はなかった護岸が，現在では整備さ

れている．現在のテヴェレ川の沿道は，河川敷レベルに遊歩道，それに護岸があってその上の高い位置に車道（エルトルディ・ノーナ通り）と歩道が整備されており，その歩道沿いには並木が配されている．この並木によって，サンタンジェロ城も見えにくくなっているが，橋，サンタンジェロ城の構図は絵画と同じと判断される（図 2.163）．

6.3 ヨンキント「セーヌ川の日没」1875（フランス，パリ）

　この絵画は，パリ中心部のシテ島にかかる鋳鉄のアルコール橋とセーヌ川を，ホテル・デ・ヴィラ河岸通りから西方向に見た景観である（図 2.164）．この視点場は，画面から判断すると，当時は河川敷の状態であったと推定される場所である．ここは，セーヌ川右岸のホテル・デ・ヴィラ河岸通り沿いで，現在は，河川敷公園として整備され，遊覧船の船着場ともなっている（図 2.165）．ここのセーヌ側の川幅は，80 m である．

　コローの「両替橋と裁判所」とは逆の方向から見て描かれたもので，近景に鉄の伸びやかなデザインのアルコール橋と，その向こう，中景にサン・チャペル教会（仰角は 3.2 度），さらにその橋下わずかに見えるノートルダム橋が描かれている（図 2.166）．サン・チャペル教会（1246-48）は，建築家ピエール・ド・モントルによるもので，ゴシックのステンドグラスが完全な形で残る例として著名である．

6.4 ユトリロ「パリのサンジェルヴェ教会」1910（フランス，パリ）

　この絵画は，セーヌ川の対岸のサンジェルヴェ教会を見た景観を描いたものである．このサンジェルヴェ教会は，ホテル・デ・ヴィラの近くで，北側のセーヌ川沿いにある．視点場は，サン・ルイ島側，マリー橋とルイ・フィリップ橋の間のブルボン河岸通りの歩道（ルイ・フィリップ橋から約 100 m の位置）にある．この歩道から河川敷に降りる階段があり，階段の入口のところが，視点場である（図 2.167）．ちょうど対岸が望める場所で，視点場に最も相応しい．

　ここから北の方向にあるセーヌ川，ルイ・フィリッ

図 2.164　セーヌ川の日没

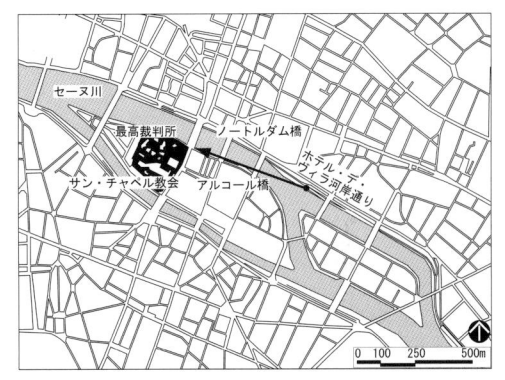

図 2.165　視点場の位置

図 2.166　実景

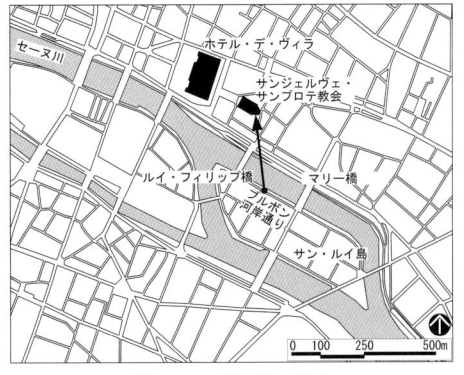

図 2.167　視点場の位置

図2.168 パリのサンジェルヴェ教会

図2.169 実景

図2.170 サンマルタン運河の船

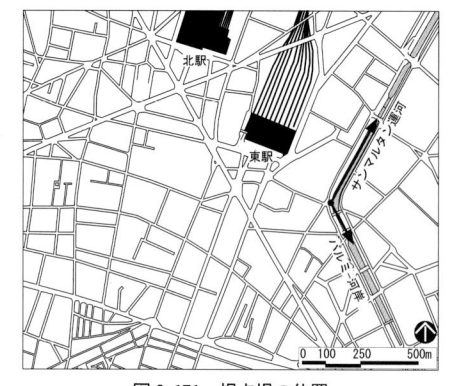

図2.171 視点場の位置

プ橋とサンジェルヴェ教会を近景にとらえた景観を描いている（図2.168）．教会との仰角は，10.7度である．河川の幅は75m，流軸角は54度である．描かれた構図や教会の屋根などは，撮影された写真と見比べてもわかるように実景とまったく同じである（図2.169）．現在では，この教会の両隣りにある建物が変わっていたのみであった．画角は小さく，教会に絞った構図で描かれていることが分かる．

6.5 シスレー「サンマルタン運河の船」1870（フランス，パリ）

この絵画は，パリのサンマルタン運河に浮かぶ船舶を描いたものである．サンマルタン運河は，パリ市内東部にあり，ジョレスからリュプブリクまで約1.4kmの長さの運河である．「ナポレオンの最大の業績は，……過剰人口のもたらした極端な水不足を解消するために……サンドニ（1821年完成），サンマルタン（1825年完成）両運河の開削であろう……」と言われている[10]．

この運河は，いわゆるコンクリートによる床，両側の壁の3面貼りである．5月に訪問した時には，運河は清掃中であり，水は空っぽであった．

このサンマルタン運河は，幅員26mであり，両側にコンクリートの幅80cmのボーダー，並木が植樹された歩道，さらに車道，歩道，建物という空間構成となっている．水辺のボーダーは，水辺と30cmの差で，船を繋ぐ鉄のリングが設置されている．この歩道と車道の通りは，右岸がバルミー河岸であり，左岸がジェマップ河岸である．この右岸の通りの南方向，狭い運河の方向を見たのがこの絵画で（図2.170），この運河に浮かぶ船舶が描かれている．視点場は，バルミー河岸通りで運河が曲がっている場所であると判断される（図2.171）．

6.6 シスレー「サンマルタン運河の眺望」1870（フランス，パリ）

この絵画は，サンマルタン運河の広い方向の眺望を描いたものである（図2.172）．先の絵画とは反対方向を見た景観を描いている（図2.171）．運河がくの字に曲がっている場所のバルミー河岸通りの地点が，

視点場と判断され，それから，北方向の運河を見ている．周囲の路面と水面に差がなく，親水性の高い水辺空間となっている．このことから周囲の道路から運河を見ても水面が多く目に入り，水視率は高い．

現在は，運河の両側に高木の並木があり，背後の家並みは見えない（図2.173）．遠くに見える水門は，自動車交通のために建てかえられ，水門上をとおる道路は，描かれた橋の位置よりも高くなっている．現在，周辺のまちなみは変化しており，絵画と実景とで異なってはいるものの，当時の状況を写実的に描いていると考えられる．

図2.172　サンマルタン運河の眺望

6.7　スーラ「アニエールの水浴」1884（フランス，パリ）

アニエールは，パリの郊外の西部にある．パリ（サンラザール駅）から3つめの駅にアニエール・シュル・セーヌ駅（RER）がある．この絵画は，このアニエール・シュル・セーヌ駅近くのセーヌ川で，水浴する人々の景観を描いたものである（図2.174）．

グランド・ジャット島の近くでもあるこのアニエール・シュル・セーヌ駅から，北東に1 kmの位置のセーヌ川沿いに，ロバンソン公園がある．この絵は，このロバンソン公園内が描かれたのだと私は，考えている．このロバンソン公園は，樹木，花，砂場で整備され，その公園内には，道路面から河川のレベルまでなだらかに下がっている場所がある．そこは，花畑として整備されており，絵のように人々が，川で水浴が出来る場所のように思われる（図2.175）．勿論現在では，水浴する人はいないようであるが．

セーヌ川のすぐ水辺には，遊歩道が設けられている．北東方向にクリシー橋（視点場から500 m）が見える．全体として現在の実景と絵画は，異なっているが，当時の実景を反映していると私は考えている．

この公園の道路側は，交通量が多く，歩いてこの公園にアプローチすることは困難である．視点場は，公園内の歩道であると考える（図2.176）．絵は，これから東方向のセーヌ川沿いを見た景観が描かれている．

図2.173　実景

図2.174　アニエールの水浴

図2.175　実景

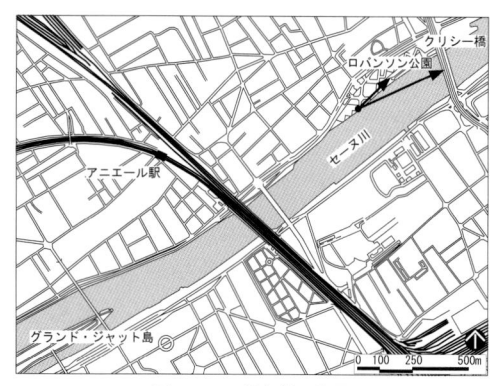

図 2.176　視点場の位置

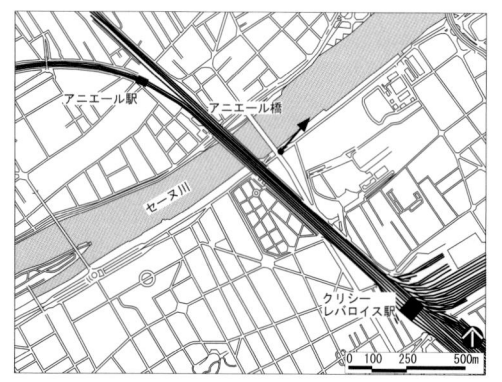

図 2.177　視点場の位置

図 2.178　アニエール付近のセーヌ川

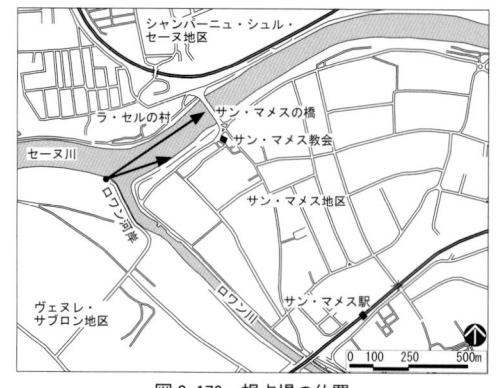

図 2.179　視点場の位置

6.8　シニャック「アニエール付近のセーヌ川」1885（フランス，パリ）

　この絵画は，セーヌ川沿いの小さな船着場を描いたものである．セーヌ川のここでの川幅は，180 m である．視点場は，アニエール・シュル・セーヌ駅から南東方向約 600 m にあるセーヌ川に架けられたアニエール橋の東側の袂である（図 2.177）．このすぐ近くに，視対象の小さな船着場があり，この船着場を見た景観が描かれている（図 2.178）．現在は，砂利運搬船の船着場となっている．

　またこの絵は，スーラが描いた「アニエールの水浴」のすぐ近くの光景が描かれたものである．

6.9　シスレー「サン・マメス」1885（フランス，サン・マメス）

　パリ（リヨン駅）から 50 分で，フォンテーヌブローの先のモレ・ヴェヌレ・サブロン駅（SNCF）につく．この絵画の視点場に行くためには，この駅の北側の細い路地に降りる．そこから狭い路地を約 150 m 程歩くと，普通の幅員をもつシュマン・デュ・パスール通りに出る．それからさらに北東約 1 km 歩くと，ロワン川の河岸に至り，さらにロワン川沿いを北に歩くとロワン河岸，視点場に辿りつく．視点場のある地区は，ヴェヌレ・サブロン地区であり，セーヌ川とロワン川の合流地点となっている（図 2.179）．

　この視点場周辺は，住宅地から離れた雑草地である．調査時点にはキャンピングカーが 1 台停まっており，釣りをする人，さらには野ウサギが走り去っていくのを見かけた．セーヌ川の左の対岸までの距離は約 140 m，右側のロワン川の対岸までの距離は，70 m である．ロワン川では白鳥が遊んでいた．

　この視点場（セーヌ川とロワン川の右岸となる河岸の雑種地）から，セーヌ川の上流方向を見る．上流の方向には，中央に流量豊かなセーヌ川，右側にロワン川の対岸のサン・マメス地区の集落，左側にセーヌ川の対岸のシャンパーニュ・シュル・セーヌ地区が見える．わずかに見えるサン・マメス地区の集落には，サン・マメス教会さらにサン・マメス橋がある（図 2.180）．橋と教会までの距離は，540 m である．遠くに見えるはずの教会はほとんど目に付かない．そこに

第6章 河川とまちなみの景観の視点場　69

図2.180　サン・マメス

図2.181　実景

あるのは、水量豊かなセーヌ川と橋、まちなみといった景観要素である（図2.181）．

この絵画は、セーヌ川右岸（シャンパーニュ・シュル・セーヌ地区）の背後にあるはずの丘陵地が描かれていないが、その他は当時の実景を反映した絵画と考える．

サン・マメス橋は、現在ではコンクリートの橋となり、サン・マメス教会には現在小さな塔の付属施設（教会の事務局）が付加されている．

6.10　シスレー「驟雨の中のモレの橋」1887（フランス，モレ）

モレ・ヴェヌレサブロン駅は、セーヌ川とロワン川の合流地点にある．この駅から南東方向の直線道路約1.5 kmの位置に、モレの旧市街地がある．

モレは、中世におけるブルゴーニュ公爵領とシャンパーニュ伯爵領に面しているフランス王国の国境の町である．12世紀から現存する城門（サモア門）をくぐると、そこが旧市街地となる．さらに歩くとブルゴーニュ門に至り、そのすぐ傍をロワン川が流れる．旧市街地は、セーヌ川支流のロワン河畔を中心に中世の城壁と中世の雰囲気を残すまちである．ロワン川と城壁に囲まれた市街地の面影が、現在にも残っている美しい町で、シスレーがこのまちにこだわって描いた理由が理解できる気がする．

この川辺には、アーチ型の石橋と逆方向からの入口である城門（ブルゴーニュ門）があり、その下をロワン川が流れ、その奥にはゴシックのモレ・ノートルダム教会が位置している．この構図を、シスレーは、繰り返し描いており、この絵画は、その中の1枚である

図2.182　驟雨の中のモレの橋

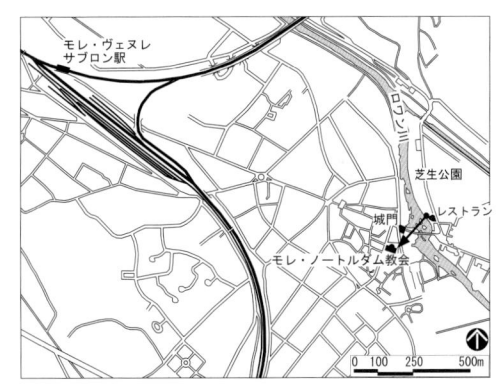

図2.183　視点場の位置

図2.184　実景

図2.185　マントの風景

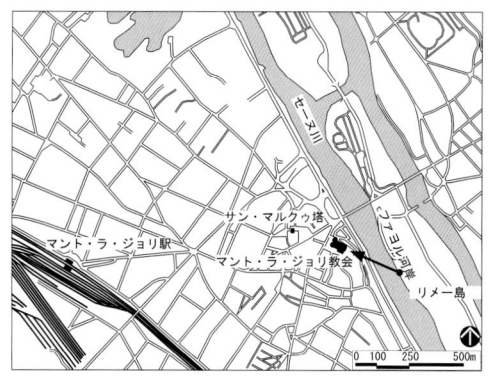

図2.186　視点場の位置

（図2.182）．シスレーのモレとも言われているように，シスレーは，その他にもモレの町中の光景を数多く描いている[12]．今日の画家にとっても，好んで描く場所となっているようで，事実，現地調査の際にも，ここで幾人かの人がキャンバスに向かって手を動かしている光景を見うけた．

　視点場は，ロワン川右岸の河川沿いの芝生園地で，やや橋寄りの位置である（図2.183）．この園地は，リヴィエ・ドロワ・サラディエというレストランのオープンカフェとしても使用されており，私有地のようである．描かれているのは，この園地を視点場として，西方向に見えるロアン川，橋，対岸の教会，城門を見た景観である（図2.184）．流軸角は，69度である．この場所から中世の橋，橋の行き先には城門，その背後には教会が見える，いわば「絵になる景観」の代表的な構成要素の3点セットが見え，それが描かれているのである．視点場から教会を見る仰角は11.2度である．

　この園地には，シスレーが描いたこの絵画のレプリカがカフェの壁に展示してある．シスレーは，コローの影響を強く受けていると言われている．橋の描き方については，コローの「マントの橋」の影響を受けていると指摘する論者もいる[15]．

　現在ではロワン川の水面と園地の地盤面との差は，60cmでほとんど差を感じない．川幅は100mである．橋の下を流れる河川には，いくつかの小さな中島と堰がある．これによって水は，水しぶきをたてて流れ落ち，これらがロワン川からセーヌ川に流れ込む水量を調整する水門ともなっていることがわかる．水面には水鳥が泳いでいる．

　シスレーの生家も残され，シスレーが描いた数多くの絵画のレプリカが，彼が描いたと想定される場所ごとに，展示されている．

6.11　コロー「マントの風景」1869
　　　（フランス，マント・ラ・ジョリ）

　マントは，パリから西60kmのノルマンディの都市である．マント・ラ・ジョリ駅（SNCF）から南東方向1.5kmの位置のセーヌ川には，中島（リメー島）があり，図2.185は，この島から西方向，セーヌ川越しに林の間から対岸のマントの教会を中景で見た景観が描かれている．

　私が，絵画の実景を調べるきっかけになったのが，実はこの絵画である．画題のマントとマント・ラ・ジョリが同じ地名ということも知らずに，もちろんマントの地図もなく，しかも，教会がそこにあるのも知らず，あったとしても残っているとも知らずに，サンラザール駅から列車に乗り，マント・ラ・ジョリ駅に降り立った．1995年3月である．

　なにはともあれ，観光案内所へ行くというのが私の調査の方法である．駅で，観光案内所（i）の位置をたずねて1kmほど歩いて行くと，教会がありそれに隣接して（i）があった．簡単なパンフレットを手に入れる．教会は工事中である．もしかしたら，これが描かれた教会なのかと思い，周辺を歩き回る．教会の姿が大体理解できる．しかし描かれているような教会の構図をうることができない．絵画を詳しく見てみると，教会の正面が描かれているのではなく，背後が描かれていることがわかった．背後にまわると道はあるがすぐ川である．それでは教会を見るための引きがない．

　再度，案内所に入り，地図を購入する．この地図は

図 2.187　実景

図 2.188　ルーアンの大橋

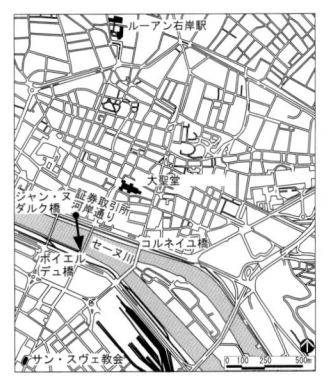

図 2.189　視点場の位置

IGN の 1/25,000 地図で，官製地図を手にいれたのはこれが初めてで，この地図の存在を知ったのも初めてであった．それで，大まかに視点場の位置が判断でき，描かれている川はセーヌ川であること，セーヌ川にある中島から描かれていることが推定できたのである．

　この視点場は，リメー島のファヨル河岸道路先の畑からさらに先の雑種地である（図 2.186）．雑種地には農民の人の好意で入らせてもらったが，現在では，残念ながら民有地で一般の人は入れない．雑草と樹木をかきわけて川辺に立つと，手前に樹木そしてセーヌ川，その川の向こうに教会が見えるという，絵画と全く同じ構図が得られたのである（図 2.187）．コローは裏切らないと思った．セーヌ川の川幅は 100 m，流軸角は 40 度である．

　視対象の教会は，正式名称はノートルダム参事会教会で，中景の位置にある．仰角は 9.3 度である．1999 年の調査で見た教会の塔は，1 回目の 1995 年調査時よりも綺麗に修復されており，修復に際しては，このコローの絵に描かれた教会の屋根部分が参考にされているとのことであった．描かれた教会は，実際に見るよりもやや小さめに描かれているようである．左側に見えるもう 1 つの塔は，サン・マルクゥ塔である．この塔周辺は，市場があり，多くの人で賑わっていた．

6.12　ピサロ「ルーアンの大橋」1896
　　　　（フランス，ルーアン）

　ルーアンは，パリ市から西方向約 140 km の位置にある．セーヌ川沿いに港があり，かつてノルマンディ公国の首都であった．この絵画は，セーヌ川にかかる大橋，「ボイエルデュ橋」を描いたものである（図 2.188）．現在は 4 つの橋があるが，この橋を含めて戦災にあっており，当時の市街地の面影をほとんど残していない．ピサロがルーアンを描いた 1900 年当時は，2 つの橋しか存在しておらず，その 1 つがボイエルデュ橋であった．

　視点場は，セーヌ川の北側の岸辺，証券取引所河岸通りに面した建物，ボイエルデュ通り沿いのホテル・ド・ラングルテールの上階と推定される（図 2.189）．ここでのセーヌ川の川幅は 150 m である．

　この絵は，ここから，南方向にあたるボイエルデュ橋，そしてセーヌ川の対岸，駅，そして遠くにサン・スヴェ教会を見た景観である．

　ルーアン美術館でルーアンの歴史書（1900）[16] を購入した．これによると，当時はジャン・ヌダルク橋は存在せず，コルネイユ橋，ボイエルデュ橋の 2 つの橋しか存在していなかったことがわかる．この資料によって，初めて対岸の建物の存在が判明し，このことにより視点場と視対象が確定できたのである．第Ⅲ部で，再度詳しく論じることになる．

図2.190 デルフトの運河

図2.191 旧教会

図2.192 視点場の位置

図2.193 実景

6.13 ヨンキント「デルフトの運河」1844（オランダ，デルフト）

　この絵画には，手前に川らしきものと道路，その両側には草・葦が描かれており，遠くには教会らしきものが描かれている（図2.190）．当初の手がかりは，「デルフトの運河」と画題にあるようにオランダの「デルフト」の町が描かれたということと，この教会だけであった．その後絵画を調べていくうちに，描かれた教会は，左側にやや傾斜していることがわかった．

　一方，デルフトに関する資料を収集するうちに，デルフトには，新教会と旧教会があり，旧教会は軟弱地盤のために，やや傾斜していることがわかった．かくして，この絵画に描かれた教会は，デルフトの運河沿いにある旧教会を見る景観であることがわかったのである（図2.191）．

　デルフトは，ロッテルダムの北，オランダ国鉄のインターシティに乗って約15分の位置にある．現在デルフトは，人口9万人の町であり，城壁内には計画的に整備された旧市街地がそのままの形で残されている．デルフト駅は，旧市街地のすぐ外側縁部（かつての城壁のすぐ外）にある．そこから，まっすぐ東に行くと，旧市街地の北部の方に旧教会，北東方向に新教会がある．旧市街地の周辺は，新市街地で取り囲まれている．ただ旧教会は，傾斜しているために，視対象を確定しやすく，どこから描かれたのかその方位を推定することができた．

　視点場は，当時の城壁外であり，コルク運河沿いの移動橋であると推定される（図2.192）．絵画は，この視点場から，城壁を取り囲むスヒー運河を手前に配して旧市街地方向，旧教会を見た景観である（図2.193）．旧教会の仰角は，4.9度である．

　視点場周辺は，現在，新市街地となっており，絵画でみるような面影はない．旧教会は，公的には1246年創建とされている．絵には，この教会の左側に，もう1つの建物が描かれているが，これは現在のプリンセホフ博物館である（かつてギルドの組合の建物であった）．

　デルフト生まれのフェルメール（1632-1675）は，「デルフトの眺望」（1660）という有名な絵画を描いている．これは，デルフトの旧壁の南西部から北方向の旧市街地（右側にロッテルダム門と左側にスヒーダム

門）を見る景観で，新教会と旧教会を描いているものである[17]．この絵から，フェルメールの時代のデルフトは，城壁に囲まれた計画的市街地であったという様子がうかがえる．ヨンキントが描いた時代は，その後の戦争によって街が荒廃していた時代である．1834-36年に2つの門は，破壊されていた．旧教会は，市街地の家並みの間にわずかに見える．フェルメールの絵画と比べると，視線の方位は，同じであるが，ヨンキントのほうが，より遠くからデルフトの教会を眺望している．

6.14 ヨンキント「ドルドレヒトの川景色」1869（オランダ，ドルドレヒト）

　この絵は，絵とタイトルだけを頼りに，どこでどの景観が描かれたのかを見いだしたという信じられない事例の1つである（図2.194）．当初は，現地調査をあきらめ，調査リストにも入れていなかったのであるが，オランダの官製地図を入手して以来，あらためて他の資料も収集し，ドルドレヒトの概要を把握してから調査に入ったのである．

　描かれた主な視対象は，帆船であり，河川であり，右側に描きこまれた木陰に隠れて見えている建物である．また，描かれたのは運河ではなく，幅広い河川であることが，この描かれている帆船の大きさによって推定できる．さらに，樹木の背後にわずかに見えるこの建物の塔の輪郭によって，視点場を発見することができたのである．まず，ドルドレヒトの地図上で，小さな運河ではなく，幅の広い河川があるかどうかその位置を調べる．すると，まちの北から北西，そして南西に流れる河川があることが分かった．

　ドルドレヒトは，オランダの南部，ロッテルダムの南方向約20分のところにある小さな街である．この街は，川と運河の合流点でもあり，かつては港として栄えた．今でも古いまちなみと石畳の道路が残り，中世の雰囲気をもつ気品のある都市である．

　ドルドレヒト駅から北方向1.5kmの位置に旧マース川と北マース川（新マース川）の合流地点があり，グルードホーフト門はそこにある．現在でも船舶の往来は激しい．

　この絵画は，幅の広い旧マース川に停泊している帆船，そして川沿いの木陰の向こうにグルードホーフト門を見る景観を描いたものである（図2.195）．旧

図2.194　ドルドレヒトの川景色

図2.195　実景

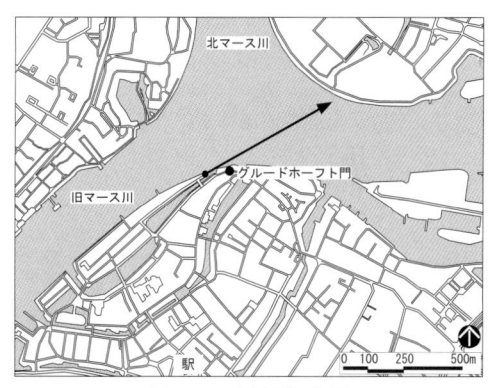

図2.196　視点場の位置

マース川の対岸までは590mであり，北マース川の対岸までは320mである．絵画には，対岸に風車が小さく描かれているが，現存しない．門を見る仰角は，14.0度である．門は，大西洋から入るヨーロッパの門とされており，その港からこの町に入る人々の門である．この門は，ドルドレヒト博物館の係員の方から戴いた資料によると，地盤沈下のために傾斜していたのを修復したものである．

　視点場は，この旧マース川沿いにある小さな埠頭であり，現在ではベンチ，樹木がある小広場として整備

図 2.197 満月のドレスデン

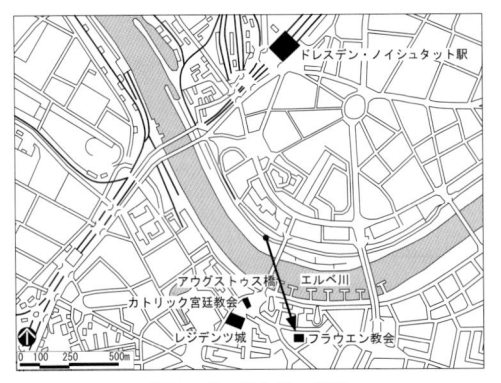

図 2.198 視点場の位置

図 2.199 実景

図 2.200 1930 年の写真

されている（図 2.196）．埠頭の路面は，石畳であり，その突端の石には，WAT BLIJFT KOMT NOOLT TERUG と彫りこまれている．地元の詩人のフレーズの一節であり，「すでにここに住んでいるものは，帰ってくることはない．なぜなら永久にここにいるのだから」．

また，視点場である小さな埠頭とグルードホーフト門の間にも，小さな運河があり，この運河の幅は 21 m である．この埠頭に行くためには，この運河に架かるはね橋を通ることになる．

6.15 ダール「満月のドレスデン」1839 （ドイツ，ドレスデン）

ドレスデンは，ドイツのベルリンから南方向約 180 km の位置にある都市である．この絵画は，満月の下に，ドレスデンの中心部を流れるエルベ川，両岸を結ぶアウグストゥス橋，そして旧市街地にあるフラウエン教会の景観を描いたものである（図 2.197）．ダールは，ムンクと並びノルウェー絵画の父と言われており，ベルゲン生まれでコペンハーゲン，ドレスデンで絵画を学び多くの学生を指導した．ドレスデンでは，エルベ川沿いのまちなみを多く描いた．この絵画はその中の 1 点である．

この構図は，カナレットの甥であるベルナルド・ベロット（1721-1780）が描いた「アウグストゥス橋の下エルベ川の右岸からみたドレスデン」（1751-1753）とほぼ同じである．

視点場は，エルベ川沿いの河川敷であり（図 2.198），案内図にはビュウ・ポイントとしても位置づけられている．絵画には，近景に数頭の馬が水のみをしている様子と，エルベ川の対岸の旧市街地が描かれている．この川幅は，160 m である．

フラウエン教会は，第 2 次大戦によって破壊され，現在ではその面影は全く無く，その復興作業の途中であった．絵画の左側は，河川沿いの遊歩道の樹木によって見ることが困難である．一方絵画の右側には，カトリック宮廷教会，それにレジデンツ城が描かれている（図 2.199）．これは，現在でも当時の面影をのこしている．1930 年に撮影された写真があるが，おおむね絵画は，当時のドレスデンの市街地を反映していると判断できる（図 2.200）．

視点場は，現在は緑地と遊歩道で整備されている

が，当時は水際であったと考えている．絵画には，この河川沿いで馬が水を飲んでいる姿が描かれており，浅瀬があったとも推定される．当時の水際と推定される位置には，歩道と緑道の境目があって，そこに地盤のレベル差が見られることからも絵画と実景がほぼ同じであることは，明らかである．また当時のものと思われる船着場の跡も残っている．アウグストゥス橋の長さは，約280m，河川幅は，160mと推定される．

6.16 モネ「ウエストミンスター橋」1871
（イギリス，ロンドン）

ウエストミンスター橋は，ロンドンのテムズ川，ビッグ・ベンの塔のすぐ傍に架かっている橋である．モネは，霧の中のこの中景に位置しているウエストミンスター橋とともに，ビッグ・ベンの時計塔，国会議事堂を画面右手に描いている（図2.201）．時計塔の仰角は7.5度である．

霧の中に描かれているが，その特徴ある輪郭から，その建物がビッグ・ベンと国会議事堂だと判断することができる．当時モネは，普仏戦争を避けてロンドンに短期間滞在していた．この時期，ロンドンのナショナル・ギャラリーで，ターナーやコンスタブルの絵画を見て，光や大気の表現方法を学んでおり[13]，その成果の一部が，この絵画とも言われている．

視点場は，テムズ川のやや曲がっているところ，エンバンクメントのハンガーフォード橋の南側のたもとと推定される（図2.202）．当時の地図（1872）を調べてみると，既にハンガーフォード橋は存在しており，従って橋の南側から南方向を見て描いたものと，判断できる（図2.203）．

手前に描かれている埠頭には，現在はヒスパニョーラ号が停泊しており，レストランとして利用されている．モネは，この絵画以外にテムズ川の霧の中にチャリング・クロス橋（ハンガーフォード橋）を手前に配して，ビッグ・ベンの時計塔が見える構図の絵画も数多く描いている[18]．

イギリスの国会議事堂は，1836年に行なわれた競技設計に当選したバリイによって，後期ゴシック様式でデザインされた．相次ぐ設計変更により，1860年代に完成している．著名な時計塔，その他の塔，ウエストミンスター・ホール，クロイスターなどによって，ピクチャーレスクな構成になっている点が，特徴

図2.201 ウエストミンスター橋

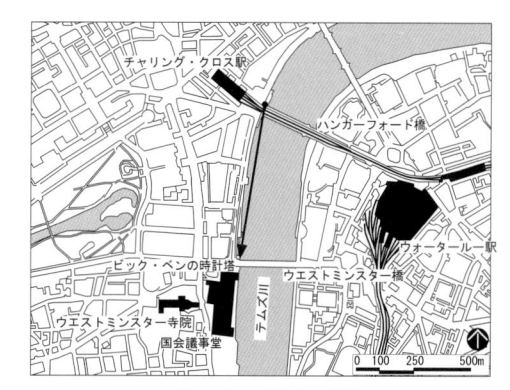

図2.202 視点場の位置

図2.203 実景

図2.204 ハンプトン・コートの橋

であり，今日ではロンドンの最も著名な観光スポットである．通常は，対岸から国会議事堂のシルエットを見る光景が有名であるが，モネはこの建物を軸方向で眺めた構図で描いている．

6.17 シスレー「ハンプトン・コートの橋」1874（イギリス，ハンプトン・コート）

ハンプトン・コート・パレスは，テニスで有名なウィンブルドンにほど近く，テムズ川の川辺に建つ歴史ある宮殿である．この宮殿は1514年にヨーク大司教トマス・ウォルジーによって建てられた別荘で，以後200年間にわたって，イギリス王族の住居として使用された．1690年代には，クリストファー・レンが，テューダー様式の建物を残しつつバロック様式で改築を進め，また広大で格調高いバロック様式の庭園を造りあげた．

ハンプトン・コートの橋は，テムズ川とこのハンプトン・コート・パレスを結ぶ橋である．

ハンプトン・コートは，ロンドンのウォータールー駅から列車で南西方向約30分，テムズ川沿いの位置にあるハンプトン・コート駅の近くにある．この絵画は，テムズ川にかかるハンプトン・コートの橋と対岸のハンプトン・コートの公園を見たものである．橋のたもとには，レガッタの様子も描かれている（図2.204）．シスレーは，1874年6〜10月イギリスを訪問し，ハンプトン・コートの橋とその周辺を17点描いた．この絵画はそのうちの1点である．

橋のたもとには，この橋の歴史が記載された銘板がある．それによると，現在までにこの橋は3回架け替えられており，絵画のような橋は，今日では見られない（図2.205）．当初，1750年代には中国風の木造のアーチ橋が造られ，1865年には，鉄骨の橋に造り変えられる．絵画は，この橋とその背後にハンプトン・コート宮を描いたものである．その後，交通量が増大したために，1933年に今日の橋の姿となった．

視点場は，橋のたもとであり，リバーバンク通りと呼称されているテムズ川河畔の歩道沿いにあった「キャッスル旅館のテラス」[12]である（図2.206）．絵に描かれているその対岸は，現在ボートの船着場となっていて，テムズ川遊覧船の起点ともなっている．テムズ川の川幅は，ここでは101mである．

図2.205　実景

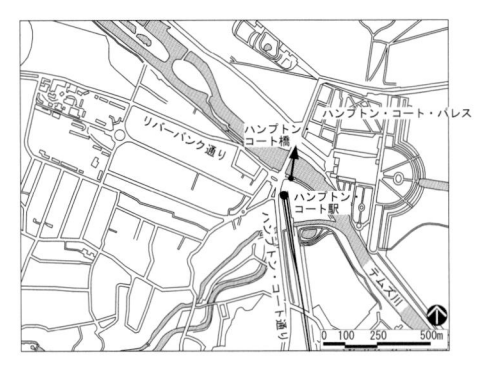

図2.206　視点場の位置

6.18 ターナー「ダラムの大聖堂」（イギリス，ダラム）

ターナーは，イングランド北部を何度となくスケッチ旅行（1797，1801，1802）し，自然風景をはじめ当時残っていた教会や城郭のスケッチを重ねている[19]．1797年当時22歳であったターナーは，6月にロンドンを出発して3週間でダラムに着き，ダラム大聖堂を描き，9月にはロンドンに帰り着いている．

当時，北イングランドの旅に関する図集や本，ガイドブックが多く出版されていた．ターナーは，この旅行で北イングランドの修道院，教会，城，湖水地方に関して，他の記録や資料をよく読んで，目的地を決め，ルートも最短になるような旅程を組んで，旅行にでている．この旅行以降，ターナーは，岩，空気，水，霧，そして光などへと関心が移っていく．建築の画家から風景の画家への転換である．この旅行の際にスケッチしたものを，スタジオで水彩を施したものが，この絵画「川から見るダラム大聖堂」である．

私は，このダラムを始め，バーナード・キャッス

ル，リッチモンド，ウェイクフィールドの北イングランドの視点場調査では，レンタカーを利用して移動した．日本と同じ左側通行であることもあって，ニューキャッスル・アポン・タインで車を借り，4つの都市を現地調査しながらロンドンまで南下したのである．ロータリー形式のインターチェンジでは，回る角度を自覚できずに苦労したが，高速道路のインターチェンジには，通しで番号がつけてあり，分かりやすく，無事故でロンドンに到着する．

　ダラムは，ロンドンから北410 km，ニューキャッスル・アポン・タインから南20 kmの北イングランドに位置するダラム州の州都である．ダラムは，列車でもアクセス可能である．ダラムの旧市街地は，ウエア川が蛇行しその街の周りを取り囲んだような島状の位置にあり，その中央部の標高がやや高く，周辺に傾斜した地形となっている．

　そのダラムの中央部に大聖堂があり，大聖堂と城郭の前に広場がある．大聖堂の内部は，交差リブボールドを架けた最古の教会といわれ，内部のプロポーションは，イギリス・ロマネスクの中で最も美しい作品とされている．ターナーは，この教会の内部も数枚スケッチしている[20]．

　タウンホール前のマーケット広場は，石畳の広場で，やや北側に傾斜している．そこは現在でも多くの観光客の人々で賑わっている．この広場に面した城郭の一角に観光案内所（ⅰ）があり，大聖堂周辺のマップを手に入れる．この広場は，教会の尖塔の高さに比べると，それを描くには狭く，引きがとれず50 mmレンズでも捉えられない．

　ターナーは，このダラムの大聖堂を数点描いているが，この内の2点を以下に示す．

6.18.1 フレームウエル・ゲート橋と大聖堂を見る「川から見るダラム大聖堂」1798
　　　（図2.207）

　この絵画は，友人ジョン・ホップナーへプレゼントするために制作された．視点場から南方向を見る．すると，近景にウエア川とウエア川にかかるフレームウエル・ゲート橋（視点場から130 m）が見え，中景に城郭と大聖堂（視点場から380 m）が見える．大聖堂の仰角は9～10度で，ウエア川の幅は59 mである．視点場は，ダラム大聖堂の北側の位置で（図2.208），ミルバーン・ゲート・ショッピング・センター駐車場沿い，ウエア川左岸沿いの遊歩道（低い位置）にある．現在は，ショッピング・センターに隣接して遊歩道が

図2.207　川から見るダラム大聖堂

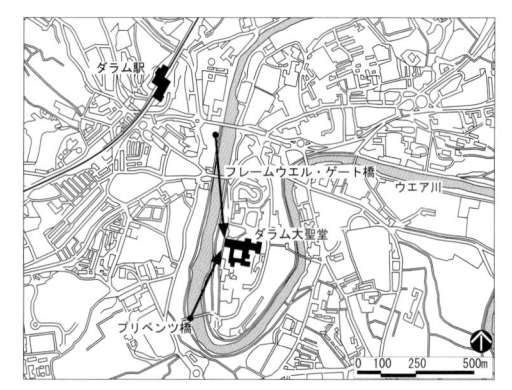

図2.208　視点場の位置

図2.209　実景

図2.210　ダラム大聖堂

図 2.211 実景

図 2.212 バーナード・キャッスルと橋

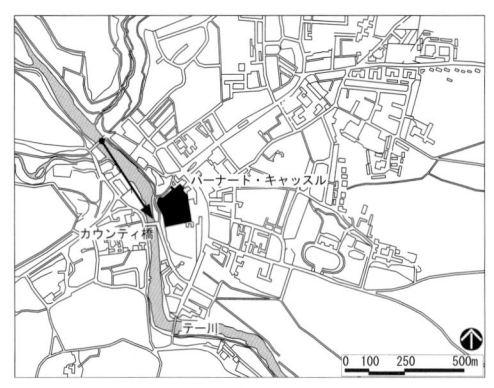

図 2.213 視点場の位置

図 2.214 実景

設けられている．左岸より南方向の上流をみるが，近景域に川の堰があり，それに木切れが引っ掛かっており，雑然とし，水の色も黒っぽく見え汚染も激しいようだ．

この視点場からは，絵画に描かれている当時よりも，前方に樹木が茂っており，大聖堂が見えにくくなってはいるが，ほぼ同じ景観をえることができる（図 2.209）．

6.18.2 プリベンツ橋より大聖堂を見る「ダラム大聖堂」1835（図 2.210）

いくつものスケッチの中から 1830 年代になって水彩として完成させたのが，この絵画である．スケッチした時から 30 年経ってから完成させたということは，この構図をターナー自身高く評価していたとも想像される．また，この絵は当時評判になっていた「絵になるイングランドとウエールズ・シリーズ」にも採用されているという．

視点場は，ダラム大聖堂のやや南側（図 2.208），ウエア川の左岸でプリベンツ橋か，あるいはその後方と考えられる．そこから北方向のウエア川と，3 つの塔をもつ大聖堂とフレームウエル・ゲート橋を見た構図である．この大聖堂の塔は，現在ではグレイ・タワーとも呼ばれている．ここからみる仰角は，8～11 度である．

フレームウエル・ゲート橋から見る場合に比べると，この絵は，視点場の位置が高いと判断される．ただ描かれているような大聖堂の塔が 3 本に分かれている構図が見える場所はない．実際には前の 2 つの塔（鐘楼）は重なってみえる（図 2.211）．橋よりも低い位置にある河川沿いの遊歩道から大聖堂の正面を見ると，3 つの塔が見えるが，ここからでは同時に左側の橋が見えない．また，描かれているようにフレームウエル・ゲイト橋を左に見て，右にある大聖堂まで見るとなると範囲は広い．50 mm レンズでは，到底捉えることはできず，絵画と同じ構図は得られないのである．

6.19 ターナー「バーナード・キャッスルと橋」1816（イギリス，バーナード・キャッスル）

バーナード・キャッスルは，ニューキャッスル・アポン・タインから南西 80 km に位置している．列車によるアクセスは，不可能で，ここにはレンタカーでア

クセスした．この絵画は，このバーナード城とカウンティ橋を見る景観を描いたものである（図2.212）．

視点場は，バーナード城の西側にある（図2.213）．ここは，テー川沿いの東側にあたり，芝のある公園があり，その中に遊歩道がある．この地区は，バーナード・キャッスルがローマ時代の遺跡を有し，また産業革命期にも発展した重要な町であり，そのために保全・整備された場所で，その周囲を巡れるように遊歩道が整備されているのである．

この遊歩道が視点場であり，これから城を見るのである．しかしながら，川辺に近いあるいは川中にある石の上が視点場であるかもしれない，いや，水の中に入って描いたかもしれないとさえ思うくらい水辺に近い視点場であるとも推定されるのである．現在のこのテー川を流れる水は，黒っぽい色をして汚染されており，水中に入る気がしない．

図2.214は，この視点場から，南方向に下流方向のテー川，バーナード城とカウンティ橋を見た景観である．テー川の幅は67 m，バーナード城との仰角は4.1度である．絵画と実景は，おおむね一致していると言える．ただ樹木によって橋の姿は，明確には把握しにくい．

6.20 ターナー「リッチモンド橋と城」
1798-99（イギリス，リッチモンド）

リッチモンドは，ニューキャッスル・アポン・タインから南100 kmの位置にあり，「ノルマン風の城，川，橋，工場，滝，教会そして広大な市場をもつ典型的な北部の町である」[20]．列車によるアクセスは不可能で，この町でも，レンタカーを利用した．

この絵画は，リッチモンド・グリーン橋とリッチモンド城を見た景観を描いたものである（図2.215）．ターナーは，「グリーン橋からこれらの要素をほぼ全部うまく組み込み，スワレ川の断崖上にあるリッチモンドという地理的な場所の意味をよく捉えている」．

視点場は，リッチモンド市内の，リッチモンド城の南側にあるスワレ川沿いの遊歩道か，さらにその水際に近い場所である（図2.216）．スワレ川の幅は45 m，川沿いの遊歩道は，特に整備されてはいない．この景観を得るためには，木のなかから望むか，水辺から望むことになる．現在，この河川も汚い．

視対象は，東方向のスワレ川，リッチモンド・グ

図2.215 リッチモンド橋と城

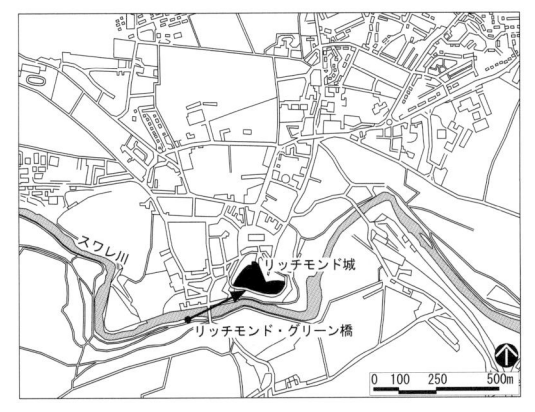

図2.216 視点場の位置

図2.217 実景

図2.218 ウェイクフィールド橋と礼拝堂

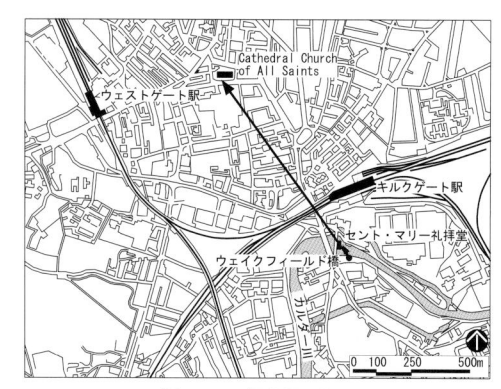

図2.219 視点場の位置

図2.220 実景

リーン橋，リッチモンド城である．リッチモンド城を見る仰角は，8.1度である．しかしながら，絵画のように橋と城を同時に望むことのできる視点場はない．それでも強いてあげるとすれば，スワレ川の中の砂地である．城を見ると，橋が把握できず，橋を見ると，城を把握できない（図2.217）．それぞれの個別の姿だと，絵画と実景は一致しているのであるが．

6.21 ターナー「ウェイクフィールド橋と礼拝堂」1797（イギリス，ウェイクフィールド）

ウェイクフィールドは，ウエスト・ヨークシャー州の州都であり，リーズ市から南20kmの位置にある．ウェイクフィールドは，当時つぎのように評されている．「ヨークシャー地方の毛織物産業都市の中で，最も裕福で，上品ぶった都市である．この都市は，航行可能なカルダー川の土手に位置しているので，近年商業の大きな発展を見せ，住民達は，沢山の体裁よく建ち並ぶ家で飾り立てた．目を引くものとしては，橋とその橋に照っているきれいな礼拝堂である」[20]．今ではカテドラルになっている教区教会が完成した後，このセント・マリー礼拝堂は，1342年に橋とともに作られた礼拝堂である．

ウェイクフィールドの南部を流れるカルダー川に架かる橋で，きわめて小さな中州となっているところに礼拝堂はある．この絵画は，超近景にこのウェイクフィールドの橋と礼拝堂を見る景観を描いたものである（図2.218）．礼拝堂との仰角は7.3度，カルダー川の幅は56mである．現在，カルダー川は，汚濁している．カルダー川沿いの対岸にある芝の広場が，視点場である（図2.219）．視点場となっている芝生の広場には，別の小さな橋（幅員は1.5m程度：現在は使用されていない）が残されており，複雑な流水があったことをうかがわせる．

ほぼこの絵画と同じ構図をえる視点場を見いだすことが出来たが，絵画に比べると実際の礼拝堂が小さいこともあって，実景ではいま1つ迫力がない（図2.220）．礼拝堂には，銘盤がある．それによるとこの礼拝堂は，1342-1356年に建てられ，1847年には修復されている．またイングランドに残る4つの「橋の礼拝堂」の1つといわれている．

絵画には，礼拝堂の背景に，市街地の教会の尖塔が2つ描かれている．現地調査によると，1つはウェイクフィールド市街地内の中心部にあるオールセント教会で仰角は4.2度，もう1つは世界で最初のデパートといわれる建物の塔であり，現在では事務所として活用されているもので，2つとも現存している．

6.22 「河川とまちなみの景観」の諸特徴

以上22点の「河川とまちなみの景観」を描いた絵画の視点場，視対象の特徴を調べた．この景観タイプには，対岸景が主なものであるが，流軸景も含まれていることがわかった．「絵になる景観」を得るための指標を，以下に整理しておこう．

6.22.1 視点場
1）「河川とまちなみの景観」の視点場

視点場は，第1は河川沿いにある道路（歩道），広場，芝生庭園，公園，河川敷公園などのオープンスペースのものが13点，第2は河川沿いに面している建物の上階のものが2点，第3は，河川や運河が曲がっている地点の河川沿いの歩道上のものが4点，第4は橋上または橋のたもとのものが3点である．以上

の視点場の位置の場合には，対岸景か流軸景かなどといった関連はない．

2） ターナーの絵画

ターナーは，現場で素描してアトリエで本格的に描くのであるから，当然ながら描かれた絵画は実景とは異なるが，そのような状況でも，比較的実景に近く描いている．いずれも河川の流れを軸としながら両岸を結ぶ橋と，河川の片方には林の中に聳える城や聖堂が見られる景観を多く描いている．

その視点場は，曲がっている河川沿いの遊歩道かまたは水辺や河川沿いの芝生公園の中にある．

ターナーによって描かれたイギリス北イングランドの内陸部の河川は，現地を訪れて見ると，いずれも黒色の水であり，汚染の進行がひどいのに戸惑いを覚える．

ロンドンの北東部に「コンスタブル・カントリー」がある．ロンドン・リバプール駅から1時間20分でマンニング・ツリー駅に着くと，そこがコンスタブル・カントリーの出発点である．ここでは，風景画家ジョン・コンスタブルが生活し，描いた場所が広範囲に保全されており，散策路が自然と触れ合うように整備されている．その保護の中心になっているのが，ナショナルトラストである．一般に保全・保護活動で有名なイギリスではあるが，ターナーの絵画に描かれた内陸部の地域を見た限りでは，これらの保護活動とその情報が一面的であるという感も強くした．

6.22.2 絵画と実景の差異

「河川とまちなみの景観」にあたる絵画と当時の実景の構図は，同じであると判断される．ただ，現在では，河川をとりまく周辺の変化が著しい．河川そのものが護岸で整備されていたり，両側に歩道や道路などで整備されていたりする．また両側のまちなみにも変化がみられ，当時の面影を残す実景は少ない．

視野は290度と広がっており，その画角は，平均50.5度でやや広角である．水辺であるためか，あるいは，水辺では流れの方向に広がって描く傾向にあるためか，通常に見える範囲よりも描かれる左右幅は，広い．

6.22.3 視対象の特徴，視対象までの距離と仰角

このタイプの景観は，河川の対岸を見る対岸景と，河川の流れの方向を見る流軸景の2つがある．このタイプの景観で最も重要な指標は，河川の幅員，まちなみまでの距離とその仰角，それに河川幅とまちなみの高さとの比である．

1） 視対象

視対象は，河川・運河，橋，船舶と市街地のまちなみ特に教会である．これらには近景，中景，遠景がある．水辺には，シンボリックな建造物であるアーチ橋や尖塔をもつ教会がある．これらを，河川とともにまちなみとして見るのである．何と言っても，河川，橋，教会がセットで見られる景観である．

対岸景として見る場合は，対岸のまちなみに尖塔を持つ教会が，中景にシンボリックに配置される．一方，軸景として見る場合は，特に橋が重要な景観要素で，これを近景または中景に見て，それがアイ・ストップとなっている．

2） 河川の幅，まちなみまでの距離と仰角

近景では河川を見て（河川幅までの距離），中景ではまちなみを仰角5～10度（8.2度）の角度で見ている．遠景では，まちなみを仰角5度以下（平均3.5度）で捉えている．

河川幅は平均で94m，運河の場合は平均で幅20mである．「道路と河川のパースペクティブな景観」の河川幅（平均97m）とほぼ同じ幅員である．流軸角は，平均約29.2度である．

3） 川，運河の幅と両側の建物の高さの関係（D/H）

河川とまちなみの景観とは，セーヌ川，サンマルタン運河，ローマのテヴェレ川，オランダの運河などとともにまちなみを見る景観であり，河川の対岸景が主であるといえる．河川の背後には市街地のまちなみがみえる．

運河の断面は$D1/H1=1.27～3.01$であり，建物と道路とを比較するとほぼ同じかやや大きめの値であることがわかる．運河は，道路と同じ空間スケールでデザインされていることが理解できる．

セーヌ川の断面は$D1/H1=4.42$，道路と建物の関係では$D2/H2=7.35$となる．この値は，河川景観を検討する時の，河川断面のスケールの目安となるものである．

第7章
港湾の景観の視点場

　港湾は，海上交通の起点であり，河口と内陸を結ぶための結節点である．それは，異邦の国との交易をもたらす産業活動の拠点でもある．ヨーロッパでは，その海上交通の代表が，河川であり運河であり，そこを走る船舶である．港湾の景観を描く場合に船舶は欠かせない．一方で港は，未知の世界との接点である．そこでは出会いと別離が繰り返される．

　絵画では，港湾での産業活動の様子が多く描かれ，また，海辺における陸地と海との温度差が大きいことから生じる霧でけむる景観も描かれた．

　第7章では，海辺に面した港湾の景観を主に取り上げる．画題に地域の名称が記載されているために，視点場の位置は比較的容易に確定できた．ただ詳細な位置の確定は，困難であった．視点場が確認できた絵画は，ターナー3点，コンスタブル2点，コロー1点，ピサロ1点，ブーダン1点，グァルディ1点の計9点である．各々の絵画には，当時の著名な港湾が描かれている．絵画ごとに，その視点場，視対象の特徴をみよう．

7.1　ターナー「ヴェネツィア -ためいき橋-」1833（イタリア，ヴェネツィア）

　イタリア北東部，ポー川流域に広がる肥沃な平野地帯のヴェネト州の州都「ヴェネツィア」は，海に連なるラグーン（湿地帯）上に栄えてきた「水の都」として，世界的に知られている観光地である．その中央を流れる逆S字型のカナル・グランデ（大運河）は，全長が3 kmを超え，2つの島を分離している．この2つの島の南部には，ジュデッカ島があり，やや幅の広いジュデッカ運河で分断されている．

　ターナーは，このジュデッカ運河の対岸の建物と，わずかに見えるためいき橋を描いた．図2.221を見るとわかるように，左から中景に位置するドガーナ，サン・マルコの鐘楼，ドゥカーレ宮殿，それにためいき橋が描かれている．これは，サン・ジョルジョ・マジョーレ島のサン・ジョルジョ・マジョーレ教会前にある広場（図2.222）からジュデッカ運河の対岸を見た構図と一致するが，最左端に描かれ，ドガーナの左側に描かれている建物群は，当時も存在しなかったし，現在もない．

　図2.223は，サン・ジョルジョ・マジョーレ教会広場前から見た実景の写真である．対岸との間を流れるジュデッカ運河の幅は，約400 mであり，対岸は，

図2.221　ヴェネツィア -ためいき橋-

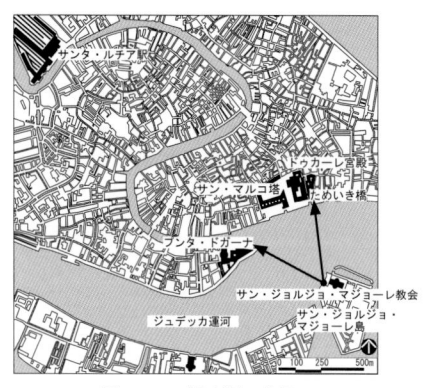

図2.222　視点場の位置

中景の範囲にあるが，これから見る運河の水視率は高い．

左側には，現実にはない建物が描かれている．その建物の前では，画家カナレット（1697-1768）がヴェネツィアの光景を描いている様子が書き込まれているのである．この絵画をはじめターナーのヴェネツィア・シリーズは，イタリアのヴェドゥティスタ（風景画家）のカナレットの影響を，大きく受けたと言われている[4)21)]．そのようなカナレットは，逆S字型の大運河は数多く描いているが，このジュデッカ運河は，わずか1枚しか描いていない．

7.2 ターナー「カナーレ・デラ・ジュデッカから見たヴェネツィア」1840
（イタリア，ヴェネツィア）

この絵には，ジュデッカ運河とその運河を走る船舶，そして対岸のサン・マルコ広場側のまちなみの景観が描かれている（図2.224）．これは，ジュデッカ島からジュデッカ運河の対岸の北側，中景に位置するサンタ・マリア・デラ・サルーテ教会（600 m），それとグランデ運河の対岸にあるサン・マルコの鐘楼，ドゥカーレ宮殿（総督邸）等の港を見た景観である．サン・マルコの鐘楼との仰角は，5.6度である．総督邸は，8世紀に創建されたが，14世紀以降，順次改築された．スカイラインは，実景に近い（図2.225）．

パラディオ設計のレデントーレ教会近くのレデントーレ広場が，視点場と推定される（図2.226）．ここは，ジュデッカ運河に面しており，水上バスの停留所となっている．

実景では，左からサンタ・マリア・デラ・サルーテ教会，サン・マルコの鐘楼，ドガーナ（税関舎），そしてドゥカーレ宮殿（総督邸）というふうになっているが，絵画では，左からサンタ・マリア・デラ・サルーテ教会，ドガーナ，サン・マルコの鐘楼，そしてドゥカーレ宮殿となっている．ドガーナが，やや右に寄りすぎて描かれている．

図2.223　実景

図2.224　カナーレ・デラ・ジュデッカから見たヴェネツィア

図2.225　実景

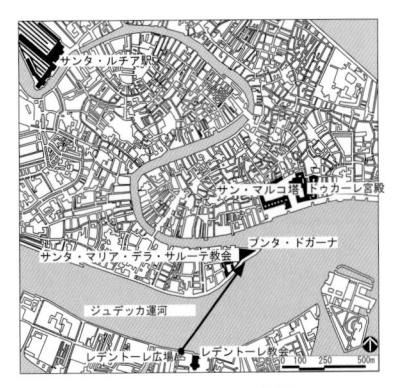

図2.226　視点場の位置

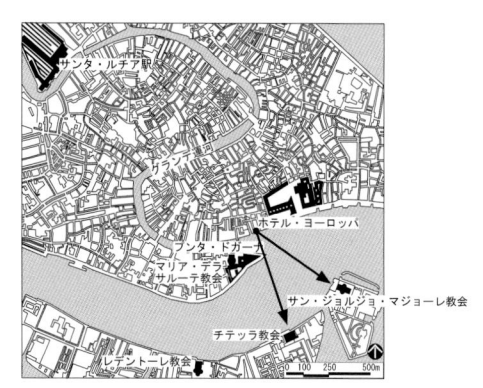

図 2.227　視点場の位置

図 2.228　ホテル・ヨーロッパの階段から見たヴェネツィア

図 2.229　実景

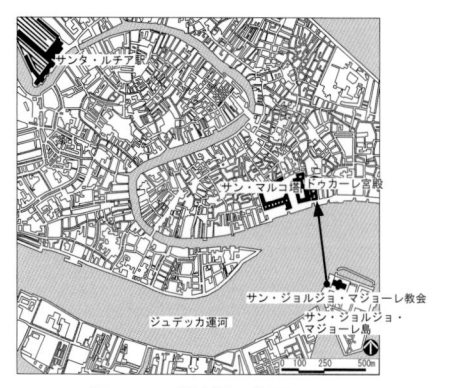

図 2.230　視点場の位置

図 2.231　海から見たヴェネツィア

7.3　ターナー「ホテル・ヨーロッパの階段から見たヴェネツィア」1842（イタリア，ヴェネツィア）

　視点場は，運河に面したホテル・ヨーロッパのテラスである（図 2.227）．このテラスは，ホテル・ヨーロッパのレストランのテラスで水上につき出ている．ここから，グランデ運河を走る船舶とともに，対岸を見た景観である（図 2.228）．

　左側には，中景の位置にあるパラディオ設計のサン・ジョルジョ・マジョーレ教会とその塔，仰角は 4.0 度，右側には近景の位置にあるグランド運河の対岸のサンタ・マリア・デラ・サルーテ教会，ドガーナの塔，それにサルーテ教会，そしてその仰角は 11.3 度である．絵画とほぼ同じである．

　ただ絵画では，サン・ジョルジョ・マジョーレ教会とドガーナの間に，チテッラ教会が描かれたが（図 2.229），その間にあるはずのチテッラ教会は，小さくて見えない．

7.4　グァルディ「海から見たヴェネツィア」18世紀後半（イタリア，ヴェネツィア）

　この絵は，サン・ジョルジョ・マジョーレ島のサン・ジョルジョ・マジョーレ教会前の広場を視点場として（図 2.230），ジュデッカ運河とともに中景の位置にある対岸のサン・マルコの鐘楼を仰角 9.6 度で，パラッツオ・ドゥカーレを仰角 3.5 度で，さらにそれに隣接する建物を見た景観を描いたものである（図 2.231）．運河に浮かぶ船舶が数多く描かれており，エネルギッシュな都市活動の様子が描かれている．建物

図2.232 実景

図2.233 ラ・ロシェル港

の特徴と運河の光景は，実景に近い（図2.232）．

視点場であるこの広場は，現在は水上バスの停留所であり，運河方向に視野が開けている．

7.5 コロー「ラ・ロシェル港」1851
（フランス，ラ・ロシェル）

ラ・ロシェル港は，パリから西南方向約400 km，大西洋岸のビスケー湾に位置している．ラ・ロシェルは，ポアトウ・シャラント地方のシャラント・マリテイム県の県都である．パリ（モンパルナス駅）からラ・ロシェル駅（SNCF）[注1]まで，TGVで3時間を要する．ここは，かつてカナダ・ケベックに向かう植民団を送りだした小さな港であり，対岸まで200 mもない程度の港．

ラ・ロシェル駅から港までは，約1 km，駅からド・ゴール将軍通りを通り，さらにヴァラン河岸通りを経て，港へと入る．港に入ると，突然絵画に描かれた丸い筒の塔が目に飛び込んでくる．絵画と全く同じ光景であることに感動を覚える（図2.233）．

視点場は，港全体が視野にはいり，見通しがきくオープンな場所のヴァラン河岸通りとルイ・デュラン河岸通りの4叉路にある建物（5階建）である（図2.234）．

海への入口には，白っぽいレンガの円塔が2本．東のサンニコラ塔は，要塞（画面の左），西の鎖塔（画面の右）は，火薬庫である．この絵画は，視点場から，中景の位置にこの2つの塔のたたずまいを仰角4.4度でとらえた景観である．さらに右側には，中景の位置にある尖塔のランテルヌ塔が見える．この建物の内部は，木造の作りで，かつては囚人の牢であった

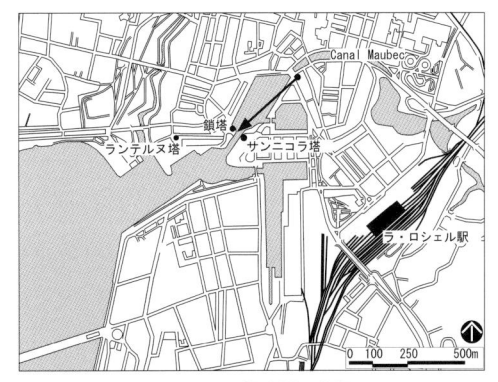

図2.234 視点場の位置

図2.235 実景

図2.236 朝・ルーアン・波止場

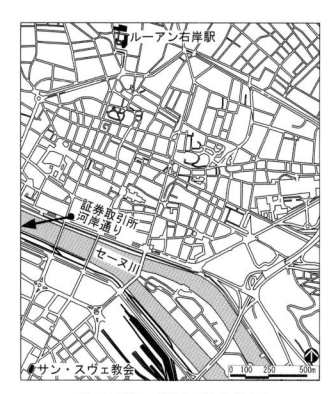

図 2.237 視点場の位置

図 2.238 アントワープの港

図 2.239 ノートルダム大聖堂

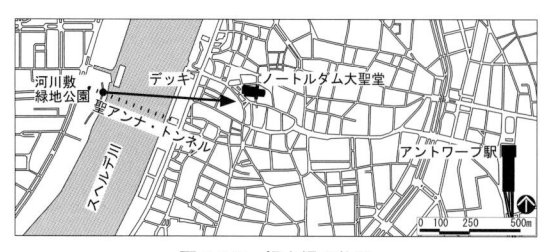

図 2.240 視点場の位置

が，現在ではその最上階は展望台として利用されている．

最右の塔は，住宅の塔である（図 2.235）．以上のようにラ・ロシェル港は，シンボリックな建物や建物で囲まれた船溜まりと，その周囲に広場をもつ港湾である．

干満の差は大きく，6月に調査で訪れた時には港には海水がほとんどなく，停泊していた船舶はヘドロの上にあった．ほぼ同じ景観が得られたが，わずかに広角に描かれているように思う．

7.6 ピサロ「朝・ルーアン・波止場」1896（フランス，ルーアン）

ピサロは，ルーアン右岸駅（SNCF）から南方向 1 km の位置のセーヌ川沿いにある港（波止場）を描いた．ここには，クレーンをもつ貨物船が描かれており，当時の活発な経済活動を行なっている港湾の景観が描かれている（図 2.236）．

視点場は，セーヌ川北側の証券取引所河岸に面した建物，ボイエルデュ並木道にあるオテル・ド・ラングルテール（英国屋ホテル）の上階にある（図 2.237）．セーヌ川の川幅は，150 m である．

ここから，セーヌ川の南側にある岸辺の港の様子と，中景の対岸の市街地を見る景観で描かれた．この対岸の市街地は，駅舎と工場群とその煙突であり，ここには港での経済活動の活発な状況が描かれている．これらは第 2 次大戦ですべて破壊され，現在の新しい市街地とは全くことなっている．

ただ，はるか遠くに見えるサン・スヴェ教会（視点場から 1 km）は残っている．

7.7 ブーダン「アントワープの港」1871（ベルギー・アントワープ）

ブーダンは，この絵画でベルギー・アントワープのスヘルデ川の港を対岸景として描いた（図 2.238）．低く並んだ町並み（3～4階）の中で，オランダ，ベルギーでは最大といわれるゴシック様式の大聖堂（ノートルダム大聖堂は北側の鐘楼だけが高い）のシルエットは特徴的である（図 2.239）．かつては，この大聖堂は，船舶がアントワープの港に入るときの目

印になっていたという．紹介はできないが，ブーダンは，同じ年にスヘルデ川の流軸景として，南から北方向を見たこの大聖堂と港，船舶の「港湾の景観」も描いている[22]．この塔の高さは 123 m で，1521 年に完成しており，すぐ隣接して高さ 65 m の中央ドームがある．

対岸から見える教会の塔は，現在でも同じ姿を見せている．港は現在では旅客ターミナルとなっており，港の海辺沿いには，歩行者用デッキが設けられている．

アントワープ中央駅で降り，地下鉄の Linkerover 行きに乗り換えて，そこから 3 つ目の駅（Groen Plaats）で降りると，視対象である大聖堂に至る．4 つ目の駅（Lode Zielenslaan）は，スヘルデ川を渡り対岸の住宅地にある．視点場は，この駅でおりて，歩いて数分のところにある．スヘルデ川の幅は 300～350 m である．

この視点場周辺一帯は，スヘルデ川の河川敷で全くなにもない島であったと推定される．掲示されていた住宅地のレイアウトなどを見ると，近年になって住宅地として開発されたようである．視点場は，スヘルデ川の河川敷緑地公園の中にある人道トンネル（聖アンナ・トンネル）の建物の入口あたりと考える（図 2.240）．

この建物は，エレベーターの塔屋として建築されたもので，エレベーターあるいは，エスカレーターで地下 35 m まで下る．そこからトンネルの中を旧市街地側に向かって歩くことができるし，自転車，バイクで移動することが出来るのである．

視点場近くには，広場公園があり，それは，長方形のフラットな広場で芝生と彫刻とできわめて単純な空間構成の公園である．

訪問した日は 11 月の初旬で既に初冬であり，小雨ふる肌寒い日ではあったが，この公園で散歩しているお年よりの夫婦，若い夫婦それに子どもらしき姿を見かける．遊具やベンチは全くない．もちろんキオスクもなく，売店もなく，また特に舗装された歩道があるわけでもない．そんな公園なのに，このような寒い日に何故に遊びにくるのか，わからなかったが，遠目に見ていても楽しそうではあった．私達は，このような肌寒い中で調査を続行中であったのだが，写真を撮ってくれるように頼まれ，撮ってやると彼らは大げさな喜びようであった．

ブーダンは，この視点場から，スヘルデ川の対岸の

図 2.241　実景

図 2.242　ホワイトホールの階段から見たウォータールー橋

市街地と大聖堂を見た景観を描いている．塔の高さは 123 m で，その仰角は 9.0 度である．実景の写真で見るように（図 2.241），高い塔は，現在もそのとおりであるが，右側にもう 1 つの塔が，建設され，景観に追加されており，スカイラインが大きく変化している．また低い家並みもやや変わってきている．

7.8　コンスタブル「ホワイトホールの階段から見たウォータールー橋」1824（イギリス・ロンドン）

ロンドンのテムズ川にかかる橋に，ウォータールー橋がある．この絵画は，ホワイトホール（テムズ川沿い）のテラス（現在は公園）から北東方向の約 600 m 先のウォータールー橋，橋の中央部の遠くにわずかに見えるセント・ポール大聖堂を描いた絵画である（図 2.242）．近景に多くの船舶が描かれており，当時はこの一帯は港であったと判断できることから「港湾の景観」と分類している．コンスタブルは，1817 年ウォータールー橋が完成し，この式典の光景を描くた

めに，多くの試作を描いたといわれている[23]．

視点場は，国防省の前にある公園（図2.243）．ただ現在は，エンバンクメントのハンガーフォードブリッジ鉄橋（鉄道）があり，この視点場からは，絵にある景観のようには見えない．中景のウォータールー橋（視点場から530 m）の背後に，セント・ポール大聖堂（視点場から1900 m）（高さ112 m）が描かれていることから，地図上で視点場の位置が確定されたのである．その仰角は2.2度である．現在では，他のすべてが変わっており，手前の左側に描かれた建物も現存しない．テムズ川のこの部分での幅は，250 mである（図2.244, 245）．

遠くに見えるセント・ポール大聖堂は，17世紀から18世紀初頭にかけて活動したクリストファ・レン（1632-1732）の設計である．クリストファ・レンは，また1666年のロンドン大火の復興計画に参与，セント・ポール大聖堂は，最も巧妙な構造設計の1つとされている．

当初私は，ウォータールー橋を描いたホワイトホールという視点場を探しまわった．地元のかたに絵画を見せながらホワイトホールのテラスの位置がどこにあるのかと尋ねると，ホワイトホールのことよりも，「橋の向こうに描かれた建物は，セント・ポール大聖堂である」ことを教えてくれた．日本人である私達は，絵画に描かれた小さな寺院が誰でも知っている有名な大聖堂とは全く気がつかなかったのである．それがわかることによって，セント・ポール大聖堂とウォータールー橋の中央部と陸地を線で結ぶことによって視点場がわかったのである．

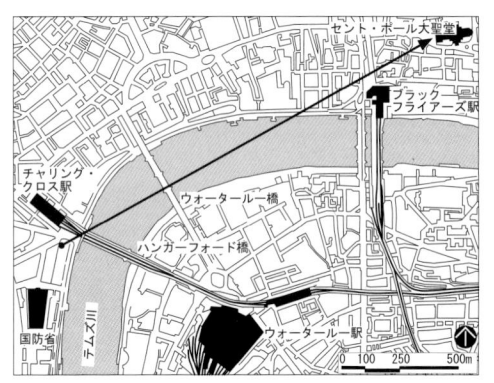

図2.243 視点場の位置

図2.244 現在のセント・ポール大聖堂を見る（1）

図2.245 現在のセント・ポール大聖堂を見る（2）

7.9 「港湾の景観」の諸特徴

以上，8点の「港湾の景観」を描いた絵画の視点場，視対象の特徴を調べてきた．「絵になる景観」としての港湾の景観を得るために重要な指標を，以下に述べよう．

7.9.1 視点場

港は，船舶が入り，停泊し，出発する水辺空間である．ヨーロッパの港湾は，ラ・ロシェルのように海に面した港湾がある一方で，フランスのセーヌ川をはじめ，オランダのスヘルデ川などの河川が，重要な港湾として利用されてきた．また，オランダやイタリアのヴェネツィアでは，運河が港の機能を有している場合が多く，それらの運河が絵画に描かれている．

これまで見てきたように，港湾の景観は，海辺方向（流軸方向）を見る景観と，対岸（埠頭）方向を見る景観の2つがあることがわかった．またそれを見る視点場は，次の4つである．

① 港湾，運河，川辺に面した広場が3点，
② 広場に面した建物の上階が2点，
③ 運河や河川に面したテラスが2点，
④ 河川敷公園が1点．

7.9.2 実景と絵画の差異

ターナーが描いた絵画を除けば，絵画と当時の実景は，同じ構図と判断される．屋根に特徴をもつ教会とその市街地のスカイラインは当時のままであり，現在まで保全されている．ただ低層部分には，変化が見られる．

港湾の景観は，やや広角に描かれている．描かれた水平の角度，画角は，平均56.3度である．これは通常より広く描かれており，港の広さや水面の広がりを強調する画面構成である．

7.9.3 視対象の特徴，視対象までの距離，仰角

港湾の景観にとって最も重要な指標は，河川幅（港湾の大きさ）と，対岸にあるまちなみまでの距離とその仰角である．

1) 視対象

ここで挙げた絵画の視対象には，フランスのルーアン，ラ・ロシェル，ベルギーのアントワープ，イタリアのヴェネツィア，イギリスのテムズ川などの港湾の景観が描かれた．ここでは，水辺や対岸に船舶が係留されている港とその背後に市街地がある景観の場合と，港湾の海方向を見る場合の2つのパターンがある．市街地には，連続した家並みの中に際立って高い教会などが見られる．

港湾は，海方向にはオープンであり，見とおしがきく．

従って，①海辺方向を見る軸景の構図が「港湾の景観」の代表的なものであり，その港湾の景観の主な視対象は，港湾と港湾にある船舶である．そこに描かれているのは，近景が海や運河などで水面が多く，中景ではその海の両側のまちなみがある景観である．これには，ラ・ロシェルの港やテムズ川の港が挙げられる．

さらに，もう1つは，②見とおしのきく埠頭を見る対岸景もあることがわかった．ルーアンや，アントワープ，ヴェネツィアなどの港湾は，対岸から港を見る景観としてあげることができる．

事例として取り上げた港湾の景観は，おおむね平地の景観である．平地であるから，遠景に山並みをのぞむことは，ほとんどない．主に近景，中景にまちなみが見えるが，市街地の中に高い目だった建物などがある場合には，遠景にそれを見ることがある．

あるいは，港湾広場に面した建物の上階を視点場として，これから望むこともあるが，通常は遠景はほとんどない，と考えてよい．

2) まちなみまでの距離，仰角

対岸までの平均距離は，河川とまちなみの景観に比べ広く，平均で332mであり，やや水視率が高くなる．このことから，中景が主景であることがわかる．ただターナーが描いたヴェネツィアの風景を見ると，視対象は実際よりも大きめに描かれている．つまり，対岸に見えるまちなみが大きめに描かれているのである．これは，河川幅が大きく，水視率が高すぎることを示している．

一方，コローが描いたラ・ロシェルの港湾の場合の約300m，ブーダンが描いたアントワープの港の場合の約300～350m，これらは実景に近く描かれている．これらをあわせて考えると，約300m程度の対岸が「絵になる景観」と判断される．

中景のまちなみを見る場合は，その中に塔をもつ建物の仰角は5～10度（平均7.2度）である．遠景にある場合は，その仰角は5度程度（平均3.4度）となり，「河川とまちなみの景観」の遠景の仰角よりもやや大きい．

3) 河川の幅

アントワープの港を見る景観では，視点場から対岸の港湾まで約350mである．「河川とまちなみの景観」よりも，その幅は大きくなる．スヘルデ川の川幅とノートルダム大聖堂の高さとの関係は，$D/H = 2.79$である．

第8章
景観タイプ別の視点場と視対象の諸特徴

「シンボリックな建造物の景観」や「道路と建築のパースペクティブな景観」の絵画の中には，教会が描かれている場合や通りの名称が画題に入っている場合が多く，ほとんどの視点場を発見できる．

一方，都市の名称だけが画題の場合は，その視点場の発見は比較的困難となる．例えば，「まちの全貌を見渡す景観」におけるコローの「ソワソン風景」などがそれにあたる．ソワソンは，まちの名称であり，描かれた視対象は，まちにある教会であるけれども，ソワソンというまちは広いので，視点場の候補地も数多く，視点場の探索は困難である．

いずれにしても調査してみると，画家が訪問して描いた町は，歴史的に優れたまちなみを現在でも維持している．どこを描いても，絵になるようなまちなみである．画家はその中にあって，視対象を厳選して描いているように感じるし，視点場や見る角度には画家独自の観点が見受けられる．そのために，視点場探索が困難となる場合もあるが，それを発見したときに，画家が描く時の秘密の一端に触れた思いがして，探索することの楽しみを与えてくれるようである．

さしあたり6つの景観タイプ別に，描かれた実景の視点場空間と視対象に関して，その特徴を要約しておこう．

8.1 まちの全貌を見渡す景観

まちの全貌を見渡す景観の視点場は，1）建物の上階のテラス，2）小高い丘にある庭園の2つが挙げられる．

視対象は，近景から中景にかけての材料，屋根形状や色彩などが統一された家並みであり，その中には，スカイラインを特徴づける建物が必要である．それは，仰角5度程度である．

あるいは，高台から俯瞰する時，俯角8度でまちなみを分節化する緑，川，あるいは海辺が存在することである．そして遠景に海や河川，山並みも望まれる．

8.2 シンボリックな建造物の景観

シンボリックな建造物の景観の視点場は，1）交差点に面した広場，2）建造物の前の広場か庭園の2つである．

視対象は，シンボリックな単体の建物であり，尖塔をもつ教会堂であり，橋梁である．これらは，周囲の環境，周囲の建物に比べ著しい特徴を示す．この場合，その正面，側面，裏面の各ファサードまたはやや斜めから建造物を見る構図となる．その仰角は，20～30度である．この仰角を確保するためには，視点場として前面に広場が，つまり引きが必要であることがわかった．

8.3 道路と建築のパースペクティブな景観

道路と建築のパースペクティブな景観を描く場合の視点場は，1）道路沿い歩道，2）道路の交差点またはそれに面した広場，3）交差点に面した建物の上階，4）河川沿い歩道である．

視対象は，中景の範囲にある道路とまちなみ，そして道路の奥にやや特徴をもつ建物である．通りの軸上にあるまちなみの仰角は，10～20度である．道路と建物のプロポーションは，D/H=0.5～1.4である．

8.4 道路と河川のパースペクティブな景観

道路と河川のパースペクティブな景観を描く場合の視点場は，1）やや曲がっている河川沿いの歩道，2）河川に面し，かつ広場に面した建物の上階である．

主な視対象は，河川，道路，橋，それにまちなみである．近景，中景が描かれるが，やや近景が多く描かれる景観である．河川幅は，150 m以下，平均川幅は約97 m，橋までの平均距離は約200 m，まちなみの中に存在する特徴ある建物の仰角は，5～10度である．

8.5 河川とまちなみの景観

河川とまちなみの景観の視点場となる場所は，1）河川沿い道路に面した建物の上階（対岸景），2）やや曲がっている河川沿い歩道（軸景），3）橋のたもと（軸景），4）河川に面した広場（対岸景，軸景），である．

視対象は，河川，橋，船舶と，その背後にあるまちなみが描かれている．視対象は，中景に描かれる場合がやや多い．橋までの平均距離は約300 m，まちなみの仰角は，5～10度で，河川幅は270 m以下，平均で94 mである．

8.6 港湾の景観

港湾の景観を対象として描く場合の視点場は，1）港に面した広場，2）その広場に面した建物の上階，3）対岸の広場である．

港湾の景観には，海辺方向を見る軸景と埠頭の対岸を見る対岸景の2つの景観タイプがある．そして，必ず海辺と船舶，それにまちなみが描かれている．埠頭の背後に見える統一されたまちなみは，中景にあり，その仰角は5～10度である．水視率は，やや高くなる．対岸までの距離は，350 m以下である．

8.7 画角，D/H

画角では，「シンボリックな建造物の景観」の場合が最も小さく36.5度，ついで「道路と建物のパースペクティブな景観」で，約48.6度である．他の景観タイプでは，おおむね50～59度の範囲にある．このことから，前二者は，焦点を絞って描かれていることがわかる．

「まちの全貌を見渡す景観」の視点場は，他に比べ視野は狭い．広いのは，「河川と道路のパースペクティブな景観」，「河川とまちなみの景観」や「シンボリックな建造物の景観」を見る場合で，河川沿いのオープンスペースや広場などの中央部分から描いているためである．「まちの全貌を見渡す景観」では，視野の広がりは，広いと考え勝ちであるが，視線方向の反対側は，障害があってみえない．意外なことに，視野は狭いのである．

視点場周辺の広場のプロポーションを見ると，D/Hは，2.0～3.0である．

道路をパースペクティブに見る景観では，道路幅員と両側の建物の高さの割合D/Hは，平均で0.9であり，道路幅は狭い．

河川の景観では，D（河川敷高さ＋建物高）/H（河川＋河川敷幅）は，平均で4.3である（図2.250）．運河の場合になると，道路空間と同じかやや大きめのプロポーションである．

8.8 視点場と視対象の関係

視点場となっているオープンスペースの前の建物の上階は，よく見とおしがきく場所であり，逆に他の視点場から見られる視対象ともなりうる．しかしながらいままで調べてきたケースでは，そこは，視対象とはなっていない．つまり，視点場でかつ視対象となっているケースはほとんどない．後で調べるモーリス・ユトリロが描いたモンマルトル地区では，視点場でかつ視対象となっているケースも若干存在するようであるが，このことは，今後の課題としておく．

視点場の調査を行なって，特に興味深いと感じた画家は，コローとモネである．その特徴を述べよう．

8.9 コローの景観

コロー（1796-1875）は，「まちの全貌を見渡す景観」をはじめ，多くの風景画を描いている．視対象と視点場を厳選して，描いたように思う．

本書ではコローの絵21点を取り上げて，現地調査を行なった．現地を訪れて裏切らないのが，コローの絵である．そこには描いた構図のとおりの実景が，残され，そのとおりの景観を見ることができる．おおむね距離感も同じである．

「まちの全貌を見渡す景観」の場合，市街地の家並みを描いている．その中では，必ず言ってよいほど尖塔のある教会を描きこんでいる．近景，中景，遠景と3つがセットで描かれ，このことが，奥行を感じさせる．「道路と建築のパースペクティブな景観」の場合は，道路と両側の建物，そして視線を奥に誘導して，その奥には適度な仰角をもつアイ・ストップとなる建物を配している．文字通り，「絵になる景観」を描いている．実景を見ることによって，そのことは，あらためて確認させられるのであり，そのような視点場を選んでいることがわかる．

これらの絵画には，コローの景観に対する1つの回答が用意されているように思う．

ボードレールは，コローに対して，次のような評価を与えている．「風景の構造を人体にたとえるなら，骨をどこに置き，その骨格にどのくらいの割合を与えるべきかを常に知っているといった，各部分の全体に対する価値を見極める深い構図感覚を保持している稀な，ないし唯一の画家が彼である」[24]．

また，ロダンは「もしも，クロード・ロランやコローが理解し，愛し，表現した風景の美を諸君が感じることができないとしたら，彼らを理解できるだろうか？」[25]と述べ，コローが描いたマントやシャルトルの大聖堂を賛美している．

コロー自身は，次のように考え方を述べている．「絵画において見なくてはならないもの，というより私が追求するものは，フォルムや全体のまとまり，色調の微妙なニュアンスの諸関係である．私に言わせれば色彩はその後にくる．……人は，細部に執着する．そして全体を無視する．こうした真実を持たぬ細部好きの画家達は，判断の基準と称して，彼らの近視眼的な作品を大衆に押し付けている」[24]．「私は細部に入ることを決して急がない．作品全体のまとまりと画品とは私にとって先決問題である．これが確定され，初めて，私は形，色等の機微の課題を追求する」[2]．

以上のようにコローは，画面上の全体的構図にこだわって，意識的に奥行きを感じさせる構図をとっていたことがわかる．そこにしか奥行きを感じさせる場所はないと，厳選して視対象を描いたようにも思われる．事実，彼の描いた視点場を探索し，描いた方向を見ると，多くの場所から1つの視点場を厳選して，それから絵を描いていることがわかる．ピサロ，ユトリロに比べると，この点でコローは，際立っているといえる．このことは，映画監督の黒澤明の姿勢に近い．「根本があってディテールだよ．根本的にダメだったら，そのディテールは面白くないんだよ」[26]．

コローは，シンボリックな高い教会の尖塔を描くために，近くからあるいは遠くから視対象を眺めながら視点場を探し歩き，確定してそこで描いたように思う．このことは，「絵になる景観」にとって，構図はきわめて重要なものであるということを，主張していると思われる．

8.10 コローの田園風景

コローは，7章までに紹介したものの他に，いくつかの田園風景を描いている．ここでは，代表的なヴィル・ダヴレーを描いた絵画を紹介しておく．コローの父は，1817年に別荘をこの地に購入し，それをコローに与えた．「湖沼や木立の多い静かな土地であり，晩年にいたるまで滞在期間に長短あっても幾度となくこの地を訪れ，……数多くの作品を残している．……晩年のコローにとって，ヴィル・ダヴレーは，魂の帰着する故郷だった」[24]．

コロー「ヴィル・ダヴレー，池とカバスュ邸」1840（図2.246）

パリのサンラザール駅から南西15 kmで，セーヴル・ヴィル・ダヴレー駅（RER）[注2]に着く．この駅から約1 km西方向に歩くと，そこに教会がある．この教会からさらに南西方向にアルフォンス並木道という遊歩道があり，その終点に「コローの彫像」，「コローの家」，「コローの池」がある．駅からここまで約2 km程度あり，歩くにはやや長い．

このアルフォンス並木道から南方向に通りがある．これが，中央に描かれている坂道である．

現在，この地区一帯は，樹木と水を含めて公園とし

て整備されている．コローの彫像の前には，池が並んで2つあり，池の名前は，両者で「コローの池」といわれている．池にそっている通りは，コロー記念碑に至るラック通り（幅員4m）という．車は入れない．しかしこの公園をたのしむ人々は多い．図2.247は，視点場の位置を示す．図2.248は，実景の写真である．

この絵画は，この視点場から，北方向に向かって池に沿った遊歩道とカバスュ邸（250m）を見た景観である．池の奥行きは100m程度，長さは300m程度か．カバスュ邸は修復中であった．樹木，池などのたたずまいなど全体として，描かれた雰囲気が残されている．

他にもヴィル・ダヴレーを描いた絵画があるが，いずれも，池の周りの遊歩道から池を手前に配してカバスュ邸方向を見ている構図である．背後の丘陵地，道などは，ほぼ同じ景観をうることができた．

8.11 モネの絵画

モネ（1840-1926）の絵画は，視点場を見いだし，確定することが困難であって，本書で取り上げることのできた作品は，わずか2点である．それは，「ザーンダム」(1871)，「ウエストミンスター橋」(1871)で，初期の作品である．この1870～1871年は，普仏戦争の時期で，モネは，画家仲間とともにイギリス・ロンドン，その後にオランダ・ザーンダムに亡命しており，この時期に描いたものである．この時期に，イギリスの風景画家ターナーやコンスタブルの作品を研究しており，オランダでは，風景画家のロイスダールの研究をしている．その後に光に対する重要性を認識するに至っていくのである．

従って，とりあげる作品も初期の作品に限定されることとなった．

その理由としては，1つは，主な視対象が普通の建物，樹木，河川であること，2つは，視点場が水辺に近いということである．モネは，明確な人工物であるルーアンの大聖堂などのような素材を描く場合は比較的少なく，植物などの自然物を対象にして描く場合が多い．また，まちなみの景観を描くにしても，特徴のある教会を含まない，まさに普通の市街地の構図を描いている場合が多い．そのため，今日では建物が建て替えられていることから，当時の面影はなく，視点場

図2.246 ヴィル・ダヴレー，池とカバスュ邸

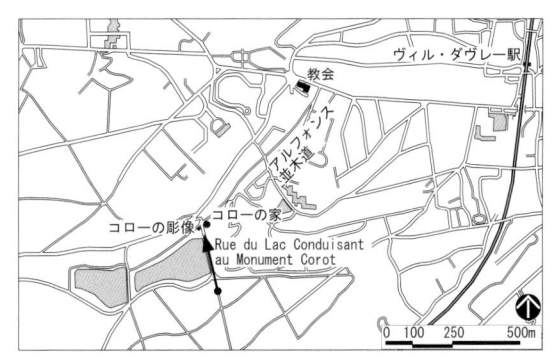

図2.247 視点場の位置

図2.248 実景

の特定が極めて困難なのである．

また，「水上のアトリエで制作するモネ」(1874)にあるように，水上のアトリエ船で描いている場合もある[13]．視点場が河川沿いであることもあって，現在では埋め立てられていたり，道路や駐車場に変貌していたりするケースが多く，視点場自体がまたはその周辺が変化し，確認することは困難なのである．

さらに，モネの絵画は，風景画だけを取り上げてもその構図は，きわめて多様である．橋を描いている場合は，近景，中景，遠景の遠近法的観点から描いてい

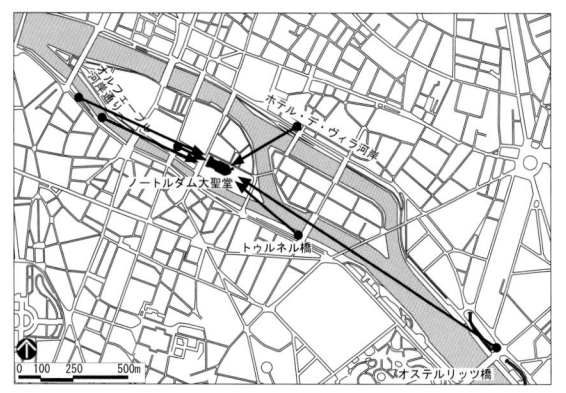

図2.249 ノートルダム大聖堂を見る視点場の位置

るが，その他は正面景に近く，奥行き感が乏しい絵画が多い．どちらかといえば，軸景の構図には関心がなく，この点が，コローの絵画との最大の相違点である．

樹木や花などの植物を描くことが多く，しかも光の状態や色彩を把握することに関心があるような描写が多いのである．

本書では，当初，モネの絵画を調査候補として多く取り上げたが，視点場を確定できる絵画が少なく，残念ながら多くを取り上げることはできなかった．それを前提にして考えれば，「一瞬のうつろいを描く」，「後には残らない風景，雰囲気を描く」という印象派独特の美意識が，モネの意図であったとすれば，このことは当然のことなのかもしれないとも考えられるのである．

8.12 繰り返し描かれるシンボリックな建造物の景観の視点場

シンボリックな建造物は，多くの画家によって，多様な角度から描かれている．

例えば，ルーヴル宮，ノートルダム大聖堂（パリ），シャルトルの大聖堂，ルーアンの大聖堂，イギリスのソールズベリーの大聖堂，それにイタリア・ヴェネツィアのサン・マルコの鐘楼などの建築物がそうである．これらは，周辺の多くの場所に視点場が置かれ，様々な角度から描かれている．その視点場の分布，視対象への視線の方向を見てみよう．

8.12.1 ノートルダム大聖堂，ルーヴル宮（パリ），サン・マルコの鐘楼（ヴェネツィア）の場合

この景観の視点場は，川沿いの歩道，広場，橋の場合が多い．

パリのノートルダム大聖堂は，前庭の広場から真正面のファサードをみた「シンボリックな建造物の景観」（ユトリロ1929年）として描かれている．と同時に，トゥルネル橋（視点場からの400m，仰角9.4度），オステルリッツ橋（視点場からの1,300m，仰角3.0度），から下流方向にノートルダム大聖堂を見る「河川とまちなみの景観」（ヨンキント1852年，ルーヴル制作年不詳，レピーヌ不詳）としても見られ描かれている．さらに，またグラン・ゾーギュスタン河岸通り（視点場からの500m，仰角7.6度，視点場からの600m，仰角6.4度）から東方向にノートルダム大聖堂を見る「道路と河川のパースペクティブな景観」（コロー1833年，ユトリロ1937年）としても描かれている．対岸のホテル・デ・ヴィラ河岸（視点場からの300m，仰角12.6度）から大聖堂を見る「河川とまちなみの景観」（レピーヌ1880年）もまた描かれている．図2.249は，ノートルダム大聖堂を見る様々な視点場の位置を示している．

このことは，近景の景観要素として，中景の景観要素として，さらには遠景の景観要素として，またスカイラインを強調するものとして，この建物が活用されているということがわかる．このことから大聖堂は，二重，三重の景観機能を有していることがわかるのである．

以上のように，河川沿いに立地したノートルダム大聖堂は，多くの画家によって様々な視点場から様々な景観タイプとして描かれている[27)28)]．これは河川という見とおしのよい場所のすぐ近くに，シンボリックな建造物が立地し，同時に橋が見えていることから，必然的に多様な景観がえられたのである（図2.250）．

ルーヴル宮もまた，多様な地点から描かれている．

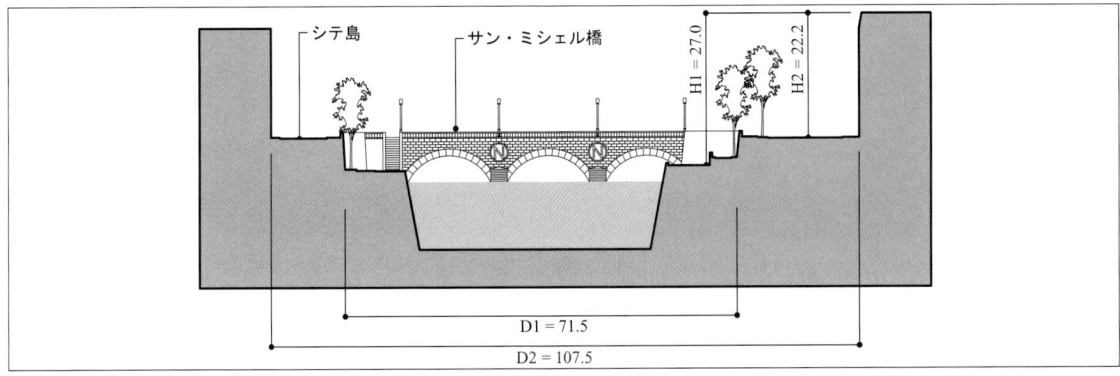

図2.250　セーヌ川上流方向の断面図（サン・ミシェル橋方向）

図2.251は，ルーヴル宮を描いた視点場の位置を示している．その視点場は，ヴェール・ギャラン広場，テュイルリー庭園，セーヌ川左岸と様々である．ピサロや，モネ，ルノアールなどの多くの画家達によってルーヴル宮は，「河川とまちなみの景観」として描かれているのである．

ヴェネツィアのサン・マルコの鐘楼のある景観は，ここで紹介したターナー，グァルディによって，「港湾の景観」のシンボルとして対岸から，さまざまな位置より描かれた．あるいはカナレットによっても数多く描かれている[21)29)]．図2.252は，サン・マルコの鐘楼を描いた視点場の位置を示している．あるいは紹介できないが，コローは，サン・マルコの鐘楼と小広場にある有翼のライオン像と聖テオドール像とを「河川とまちなみの景観」としても描いている．

以上のように，いずれも周辺に河川や水辺がある場合，そこには見とおしのきくオープンスペースがあり，河川沿い歩道，河川敷，橋上，橋のたもと等，多様な視点場が存在し，多様な景観タイプがえられることがわかる（図2.250）．

逆にこのことは，河川沿いの建物が，さまざまな角度から見られる対象物であるということであり，従って，デザインなどの配慮が重要であることを示している．

8.12.2　ソールズベリーの大聖堂の場合

イギリス・ゴシックの代表作品とされる大聖堂は，周囲を芝生の庭園によって囲まれている．コンスタブルは，その周りの庭園の北東，南東，南の各方向からソールズベリー大聖堂を見て「シンボリックな建造物の景観」として繰り返し描いている[30)]．これは，近景の景観である．

シンボリックな建造物の周辺に，広い庭園，オープ

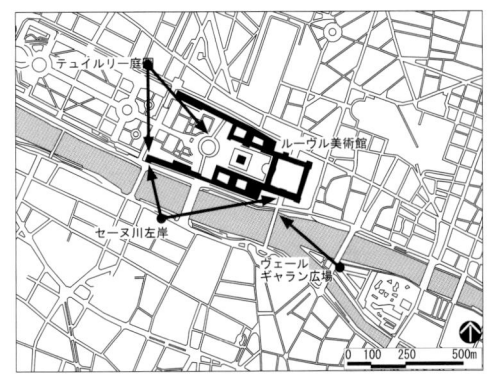

図2.251　ルーブルを見る視点場の位置

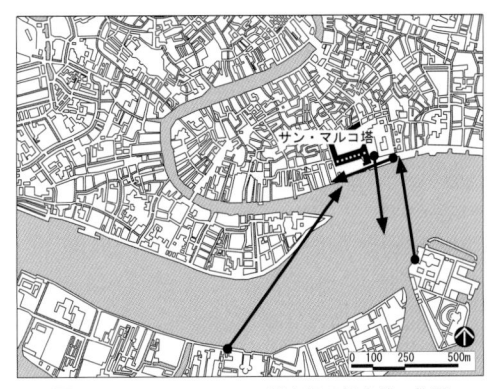

図2.252　サン・マルコの塔を見る視点場の位置

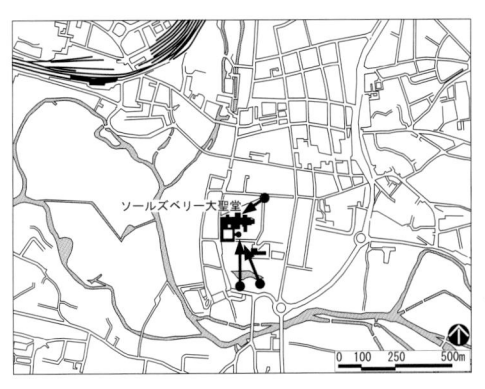

図2.253　大聖堂を見る視点場の位置

ンスペースが存在する場合，それが視点場となっている．図2.253は，大聖堂を見る視点場の位置を示している．

ただ，この大聖堂は，中景や遠景では描かれていない．それは，視点場が存在しないためであり，河川などのオープンスペースが離れた位置にしか存在しないため，変化に富んだ景観タイプを得ることができない，と判断される．

注

1) SNCF：フランスの国鉄
2) RER：パリの近郊電車

参考文献

1) 萩島哲：風景画と都市景観，理工図書，1996
2) 井出洋一郎：作品解説，アサヒグラフ別冊美術特集西洋編19『コロー』朝日新聞社，1992
3) P.ファン・デル・レー，G.スミング，C.ステーンベルヘン，野口昌夫訳：イタリアのヴィラと庭園，鹿島出版会，1997
4) The Turner Collection in the Clore Gallery, Tate Gallery, 1987
5) 牟田口義郎，佐々木三雄，綾子：プロヴァンス歴史と印象派の旅，新潮社，1995
6) Ian Warrell : Turner on the Seine, Tate Gallery, 1999
7) Richard R. Brettell and Joachim Pissaro : The Impressionist and the City : Pisarro's Series Paintings, Yale University Press, 1992
8) David Guillet : Corot 1796-1875, Electa, 1996
9) ジャン・ロベール・ピット，高橋伸夫，手塚章訳：フランス文化と風景（上）（下），東洋書林，1998
10) 饗庭孝男編：パリ・歴史の風景，山川出版社，1997
11) Richard R. Brettell : Pisarro and Pontoise, Yale University Press, 1990
12) Richard Shone : Alfred Sisley, Phaidon, 1994
13) Karin Sagner Duchting : Claude Monet, Taschen, 1992
14) ジョン・ウォーカー，千足伸行訳：ターナー，BSSギャラリー世界の巨匠，美術出版社，1991
15) Veerle Thielermans : Catalog of Bridge at Morny, フィラデルフィア美術館展－印象派から20世紀へ－，北海道新聞社，1992
16) Editions du P'tit Normand : Histoire de Rouen 1850-1900, Rouen, 1983
17) Stedelijk Museum Het Prinsenhof Delft : Vermeer of Delft – his life and times, 1996
18) Eric Shanes : Impressionist -London-, Abbreville Press Publishers, 1994
19) David Hill : In Turner's Footsteps, John Murray, 1993
20) David Hill : Turner in the North, Yale University Press, 1997
21) クリストファー・ベイカー，越川倫明，新田建史訳：カナレット，西村書店，2001
22) Musée Eugene-Boudin : Eugene Boudin 1824-1898, Anthese, 1992
23) Clarence Jones : The life and works of Constable, Paragon, 1994
24) 隠岐由紀子編集・解説：Vivant 3 コロー，講談社，1996
25) オーギュスト・ロダン，新庄嘉章訳：フランスの大聖堂－聖地巡礼，そして遺言書－，東京創元社，1984
26) 「黒澤明－わが映画に悔いなし」読売新聞社，1998
27) Patty Lurie : Guide to Impressionist Paris, Robson, 1996
28) Julian More : Impressionist Paris, Pavilion, 1998
29) J.G.Links : Canaletto, Phaidon, 1994
30) C.R.レズリー，斎藤泰三訳：コンスタブルの手紙，彩流社，1989
31) 「19世紀欧米都市地図集成」柏書房，1993

第 III 部

カミーユ・ピサロが描いた絵画にみる市街地のパノラマ景観とその視点場

　カミーユ・ピサロは，市街地の活動の様子を数多く描いている．同一の場所から，様々な方向を描いており，さらに同一方向の1日の気候の変化に応じた絵画を，多数描いているのである．第III部では，ピサロが描いたこのような興味深い都市的絵画に限定し，その視点場，視対象の特徴を明らかにしようと思う．

　まず，ピサロが描いた絵画の視点場，視対象を発見していく過程を示す．その後に，どのような場所から，どのような都市景観を描いたのか，つまり視点場空間の特徴と，視対象の特徴を述べようと思う．これは，ピサロが描くこの絵画の中に，都市景観におけるパノラマ的景観を獲得するための方法が隠されていると思うからである．

第1章
はじめに

1.1 背景

　第Ⅲ部では，19世紀ヨーロッパの画家達が描いた都市景観の視点場を調べてきた．画家達は，1つの視点場から1つの「絵になる景観」を描いており，その視点場は，最も「絵になる景観」の構図を得ることができる厳選された場所であった．

　しかしながら，ピサロが描いた絵画は，これとは異なっているようである．

　ピサロ（1830-1903）は，晩年の1893-1903年の10年間（63～73歳）に，300点以上絵画を描いたと言われている．「ピサロは，……初期にはポントワーズなどの田園生活を描いた著名な画家である．ドガ（1834-1917）やルノワール（1841-1919）が都市居住者を描いたのに対して，ピサロの描く人物は，農夫や田舎の労働者であった．また，モネやシスレーが基本的に郊外の風景を描いたのに対して，ピサロは伝統的な村，野原に集中していた．……しかしながら，生涯のうち最後の10年間，……ピサロは，他の印象派の画家達よりも多くの都市風景を描き，1768年カナレットの死以来，多くの偉大な芸術家によって描かれた都市風景画に対して，継続的な貢献をなした．モネ，ルノワール，ムンクなども都市風景画を描いたが，ピサロのように壮大な結果を残したものは，いなかった」[1]．

　リチャード・ブレッテルは，このように述べて，この期間に描いたピサロの絵画をリストアップしている[2]．リストアップされている絵画をみると，同一の視点場から様々な都市景観を描いていることがわかる．それをブレッテルは，シリーズ物として編集している．ピサロは，ある都市のホテルかあるいはアパートの1部屋に長期に滞在し，その部屋から周辺を見て様々な角度の景観を何枚も描いている．また全く同じ構図でも，冬，春，朝，昼，夕，夜，あるいは霧や晴れた日など，季節，時候に応じて，表情を異にする景観を描き分け，さらに交通，労働，移動，取引，荷揚げ，荷の積み下ろし，売買，歩く，乗るなどの都市の活動をも描いている．

　「私には描きかけのキャンバスが9つあり，進み具合はそれぞればらばらである……今，船がとまっている港を描いた油絵をもっているが……その翌日，その絵を描きつづけるのは不可能だった．……モチーフがもうそこにはなかったのだ．一度ですべてをかきあげなければならない……既に油絵シリーズを描きはじめたにもかかわらず，……最後になって……望ましくない天気に変わって……それをあきらめなければならず，太陽が顔を出すまで薄暗い雨降りのシリーズを描かねばならなかった」[2]．以上のように，ピサロは，前もって数枚のキャンバスを並べて待機し，天候などに応じて描いた様子が読み取れる．このピサロの手紙は，1つのモチーフから数多くの絵画を描く難しさを，書き記している．

　ピサロは，一体どのような視点場を選んでこのように沢山の絵画を描いたのか，その視点場の空間はいかなるものであったのか，この2点は，私達に興味を呼び起こさせるテーマである．

　私達は，ピサロによって描かれたシリーズ物の絵画と当時の実景が，完全に一致していることを，現地調査と当時の地図や資料を通して判断することができた．従って現地調査および資料から，当時の描かれた都市空間の状況を定性的，定量的に把握することができたのである．

1.2 構成

　リチャード・ブレッテルが取り上げた絵画は，153

点であり，まとめると，11のシリーズに分類されて論じられている[2]．このシリーズは，パリ市内の市街地を描いたものからルーアン市，ディエップ市などの市街地や港湾を描いたものまで含んでいる（図3.1に位置を示す）．

ルーアン・シリーズ（制作年1896,1898），パリのサンラザール駅・シリーズ（1893,1897），パリのモンマルトル大通り・シリーズ（1897），パリのオペラ座通り・シリーズ（1898），パリのテュイルリー庭園・シリーズ（1899,1900），パリのヴェールギャラン広場・シリーズ（1900,1901,1902,1903），ポンヌフ・シリーズ（1901,1902），パリのヴォルテール河岸（セーヌ川南）・シリーズ（1903），ディエップのサン・ジャック教会・シリーズ（1901），ディエップの港湾・シリーズ（1902），ル・アーヴル・シリーズ（1903），以上の11のシリーズである．

以上の都市のシリーズにそって視点場を調べることにする．

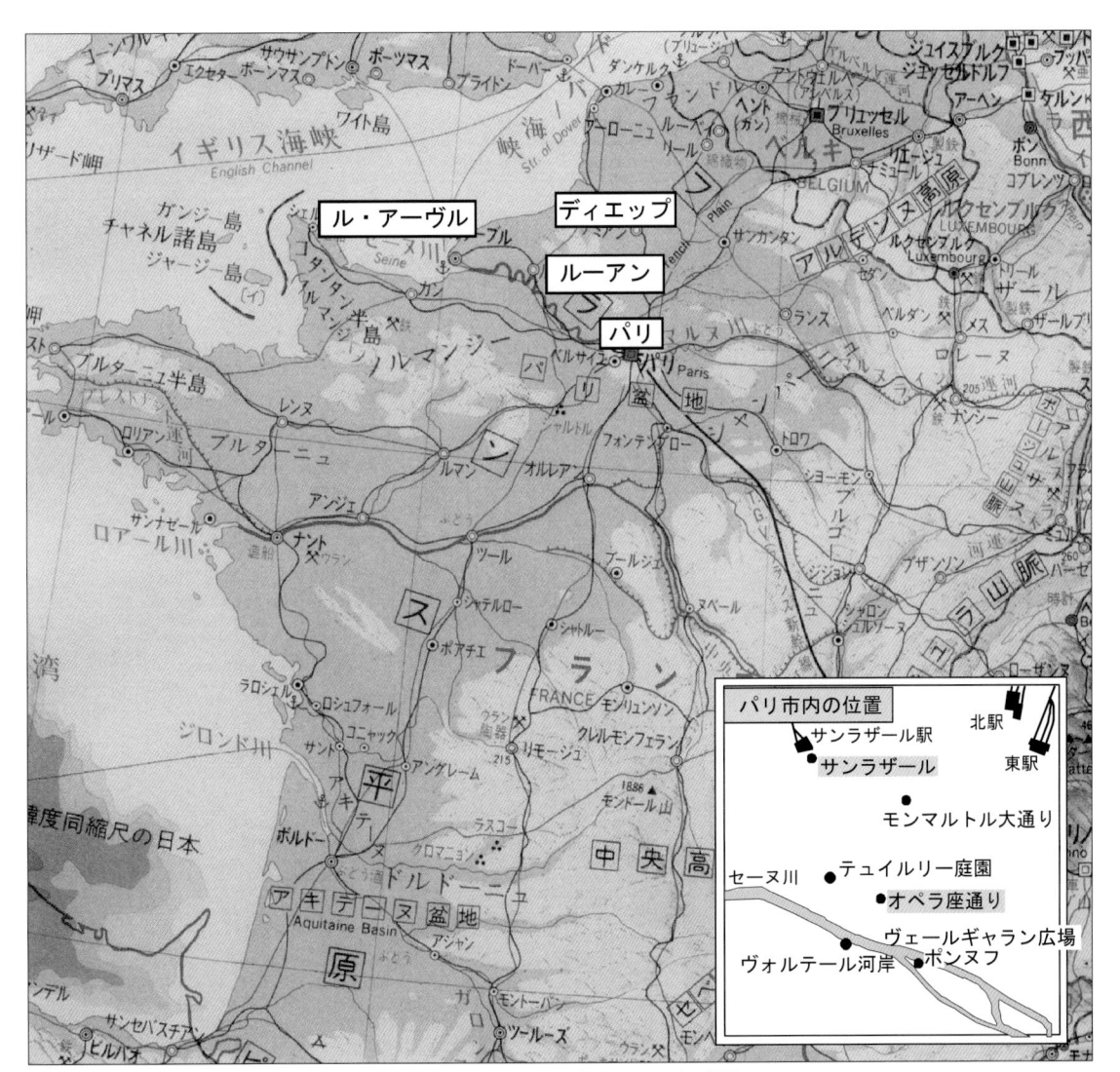

図3.1 ピサロが描いた都市シリーズの位置

第2章
ルーアン・シリーズ

　ルーアンは，オート・ノルマンディ地方のセーヌ・マリテイム県の県都である．パリから西北 140 km に位置しており，パリ（サンラザール駅）からルーアン右岸駅（SNCF）までは，約1時間余で着く．ルーアン右岸駅は市の北部に位置しており，この駅から旧市街地を抜けてセーヌ川まで約 1.6 km である．

　ルーアン市は，セーヌ川をはさみ両岸にまたがった市街地を構成している．図 3.2 に現在のルーアン市街地図を示す．両岸を結ぶ橋は，現在5つである．西からギョーム征服王橋，ジャン・ヌダルク橋，ボイエルデュ橋，コルネイユ橋，マティルド橋である．コルネイユ橋は，セーヌ側の中島，ラクロア島とつながっている．右岸にルーアンの大聖堂があり，旧市街地が残存している．図 3.3 は，ルーアン美術館のブックショップで手に入れた「ルーアン史 1850-1900」の中に含まれていた 1900 年当時のルーアンの市街地地図である[3]．これによると当時は，当然ながら右岸には大聖堂が位置していることがわかる．また当時ではボ

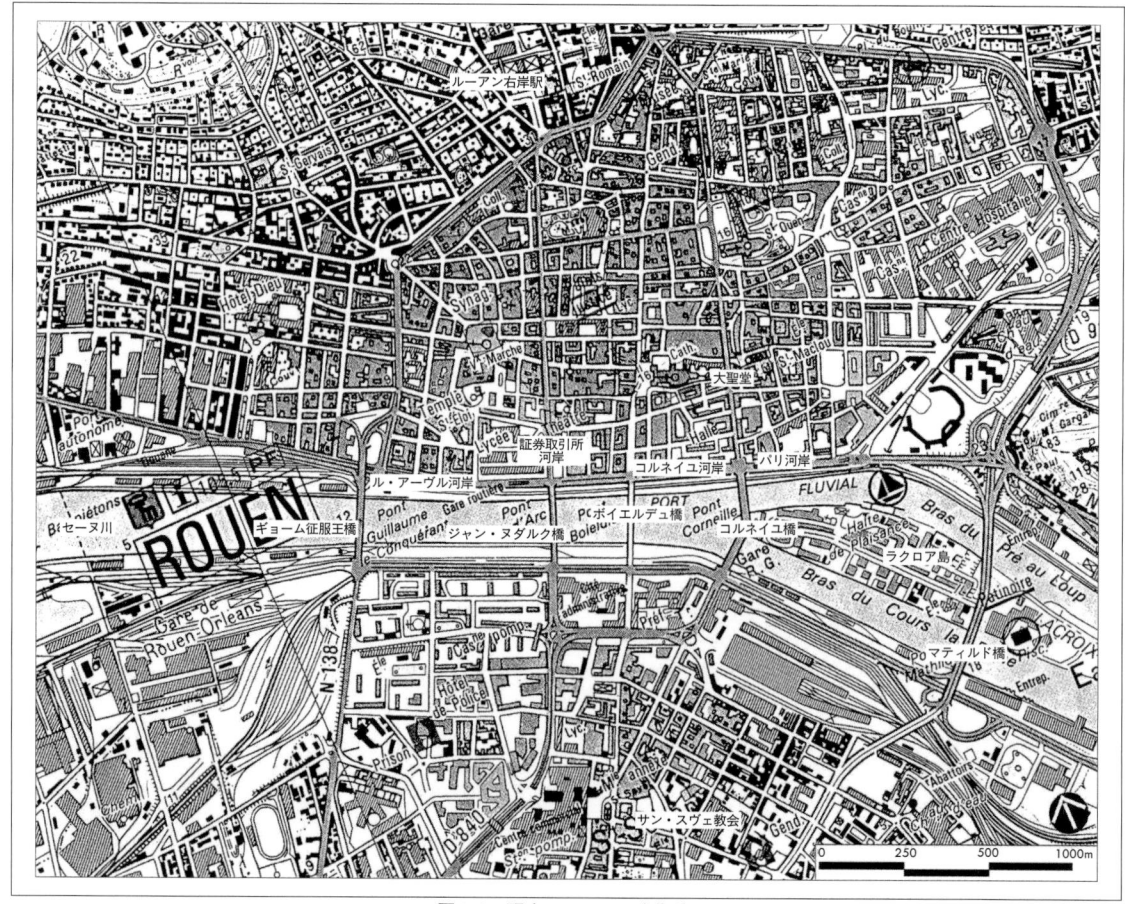

図 3.2　現在のルーアン市街地

イエルデュ橋，コルネイユ橋の2つの橋しか存在していなかったし，左岸にはオルレアン駅があったことがわかる．この地図によって，ピサロが描いた当時のルーアン市街地の状況を把握することができた．

ピサロは，このルーアンの市街地景観を多く描いており，ルーアン・シリーズは，34点におよぶ．描かれた対象は限定されており，ルーアンの大聖堂の景観か，セーヌ川沿いの港の景観である．

ルーアンの大聖堂は，現在もなお修復中であるけれども当時の面影を残している．どこから見れば，ピサロが描いたものと同じ姿として大聖堂を見ることができるのか，周辺を探索すれば，キャンバスを置いた視点場を発見することができる．

一方，セーヌ川周辺は，第2次大戦で破壊され，新たに建設された建物も多く，市街地はかなり変化している．特に左岸は工業地であったこともあって被災し，その後復興して当時に比べ変化は大きい．すべての橋も第2次大戦で破壊され，そして復旧されている．すでに，現地の人の記憶も定かではない．セーヌ川沿いの景観の視点場を探すためには，ピサロが描いた当時の地図，市街地像が必要である．

まずルーアン・シリーズの34点のうち，例えば雨の日や晴れの日などの大気の変化をおって描かれた同一の構図のものを除く23点の異なった構図の視点場を調べる．結論を述べると，次の4つの視点場から描かれたと推定している．

2.1 大聖堂を見る構図の2つの視点場

まず視対象が明確なルーアン大聖堂が描かれた絵画の視点場を推定する．

大聖堂が描かれた絵画は，4点である．その中で，まず，「エピスリ通り，ルーアン，朝，曇」，「エピスリ通り，ルーアン」，「日当たりの良い午後，エピスリ通り，ルーアン」（図3.4）のエピスリ通りを描いた3点を検討する．画題にあるエピスリ通りは，大聖堂の南に直接位置しており，大聖堂と旧高楼広場を結ぶ

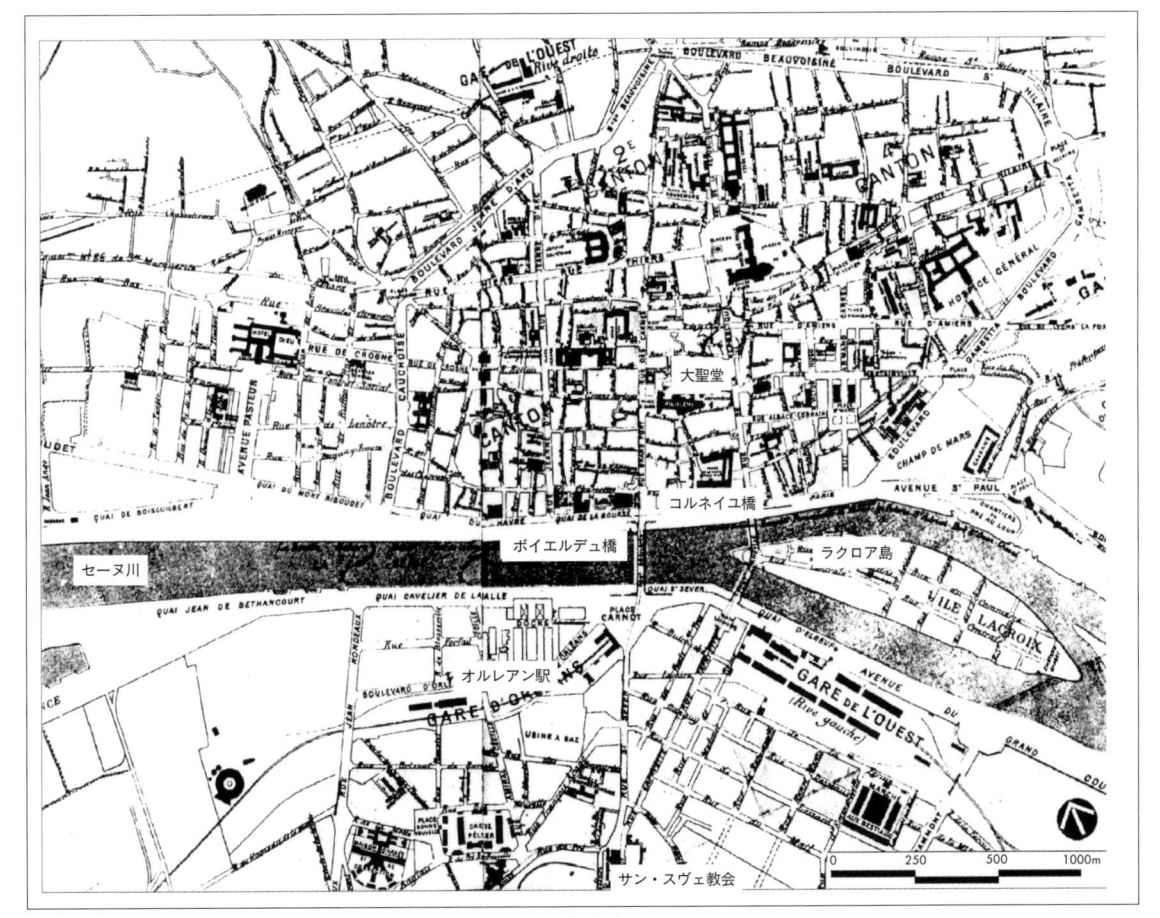

図3.3　1900年当時のルーアン

図3.4 エピスリ通り①

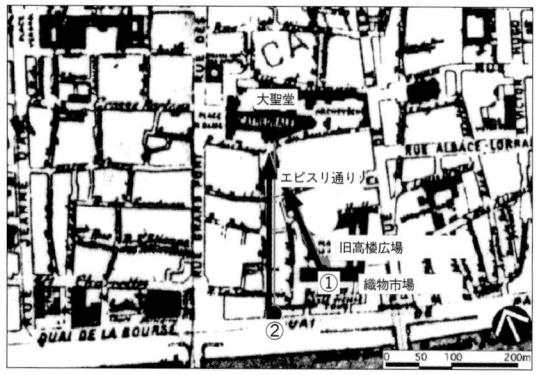

図3.5 大聖堂周辺

図3.6 ルーアン大聖堂②

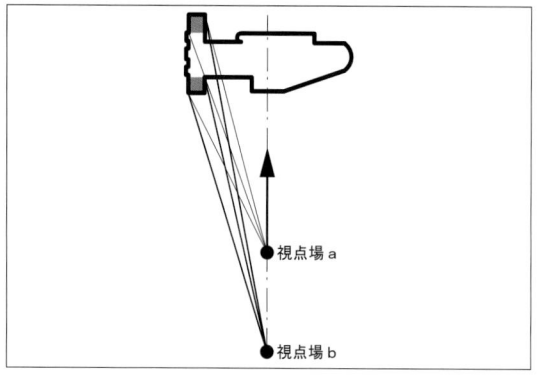

図3.7 大聖堂と視点場の位置

図3.8 視点場aからの大聖堂

通りである．この3点はいずれも同じ構図で，この通りから北方向に向かってまちなみと大聖堂を見ている構図となっている．エピスリ通りの家並みと路上の朝の様子，市場の賑わいの様子，そして午後の強い日差しの様子が描かれた3点である．これは，エピスリ通りと両側の建物を見て奥に大聖堂をとらえた「道路と建築のパースペクティブな景観」として描かれている．

エピスリ通りの南の先には，旧高楼広場があり，この広場に面して織物市場が建っている．現在ではこの広場は，地上，地下とも駐車場として使用されている．絵画をよく観察すると視点は高く，織物市場へ入るオープンな階段の踊り場が視点場であると推定される．当時の地図にもその存在は記載されている．この建物には，広場から直接上がることのできる階段が，設置されており，その上には，展望用のテラスがある．図3.5①に視点場の位置と，視線方向を示す．

つまり第1の視点場は，織物市場のテラスで，ここから北方向のエピスリ通り（大聖堂までの距離200m）の賑わいと大聖堂（大聖堂までの距離250m）を見た景観が描かれている．

残りの「古いルーアンの家並み，曇天（大聖堂）」（図3.6）の1枚は，大聖堂の南側にある高い視点場から周辺市街地の家並みとともに，大聖堂の前面にある2つの塔（絵では左側の塔）およびその交差部の塔（絵では右側の塔）をとらえた景観であり，これらは「まちの全貌を見渡す景観」に該当する．視点場は，大聖堂の南側に位置する建物の上階と判断される．大聖堂の前面の2つの塔は，やや重なっている．このことは，第1の視点場と近い場所であることは確かであるが，その場所からは，絵のようには大聖堂を見ることができない．このことから視点場は，先の視点場と

図3.9 視点場bからの大聖堂

同一ではないということがわかる．また描かれた絵画は，大聖堂の交差部の塔に直角の位置でかつ前面の南塔と北塔が微妙にずれて描かれている．視対象に近づきすぎると前面の塔（絵では左側の塔）は2つに見え（図3.7の視点場a）（図3.8），そのように見える位置を，地図上での作図によって推定する（図3.7の視点場b）（図3.9）．その周辺の家並みは，切妻でアースカラーの屋根とその大きさもほぼ同じような家並みである．

以上のことから第2の視点場は，後で述べるコルネイユ河岸に面した建物の上階と判断される（図3.5参照②）．これは，南方向のセーヌ川を見る景観とは逆の方向，北方向の大聖堂側面のファサード（250m）を見た景観を描いたものである．

2.2 セーヌ川周辺を見る構図の2つの視点場

次に，上記以外のセーヌ川周辺を描いた絵画を検討する．すべての絵画には，対岸にある多くの工場の煙突から立ち上る煙の光景，停泊している船舶，あるいは走っている船舶の煙突から蒸気が立ち上っている様子が描かれている．これらは，セーヌ川と橋を含めたルーアン港の活動の様子が描かれた絵画である．「ルーアンは見事だ．このホテルの窓から，黒，黄，白，ピンクの帆とともに過ぎていく船を見ている．木材を積んで停泊している船と積荷をおろして出て行く船を私は見ている」「私は，ルーアンの波止場で，あの蜜蜂の巣箱の活気を描きたかった」[2]とピサロは，この都市活動の様子を描いた理由を書き残している．

右岸の古い市街地には，高い尖塔をもつ聖堂（大聖堂，寺院など）が現在でも残っている．しかし，描かれた絵画を見ると，特徴的な高い大聖堂などは描かれていない．遠景に描かれた山並みと現在の山並みを比較しても，左岸から右岸を見た絵画ではないことがわかる．すなわち，すべての絵画はセーヌ川の北側，右岸側から見たセーヌ川南側，左岸側の景観を描いたと推定される．しかもセーヌ川が手前に描かれていることから，セーヌ川のすぐ近くが視点場であったと推定されるのである．セーヌ川右岸沿いは，西からル・アーブル河岸通り，証券取引所河岸通り，コルネイユ河岸通り，パリ河岸通りという並びとなっている（図3.2）．視点場は，これらの河岸通りのいずれかに面した建物の上階にあると判断できる．

現在，セーヌ川にかかる主な橋は，コルネイユ橋，ボイエルデュ橋，ジャン・ヌダルク橋，ギョーム征服王橋の4つである（図3.2）．描かれた1900年当時の状況（図3.3）を見ると，コルネイユ橋，ボイエルデュ橋の2つの橋しか存在していない．従って，ピサロによって描かれた橋は，2つの橋のどちらかということになる．

このうちコルネイユ橋は，川中島（ラクロア島）に架かっているのであるから，描かれるときは必ずラクロア島と共に描かれることになる．このことから，橋が描かれていると，コルネイユ橋かどうかは特定しやすい．またこの橋が，画面の左に描かれているか，右に描かれているかで視点場の位置は推定できる．そしていったん1つの視点場を設定して他の絵画を見ると，一連の絵画が1つの視点場から描かれていることが分かったのである．

結論から言えば第3の視点場は，次ページの図3.10に示すように，コルネイユ橋とボイエルデュ橋の間のコルネイユ河岸通りに面してあったと推定されるパリ・ホテルの上階である．事実ピサロは，1896年1月から4月にかけてこの2階と3階に部屋を借りている．2階がこの視点場であり，先に指摘した大聖堂を見る第2の視点場が，3階であると判断される．現在，このホテルはない．

まず「コルネイユ橋，ルーアン，曇天」（図3.10①）と「コルネイユ橋，ルーアン，朝の霧」（図3.10②）は，この第3の視点場から，南東方向のコルネイユ橋とラクロワ島を見て描いたものである．

ついで「ボイエルデュ橋，ルーアン，湿っぽい天気」，「ボイエルデュ橋，ルーアン，日没」（図3.10③），「洪水のセーヌ川，ルーアン」（図3.10④），「ルーアン港，サン・スヴェ」もまた同一の視点場か

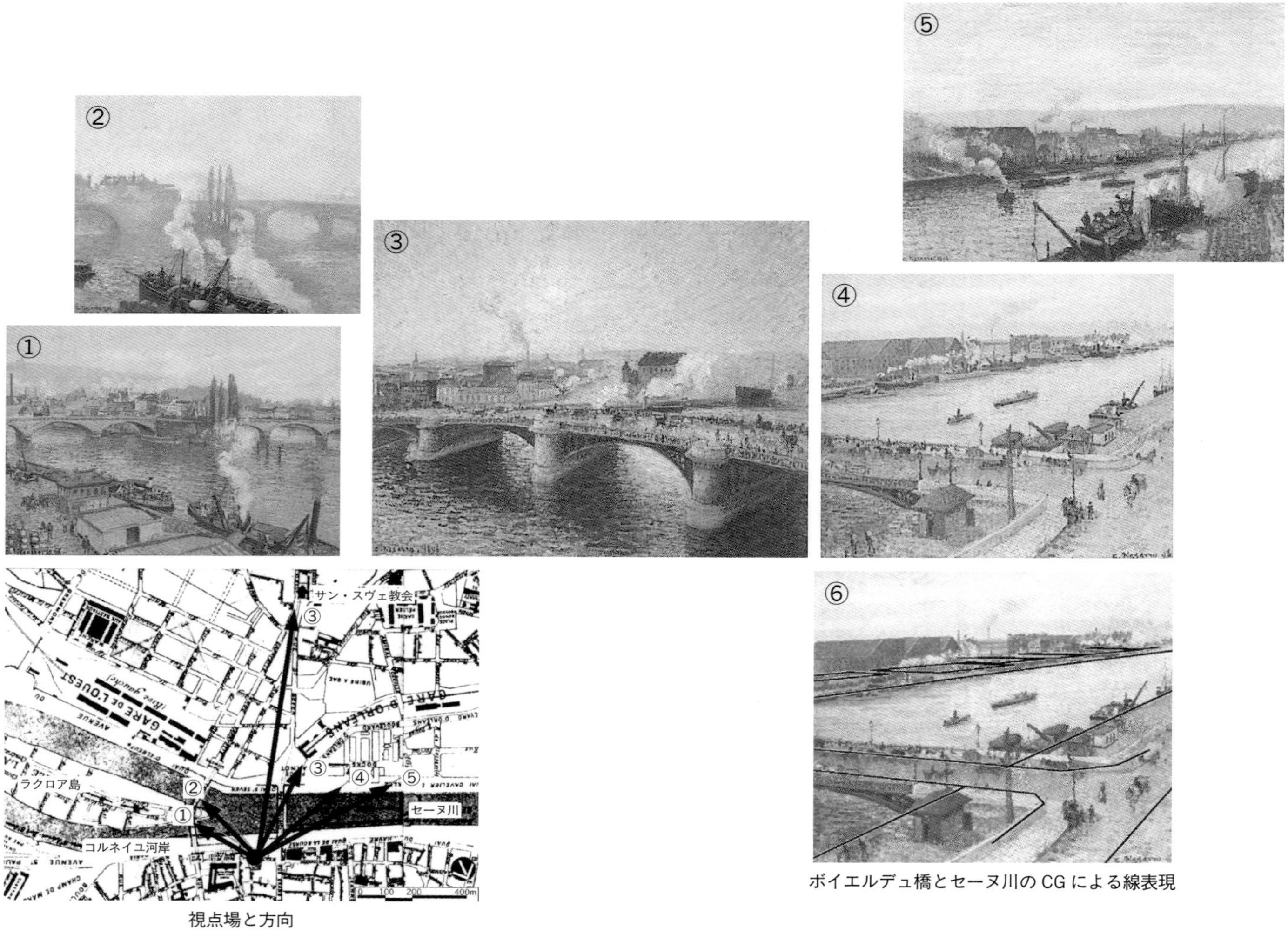

104　第Ⅲ部　カミーユ・ピサロが描いた絵画にみる市街地のパノラマ景観とその視点場

図3.10　ルーアンのコルネイユ河岸から見た景観

ら，南東から南方向のボイエルデュ橋と対岸の市街地のそれぞれを見て描いている．ボイエルデュ橋は，1885年に吊り橋であったものが架け替えられ，ピサロが描く10年前に完成したものである．

さらに，「ルーアン港，サン・スヴェ」は，ボイエルデュ橋を越えて南西方向の港湾のサン・スヴェ河岸の市街地を見た景観を描いたものである（図3.10⑤）．このことは，簡単にセーヌ川を3次元のコンピュータ・グラフィックスによって再現することによって，また制作年からも推定することができる（図3.10⑥）．

以上のように第3の視点場から，南東方向，南，南西方向のそれぞれの「港湾の景観」と「河川とまちなみの景観」が描かれ，横にそれらを並べてみるとパノラマ的に描かれており，この視点場からほぼ120度の景観をカバーするように描かれていることがわかる．いずれの絵にも工場の煙突や蒸気船のマストやクレーンの林立する姿，そして煙突からたなびく煙で曇っている様子などの生産活動が描かれている．

第4の視点場は，次ページの図3.11に示すようにボイエルデュ橋の西側，証券取引所河岸に面した建物，英国屋ホテルの上階である．事実，ピサロはこのホテルに1896年9～11月の間，1898年7～10月の間の2度にわたって滞在している．

まず，「ボイエルデュ橋，ルーアン，雨の効果」（図3.11①），「ボイエルデュ橋，ルーアン」（図3.11②），「サン・スヴェ河岸，ルーアン」（図3.11③），「ルーアン，サン・スヴェ，午後」は，第4の視点場からセーヌ川の対岸を見た景観を描いたものである．南東方向のコルネイユ橋，ボイエルデュ橋から，オルレアン駅（ピサロは「ちっぽけで尊大な雰囲気をもつ駅」と感想を述べているが，現在は市庁舎，県庁舎となっており，駅は現存しない），サン・スヴェ広場，サン・スヴェ教会の南方向までを見る景観となっている．

さらに，「サン・スヴェ河岸，ルーアン」，「ルーアンのドッグ，午後」，「ルーアン港，木材の荷おろし」（図3.11④），「朝，雨の後，ルーアン」（図3.11⑤）は，セーヌ川の南方向から南西方向までの対岸の市街地を見たものである．

以上のように第4の視点場から，南東，南，南西の各方向の絵画が描かれており，それぞれ横に並べると，やはり，ほぼ120度の広がりの市街地をカバーするものとなっている．各構図は，「河川とまちなみの景観」と「港湾の景観」の構図となっている．

2.3 視点場の特徴

ルーアン・シリーズの視点場は，以上のことから1）広場に面した建物の上階，2）河川に面した建物の上階にあることがわかる．これらの視点場は，視野が広く，また遠くまで見通すことのできる視点場となっている．

前者の視点場は，隣接して旧高楼広場がある．この広場の広さと周辺建物の高さとの関係は，$D/H=2.68～3.77$である．後者の視点場の場合では，左右に180度の視野の広がりがあり，その中から120度の視野が描かれている．

2.4 視対象の特徴

これらの絵画の構図は，当時の実景と一致すると判断でき，描かれた構図と実景の差を吟味する必要はない．現在，遠くに見えるサン・スヴェ教会のみが残されているが，近景の橋，建造物はいずれも戦時中に破壊され，すべて建てかえられている．

1）ここで注目すべき点は，「まちの全貌を見渡す景観」にあてはまる絵画の場合，高層階（3階のレベルと推定）から市街地のまちなみを見ており，そこに，大聖堂を配した景観を描いているということである．市街地のまちなみを見る景観では大聖堂を見る仰角は，塔の先端まで27.8度と大きい．これは「シンボリックな建造物の景観」の仰角にふさわしい．しかしながらこの絵画では，大聖堂の頂上までは描かれていない．描かれた屋根の高さまでを測定すると，仰角18.0度となり，通常の仰角となる．

サン・スヴェ教会は中景に見えるが，仰角3.1度である．

また「河川とまちなみの景観」と「港湾の景観」では，対岸のまちなみは全体的に類似した屋根の形状とその色彩でまとまっているが，その中に目立つ建物の教会や駅舎が配されている．つまり，市街地のまちなみを描くとき，アースカラーという類似した屋根形状が連続するまちなみの中に，教会の塔（大聖堂とサン・スヴェ教会の仰角は3.1度）や工場の煙突，船舶のマストなどを配することによって，まちなみ景観を

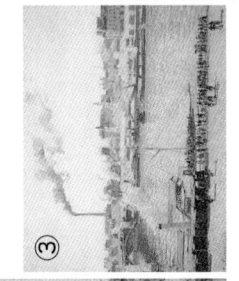

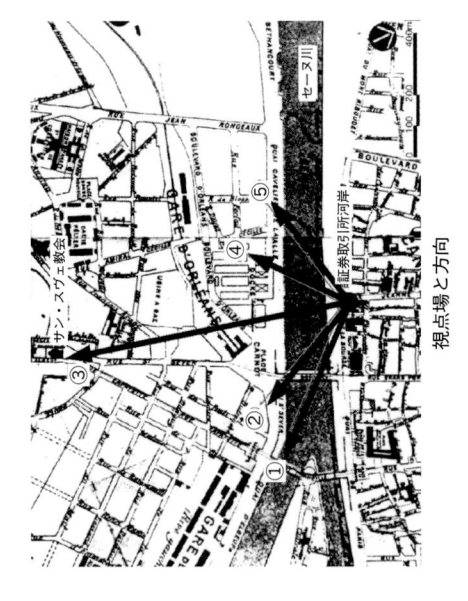

106　第Ⅲ部　カミーユ・ピサロが描いた絵画にみる市街地のパノラマ景観とその視点場

図 3.11　ルーアンの証券取引所河岸通りから見た景観

図3.12 サン・スヴェ教会

図3.13 エピスリ通りと大聖堂

図3.14 対岸から見るルーアン大聖堂

図3.15 コルネイユ橋

図3.16 取引所河岸から見るボイエルデュ橋と新市街地

引き締めているということがわかる．さらに「河川とまちなみの景観」では，橋が描かれているという特徴がある．

2）港のオープンスペースには，人々の生活の様子と経済活動の様子が描かれていて，同一の空間でも多様な活動が行なわれていることが理解される．同一の構図で「荷おろし」「蒸気船」などの港湾の活動の様子が，「霧」「曇天」「晴」「雨」などの天候の変化，「朝」「午後」「日没」などの1日の光の変化とともに，描かれている．

3）対岸のまちなみを見る場合，視対象までの距離は，河川幅は150 m，対岸の建造物までの距離は，ボイエルデュ橋では200 m，コルネイユ橋では550 m，市街地のまちなみでは450〜700 m，サン・スヴェ教会では1 kmの位置にあり，これらの数値は，近景から中景の範囲にあることを意味している．また，対岸に見る工場群と煙突から立ち上る煙の光景は，いずれも1 km以内にあり，中景の範囲で描かれている．

画角は，普通の大きさである．対岸のまちなみは，すべて建てかえられており，D/Hを算定することはできない．

図3.12〜図3.16は，それぞれ実景の写真である．

第3章
パリ市内の景観を描いた絵画の場合

　パリ市内のシリーズは，サンラザール駅，モンマルトル大通り，オペラ座通り，テュイルリー庭園，ヴェールギャラン広場，ポンヌフ，ヴォルテール河岸（セーヌ川南）の7つである（図3.1）．これらの地区は，ナポレオンが1811年に近代パリの行政区画の基本型を確立した12区の中に位置しており，サンラザール駅を除けばグラン・ブールヴァールが通る内側に含まれている．「ファッションも芸術も，科学の進歩も，ひとたび大通りにでてそこを歩いて見れば，ひととおりの情報が得られたものだった．……グラン・ブールヴァールがすなわちパリであると，ボードレールも，マネも，ドガも信じていた」[4]．
　それではまずサンラザール駅・シリーズから調べてみよう．

3.1 サンラザール駅・シリーズ（フランス，パリ）

　サンラザール駅は，オースマン大通りのやや北側に位置しており，ここは，フランスの北西部方向，ノルマンディ地方に行く列車の発着駅である．
　サンラザール駅・シリーズは，計8点の絵画がある．絵画のタイトルは，「サンラザール通り」（同じ構図で雪の日やにぎわいの景観など3点あり），「ル・アーヴル広場，パリ，雨の効果」，「ル・アーヴル（サンラザール駅）」，「パリの景観，アムステルダム通り」，「サンラザール広場」などであり，画題にサンラザール，アムステルダム通り，ル・アーヴル広場などの地名が明示されている．これらの通りや広場は，パリ市内のサンラザール駅前の広場と隣接している．次ページの図3.17に地名を記している．従って，これらの絵画は，これらの場所を描いたものであることがわかる．

3.1.1 視点場

　現地調査によって，これらすべての絵画が描かれた視点場は，サンラザール駅前の，サンラザール通りとそれに直交するアムステルダム通りの交差点の近傍であり，さらに詳細な調査により，現在の駅前のホテル・ロンドン・ニューヨークの上階であることが分かった．文献によると，この場所に当時ホテル・レストラン・ガルニエがあり，ピサロは，この上階の部屋に1892年11月から1893年3月の間滞在している．「ホテルの前のル・アーヴル広場は，車と人の絶え間ないどよめきによって，ピサロを楽しませ続けた」[2]．
　ルーアンの視点場を発見した時の経験から，サンラザール駅・シリーズもまた，1つの視点場から描かれているのではないかと考えた．視点場を想定して，それから視対象への視線方向を作図すると，描かれている視線方向と合致することがわかった．つまり1つの視点場から，8点の絵が描かれていることがわかったのである．

3.1.2 視対象

　描かれた視対象は，以下の3方向である．第1は東方向のサンラザール通りと両側に6階建てのあるまちなみの景観が3点と（「サンラザール通り」など）（図3.17②④），第2はアムステルダム通りの北方向の6階建てのあるまちなみと少し見えるサンラザール駅の景観が2点（「パリの景観，アムステルダム通り」など）（図3.17①），第3はサンラザール通りとアムステルダム通りの交差点のル・アーヴル広場とすぐ北側にあるサンラザール駅前広場の賑わいの景観でありこれが3点（「サンラザール広場」など）（図3.17③），である．つまり，1つの視点場から3方向（90度の広がり）を見た景観をピサロは描いている．
　これらの構図は，いずれも「道路と建築のパースペクティブな景観」である．
　このシリーズでも，サンラザール駅前の雑踏とともに，通りを走る様々な馬車（辻馬車，1頭立2輪馬

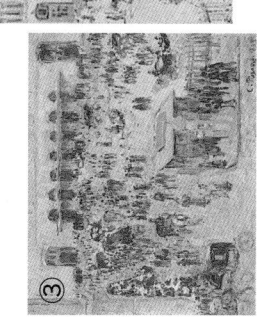

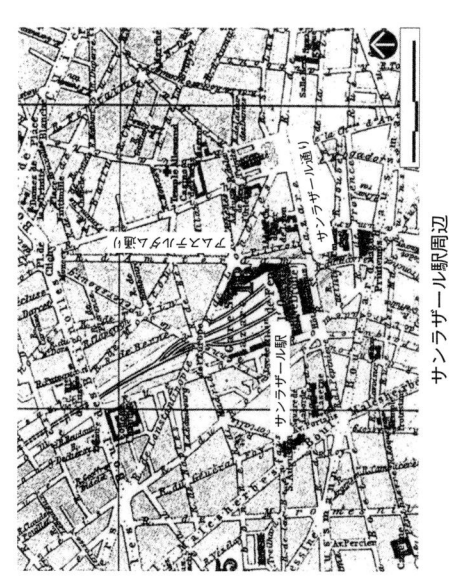

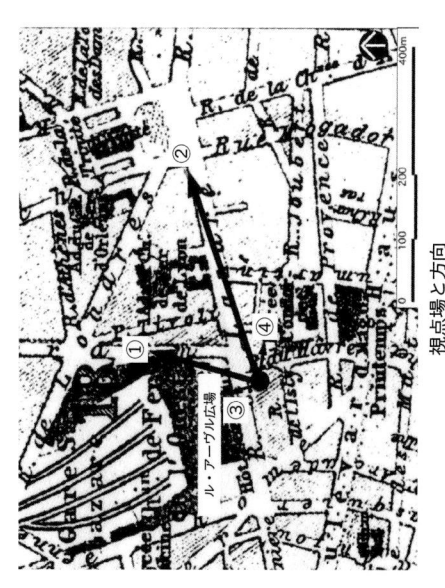

第3章 パリ市内の景観を描いた絵画の場合　109

図3.17　サン・ラザール駅・シリーズの景観

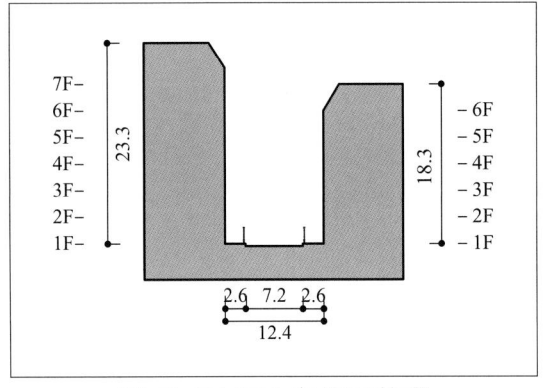

図3.18 アムステルダム通りの断面図

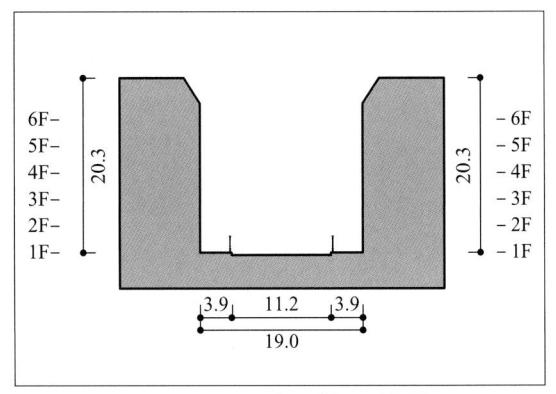

図3.19 サンラザール通りの断面図

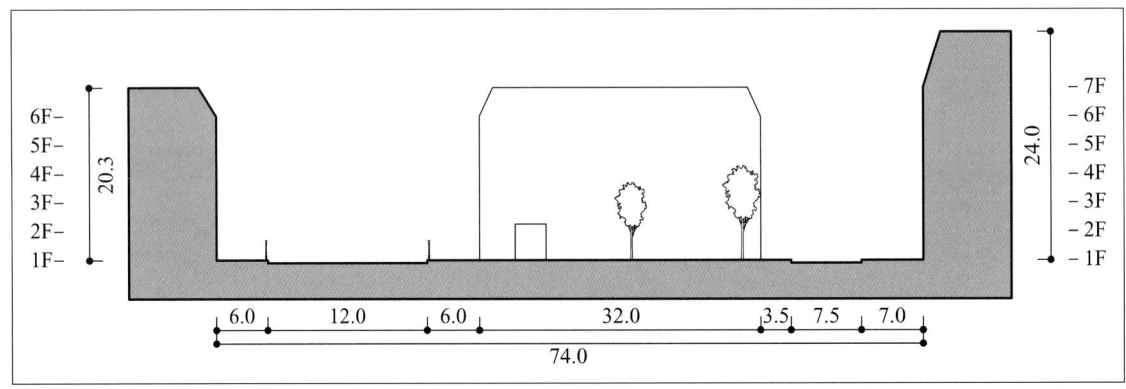

図3.20 サンラザール駅前の広場の断面図

車，2頭立4輪馬車，屋上席のある乗合馬車)[5]が描かれており，街灯などとともに，市街地のにぎわいが，「雨」「雪」の天候の変化とともに描かれている．

3.1.3 定量指標

建物の高さと道路幅の関係を調べて見ると，描かれたアムステルダム通りは，D/H＝0.53（図3.18），サンラザール通りは，D/H＝0.90である（図3.19）．両者とも通りに並木はない．両側の建物の高さに比べ比較的狭い道路であることがわかる．値の小さいアムステルダム通りは，ル・アーヴル広場とともに描かれている．視点場の前にあるル・アーヴル広場は，D/H＝3.1〜3.6であり，視対象のアムステルダム通り，サンラザール通りが1以下と狭い空間であるのに比べて，視点場周辺は，比較的開放性の高いオープンスペースであることがわかる（図3.20）．

ル・アーヴル広場が描かれる画角は広いが，通りを描く画角は，それに比べ平均45度と狭い．要するに，通りの構図が描かれる場合は，通りに絞って描かれていることを示している．

通りがまっすぐに見通せる距離をみると，アムステルダム通りは視点場から250m，サンラザール通りのまちなみが視点場から300mの位置にある．つまり，近景の範囲である．

3.2 モンマルトル大通り・シリーズ（フランス，パリ）

モンマルトル大通り・シリーズは，モンマルトル大通りを描いた絵画である．

「グラン・ブールヴァールは，もともと都市を取り囲む防壁の土手をさす言葉であった．こうした防壁がパリから取り除かれたのはルイ14世の治下，1670年以降のことである．ルイ14世はパリを開かれた都市にすべくシャルル5世およびルイ8世の防壁をとりこわし，幅36mの並木の大通りにした．特に右岸のバスチーユを出発点にして，……サンドニ，ボンヌ・ヌーヴェル，ポアソニエール，モンマルトル（大通り），イタリアン（大通り），マドレーヌのブールヴァールをへてマドレーヌ教会にいたる半円状の大通りの連な

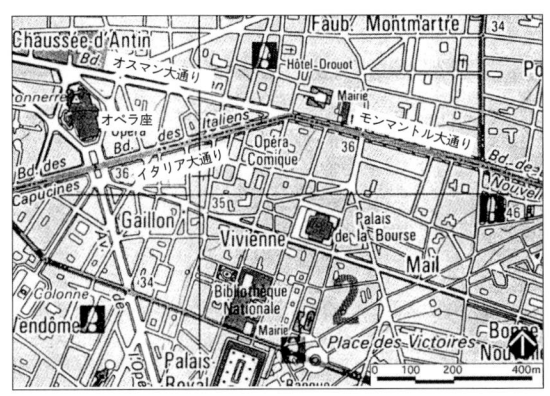

図3.21　現在のモンマルトル大通り

図3.23　イタリア大通り①

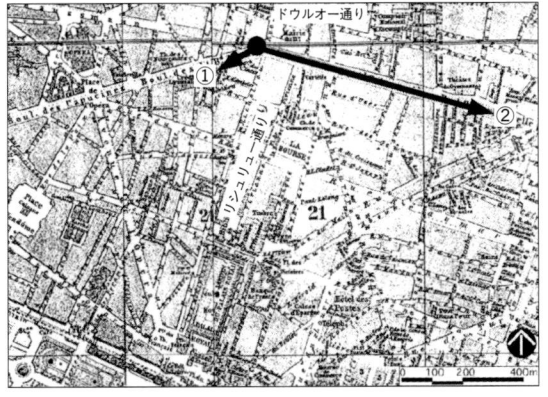

図3.22　当時のモンマルトル大通り

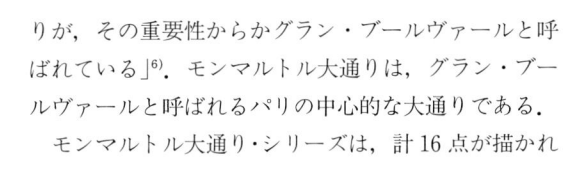

図3.24　モンマルトル大通り②

りが,その重要性からかグラン・ブールヴァールと呼ばれている」[6]。モンマルトル大通りは,グラン・ブールヴァールと呼ばれるパリの中心的な大通りである.

モンマルトル大通り・シリーズは,計16点が描かれている.

その中で,絵画に「モンマルトル大通り」の名称を含むタイトルがつけられたものは,14点である.同じ構図で,モンマルトル大通りの朝,夕方,さらに明るい街灯の夜の景観,霧の多い朝,曇りの朝,日光と霧,晴天などの景観が,繰り返し描かれている.もう1つの構図は,画題に「イタリア大通り」を含むものでイタリア大通り方面の賑わう様子の絵が2点.これらも,朝の日光や午後などの時間の違いによって異にする表情をもつ通りのにぎわいが描かれている.いずれも,大通りとその両側の建物を見る「道路と建築をパースペクティブに見る景観」である.

3.2.1　視点場

描かれたモンマルトル大通りは,東方向にやや上り坂になっている.モンマルトル大通りのビスタは,高い位置からはサンマルタン大通りまで見とおすことができる.

現在の道路状況では,モンマルトル大通りを絵のような高い視点から見ることはできない.モンマルトル大通りは,オスマン大通りとつながっている.そのオスマン大通りの上部が視点場と考えられる(図3.21).つまり,道路上の高い位置からモンマルトル大通りを見下ろした構図をとったと推定されるのである.

そこで,1900年当時の地図[7]を調べてみると,モンマルトル大通りは,オスマン大通りと直通していなかったということがわかる(図3.22).当時は,まだオスマン大通りは完成していなかったのである.

その交点には,建物が建っており,そこが視点場として最も相応しい.現地での調査結果からも,この建物から描いたものと判断される.事実ピサロは,1897年2月からドウルオー通り1番地のモンマルトル大通りとイタリア大通りの交差点に面したホテル・リュスに滞在しており,このことからも視点場がここであったと考えられる.

「ピサロは,広々としたホテルの部屋の2つの窓の

左側から14枚，それに恐ろしく難しい右側の窓から2枚」[2]を描いたのである．

3.2.2 視対象

この視点場から，第1は，画題の中に「モンマルトル大通り」という通り名を含んでいる絵画で，モンマルトル大通りを東方向に，6〜7階建ての建物が続くまちなみを見ている景観（図3.24）を繰り返し描いた14点．第2は，画題の中に「イタリア大通り」を含んでいる絵画で，6〜8階建ての建物が続くイタリア大通りのまちなみやオペラコミック座方向とその歩道の賑わいを見ている景観（図3.23）．

これらの2つの構図は，「道路と建築のパースペクティブな景観」に該当する．この視点場からは，まちなみの正面が見え，当然ながら建物のファサードが描かれていると想像されるのであるが，ここでは，ピサロが通りの軸景を選択して描いたことと，その通りを広場に見立てて描いていることに注目すべき点がある．

さらにこのシリーズでも，全く同一の構図で，モンマルトル大通りとそれに面した建物や都市活動の様子が，「濃霧」，「曇天」，「晴」，「雨」の天候，「春」，「冬」の季節，「朝」，「午後」，「日没」，「夜」の時間など変化とともに繰り返し描かれているという点に特徴がある．告解の火曜日のモンマルトル大通りに，ぎっしりと人通りが詰まった様子，さらには，イタリア大通りでも，各種の馬車が並んで通行している様子が大勢の人々とともに描かれている．

特に，夜のモンマルトル大通りが描かれていることもこのシリーズの特徴である．そこには，道路の中央にある街灯と建物からもれてくる灯りが描かれている．「犯罪の多発する暗い夜の町を明るくするガス灯の設置も，道路の整備と並行して積極的に進められた．1850年代，街路照明の管轄は警察であったが，1860年にパリ市域が拡大し，パリ市の管轄になってから10年間に1万5000個も増設され，パリの夜が暗黒から開放された……オスマン後も飛躍的に街灯増設が進み，パリが『光の都』，『歓楽の都』となるのは，周知のように電気の時代にはいる1880年代から世紀末にかけてである．……1881年8月に開催された電気博覧会において最初の実験がなされた．かくしてガス灯にかわって白熱灯の登場により，都市の相貌は一変する……光は，都市の顔とともに昼夜の生活の律動も変え，19世紀末パリのもっとも顕著な変貌の1つである」[6]．

またこの界隈の「リシュリュー通りとグランジュ・バトリエール通りを挟んだイタリア大通りとモンマルトル大通りは，高級な商品を求める客たちでごったがえすようになる」[8]．絵には，イタリア大通りでの乗合馬車を待つ人の群れが描かれている．この一帯は，当時で一番のにぎわいのパサージュ・デ・パノラマとヴァリエテ座があった場所で，パリの観光名所の1つでもあった．この大通りの夜景は，当時の市民にとって，貴重な景観であったし，ピサロはそれを描いているのである．

3.2.3 定量指標の検討

1つの視点場から2方向が描かれた．それぞれの画角は，34.5度と小さく，通りの景観に絞って描かれていることがわかる．画角で言えば普通50度近くは見えるし，描こうと思えば描けるのであるが，画角がそれよりも狭いということから，意識的に通りの道と両側の建物に絞って描いたということがわかる．

描かれたイタリア大通りは，幅員35.2 m，D/Hは1.22で（図3.25），モンマルトル大通りは，幅員54.4 m，D/Hは1.97〜2.57（図3.26）である．両者とも両側に並木があるゆったりとした通りである．

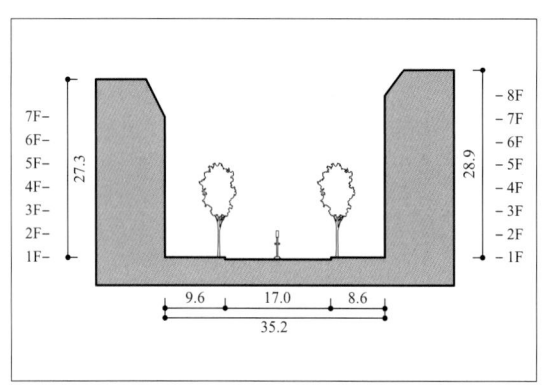

図3.25 イタリア大通りの断面図

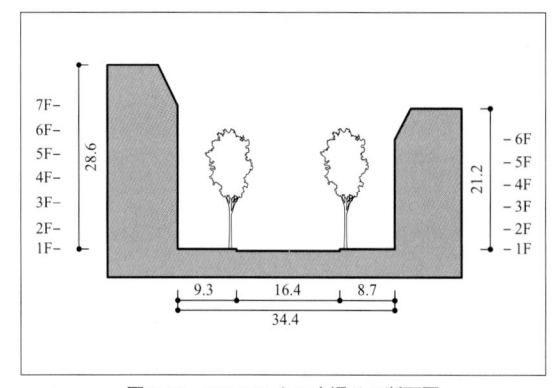

図3.26 モンマルトル大通りの断面図

描かれた視対象までの距離は，視点場からイタリア大通りまで見通し距離が200 m，視点場からモンマルトル大通りの見通し距離が900 mで，ここでは近景から中景の市街地のまちなみが描かれている．

3.3 オペラ座通り・シリーズ（フランス，パリ）

オペラ座通りは，パリの中心であるルーヴル宮とオペラ座を結ぶ通り（アヴェニュー）である．オペラ座は，イタリア大通りに面している．

オペラ座通り・シリーズは，計15点の絵画がある．主な構図は，第1にはサントノレ通りを描いた（画題は，「サントノレ通り，午後の雨」，「サントノレ通り，朝の太陽」，「サントノレ通り，午後の太陽」など）ものが3点．第2には奥にオペラ座を配したオペラ座通りを描いた（画題は「テアトル・フランセ広場とオペラ座通り，霧の多い天気」，「テアトル・フランセ広場とオペラ座通り，霧」，「テアトル・フランセ広場とオペラ座通り，雨」，「テアトル・フランセ広場とオペラ座通り，曇」，「テアトル・フランセ広場とオペラ座通り，晴天」など）ものが8点．第3にはテアトル・フランセ広場を描いた（画題は「テアトル・フランセ広場，晴」，「テアトル・フランセ広場，冬の午後」，「テアトル・フランセ広場，春」など）ものが4点で，計3つの構図があることがわかる．

3.3.1 視点場

サントノレ通りとオペラ座通りは，テアトル・フランセ広場から放射状に伸びた通りである（図3.27）．オペラ座通りが描かれた絵画では，通りの奥にオペラ座が配されている．サントノレ通りの絵では，手前に広場，その先に通りが描かれている．従って視点場は，2つの通りを見ることができる場所であると推定することができる．いずれもオペラ座通りとの交差点にあるテアトル・フランセ広場（現アンドレ・マルロー広場）近傍である．さらに詳細な調査では，視点場は，これに面したホテル・ルーヴルの上階（ピサロは1890年1月2日～4月28日滞在）の1ヵ所のみで

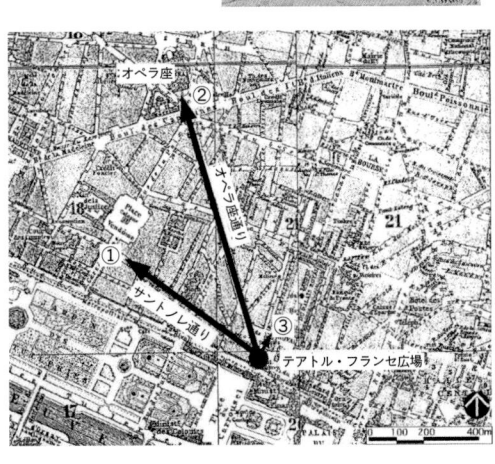

図3.27 オペラ座シリーズの景観

あることがわかった．これは文献によっても確認できる．「この部屋からオペラ座通り全体と，パレ・ロワイヤルの広場の端の素晴らしい景色が見える．それを絵画にすると，美しいものになるだろう……ブールヴァールとは異なる完全な現代的なもの」[2]．

すなわちこのことは，この視点場から3つの方向を見る景観が描かれたことを意味している．

3.3.2 視対象

1つは北西方向のサントノレ通り（幅員10.7 m）で両側が5～7階建ての建物があるまちなみの景観（図3.27①）．2つは北方向のオペラ座通りの6～7階建ての建物があるまちなみとその奥にあるオペラ座を見る景観（図3.27②）．3つはすぐ近くのテアトル・フランセ広場の賑わいを北方向に見る景観（図3.27③）である．3方向を合わせると，90度方向のパノラマ的景観が描かれていることがわかる．ここには，テアトル・フランセ広場の樹木が青々と茂っている春の光景，あるいは枯れた冬の光景が描かれている．

オペラ座通りは，当時次のように評されていた．「オスマンの新しい街路が歩行者に与える印象は，通りの幅や長さにより，また並木の有無やパースペクティブに見える記念建造物の有無などによって，だいぶ異なっている．道幅の狭いモブージュ通りやラファイエット通り，エチレンヌ・マルセル通りは，とくに風の冷たい日や夏の暑い日には息苦しい印象を与え，人々を快活な気分にさせることはない．これに対してオペラ座通りは，並木がないにもかかわらず，道幅が広い（幅員27 m）ことやルーヴル宮とオペラ座の建物を両端にもつことによって，ずっと魅力的である」[6]．

描かれた構図は，いずれも「道路と建築のパースペクティブな景観」である．

ここでも，オペラ座通りの大勢の人々のにぎわいが，季節（冬，春），天候（雨，晴，霧，曇），時間（朝，午後）の変化とともに描かれている．

3.3.3 定量指標

オペラ座通りは，幅員29.2 m，D/Hは1.09（図3.28），サントノレ通りは，幅員10.7 m，D/Hは0.44である（図3.29）．その通りの直線道路の長さは，オペラ座通りが約1 kmであり，サントノレ通りからは，約650 mである．このことから，近景から中景の範囲の通りの軸景が描かれていることがわかる．サントノレ通りは，建物に比べ道路幅員が狭い．テアトル・フランセ広場の広さと周辺の建物の高さの比は，D/H＝1.8～2.0である（図3.30）．

画角は，36度であり，これも通りと両側の建物に絞って描かれていることがわかる．

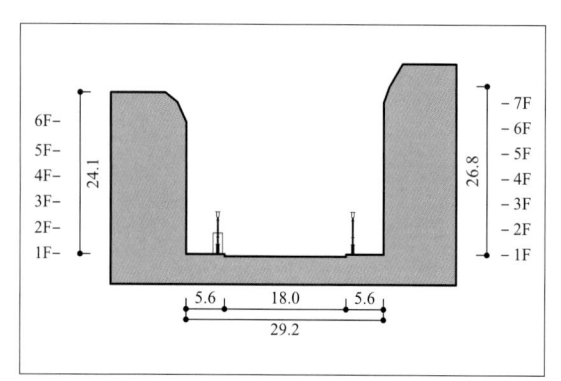

図3.28　オペラ座通りの断面図

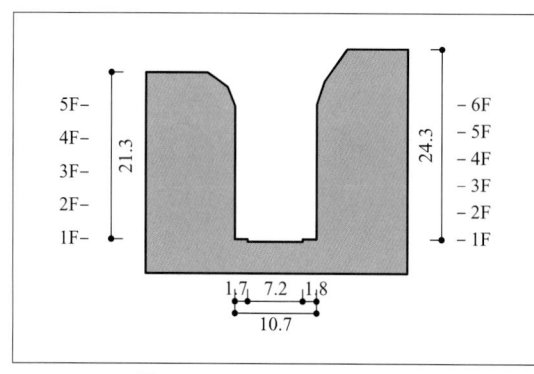

図3.29　サントノレ通りの断面図

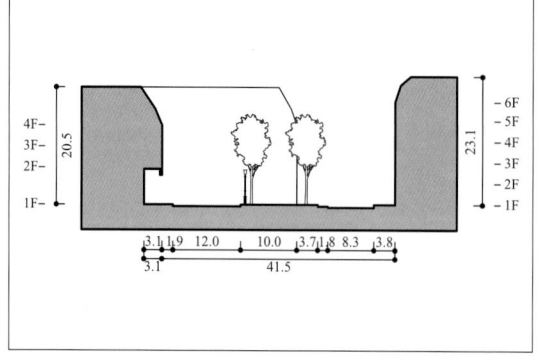

図3.30　テアトル・フランセ広場の断面図

3.4　テュイルリー庭園・シリーズ　　　（フランス，パリ）

テュイルリー庭園とは，ルーヴル美術館の前方にある庭園のことである．テュイルリー庭園・シリーズ

は，テュイルリー庭園を主に描いたもので，計 16 点の絵画がある．

「ナポレオンは，……1807 年にはテュイルリー庭園とルーヴル宮を結ぶ皇帝通り（現在のカルーゼル庭園の東西軸通路）を建設し，2 つの宮殿の正門間にパースペクティブを作りだした」[6]．

テュイルリー「Jardin（庭園）は，王室私有の庭で市民の公園ではない．コンコルド広場からカルーゼル広場の凱旋門まで直線的に伸びる中央の並木道，その両側に整然と配された 5 つの目型の植えこみ（カンコンス），8 角形の大泉水，花壇，傾斜路など出来栄えの良さに，王室専用とする動きもあったが，しかしながら開設当初から公開されてきた」[6] とされている．

このテュイルリー庭園には，若者が「常に年上の女を恋するバルザックやフローベルの小説に頻繁に登場する．……ここは当時いわば，誰もが自由に参加できるファッション・ショーの会場のような観を呈していた」[5]．

このシリーズでは，画題に「テュイルリー庭園」という語が含まれているものが 8 点，「ルーヴル庭園」の語を含むものが 3 点，「テュイルリー庭園の景観」の語を含むものが 1 点，「カルーゼル」の語を含むものが 3 点，「カルーゼル広場」の語を含むものが 1 点である．カルーゼル広場は，ルーヴル宮に囲まれた広場である．このシリーズは，テュイルリー庭園とカルーゼル広場を，さまざまな角度で季節，天候，時刻に応じて描いている．

3.4.1 視点場

画題から，描かれた視対象はテュイルリー庭園であると判断されが，どこからこのような庭園が描かれたのか，その視点場は，最初は分からない．まずはじめに，絵画と当時の地図にあるテュイルリー庭園と周辺の平面から，視点場を推定していかなければならない．

視点場は，庭園に面していることは絵画からわかる．また描かれた並木，庭園の歩道や噴水の位置から庭園の短辺方向を描いたものであることもわかる．庭園を囲む通りは，北側のリヴォリ通り，南側のテュイルリー庭園河岸通り，西側のコンコルド広場，それにルーヴル宮がある．いずれもが，ルーヴル宮に面しテュイルリー庭園に接しているリヴォリ通りか，セーヌ川沿いのテュイルリー河岸通りかである．しかしながら，描かれたルーヴル宮の位置から，リヴォリ通り側であることがわかった．

結局，視点場は，リヴォリ通りと 7 月 29 日通り（リヴォリ通りとサントノレ通りを結ぶ短い通り）の交点に面したアパートの上階にあることがわかったのである．

事実，ピサロが借りたアパート（1899 年 11 月～1900 年 11 月）は，リヴォリ通りと 7 月 29 日通りの角にあり，部屋の窓は，テュイルリー庭園の大泉水に面している．ピサロは，この視点場から南方向のテュイルリー庭園を見た（次ページの図 3.31）景観を描いている．これは，描かれた庭園の平面と，簡単な庭園の 3 次元コンピュータ・グラフィックスによっても確認できる．庭園の長辺方向ではなく，庭園の短辺方向を見た景観が描かれているのである．

庭園の幅（セーヌ川方向まで）は，350 m であり，視点場となる建物高さと庭園の幅の比 D/H は，15.7 である．

3.4.2 視対象

まず，「カルーゼル，秋の朝」，「カルーゼル，午後の太陽」（図 3.31 ①），「カルーゼル広場，テュイルリー庭園」は，南東方向にあるモード博物館，ルーヴル宮とルーヴル宮に囲まれたカルーゼル広場，そしてその中のカルーゼル凱旋門を見た景観が描かれている．

ついで，「ルーヴル庭園，霧の効果」，「ルーヴル庭園，朝，曇り」，「テュイルリー庭園」（図 3.31 ②）は，南方向にあるテュイルリー庭園とルーヴルのフロール館方向を見た景観を描いている．

さらに，「テュイルリー庭園，雨の午後」（図 3.31 ③），「テュイルリー庭園，冬の午後」（図 3.31 ④）は，リヴォリ通りを越えて南西方向のテュイルリー庭園を見た景観が描かれている．ここには，幾何学模様に配置された芝生と噴水が見え，庭園の樹木のはるか向こうに建設中のオルセ駅があり，さらに遠くにサント・クロチルド教会が見える．

つまり，1 つの視点場から，南東方向から南西方向までの 90 度の広さをカバーする景観がパノラマ的に描かれている．この構図の取り方は，「道路（広場）と建築（まちなみ）の正面景の景観」にあたる．

ここでも，テュイルリー庭園のはるか向こうに見える並木，さらにその上に見えるオルセ駅や教会（サント・クロチルド教会）の尖塔などを配することが，市街地のまちなみを引き締める効果をもたらしている．

また，季節（春，秋，冬），天候（晴，雨，雪，霧，曇天），時間（朝，午後）に応じた庭園内の

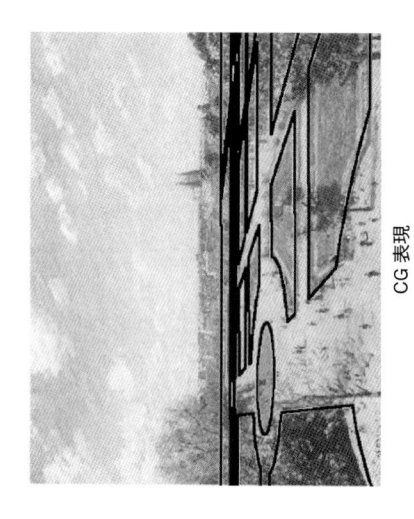

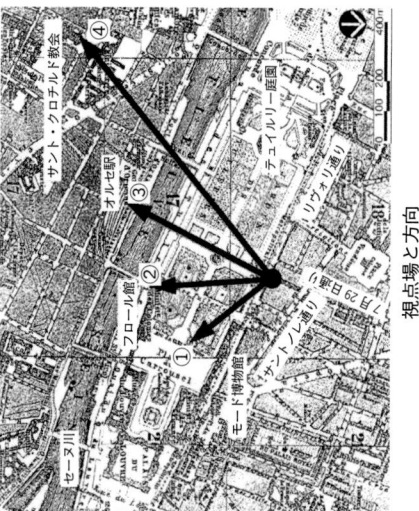

116 第Ⅲ部 カミーユ・ピサロが描いた絵画にみる市街地のパノラマ景観とその視点場

図3.31 チュイルリー庭園・シリーズの景観

人々，樹木の光景が描かれている．テュイルリー庭園は，当時「ファッション・ショーの会場のような観を呈していたし，それに実際，流行はここで作られ，ここからフランス中に，いやヨーロッパ中に広がっていったから，流行にさといと自認する男女は，貴賤を問わずすべてこのテュイルリー庭園のフィヤンのテラスに集まった」[5]．

3.4.3 定量指標の検討

距離を見ると，庭園は50〜350 mの奥行きがあり，そこからルーヴル宮の建物までは150〜350 m，建設中のオルセ駅までは約540 m，さらにサント・クロチルド教会までは約1,000 mの位置にある．描かれているのは，近景から中景までの建物，近景の庭園の樹木から中景の並木というまちなみである．

庭園のD/Hは，15.7である．周辺の建物高さに比べると，奥行きが大きい．この庭園は，並木と盛土で囲まれてはいるが，囲まれた庭園という感覚はしない．広大である．

画角を見ると，庭園の方向，オルセ美術館方向は画角（60度）が広い．庭園を囲む並木までの距離は，350 mである．描く対象を絞りきれていないかあるいは，庭園の広さを強調するための構図をとっているとも考えられる．

一方で，ルーヴル宮方向の絵画は近景で見え，その画角は36度と狭い．

3.5 ポンヌフ・シリーズとヴェールギャラン広場・シリーズ（フランス，パリ）

セーヌ川に架かるシテ島と対岸を結ぶポンヌフ橋は，「新しい橋」という意味で1606年に完成しており，今日，パリでは代表的な最古の橋であるが，当時はパリにおいて橋上に建物のないはじめての橋であった．ヴェールギャラン広場は，シテ島の西側の先端部にある広場である．上部のテラスは，ポンヌフ広場と言い，ここには，ヘンリー4世像がある．

ポンヌフ・シリーズは計9点，ヴェールギャラン広場・シリーズは計23点の絵画からなる．

「ポンヌフ」の名称を含む画題の絵画9点は，すべてポンヌフを手前に配した橋の軸景が描かれている．いわば新しい広幅員の橋，欄干と橋上のバルコニーのデザイン，新しい橋脚のデザインが強調されている．ポンヌフの背後には，サンジェルマン・ロクセロア教会とデパートのラ・サマリテーヌが描かれている．午後の晴れ，雨の午後，濃霧，雪，そして橋上の賑わいと，それぞれ異なる雰囲気の景観が描かれてはいるが，ポンヌフは全く同じ構図で描かれている．

次に，手前にヴェールギャラン広場を配して，セーヌ川，芸術橋，背後にルーヴル宮を見る景観が，16点ある．画題は，「ルーヴル宮，冬の太陽」，「ポンヌフのテラスからセーヌ川の景観」，「ルーヴル宮，朝，太陽」，「ルーヴル宮」，「朝，冬の日，霧，ポンヌフ，セーヌ川，ルーヴル宮」，「ルーヴル宮，曇り，午後」等多様である．いずれも，同じ構図で描かれている．しかし，それぞれ異なった印象を与えるのは，やはり季節の違いや広場の人々，セーヌ川を走る多くの船舶などの風景のためだといえよう．

さらに，ヘンリー4世の彫刻が描かれたものが，7点ある．その画題は「ポンヌフ，ヘンリー4世の彫刻，日を浴びる冬の朝」，「ヘンリー4世の彫刻」等で，「ヘンリー4世」という語が必ず含まれている．

3.5.1 視点場

以上のシリーズは，セーヌ川沿いのポンヌフ，ヴェールギャラン広場，芸術橋，ルーヴル宮，ヘンリー4世像が描かれたものであり，これらは，シテ島から見た構図であることは明らかである（図3.32）．事実，ピサロは，1900年11月から1903年11月まで，ドーフィナ広場28番地のアパートを借りている．従って視点場は，いずれもシテ島の中のこのアパートの屋根裏部屋である．この場所が，「セーヌ河畔のパノラマ的に広がる眺望」[2]をうることができる．

視点場の前のポンヌフ広場のテラスは，D/H = 3.33である．

3.5.2 視対象

まず，「ポンヌフ」の9点は，北方向で，いずれもポンヌフの軸景と背後の市街地を見る景観で，上記の視点場から描かれている．対岸のまちなみの中に，サン・ジェルマン・ロクセロア教会が見える（図3.32 ①）．この構図は，「道路と河川のパースペクティブな景観」といえる．

ついで，「ルーヴル宮，冬，朝日」，「ルーヴル宮，朝，日」，「ポンヌフのテラスからのセーヌ川の景観」などの16点では，視点場から超近景，また近景に北西方向のヴェールギャランのテラス，セーヌ川を配して，芸術橋とルーヴル宮の壁面方向を中景に配した景観が描かれている（図3.32 ②）．芸術橋については，

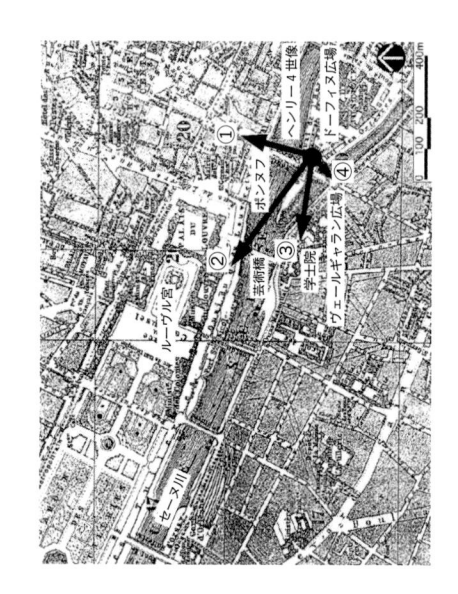

118　第Ⅲ部　カミーユ・ピサロが描いた絵画にみる市街地のパノラマ景観とその視点場

図 3.32　ポンヌフとヴェールギャラン広場・シリーズの景観

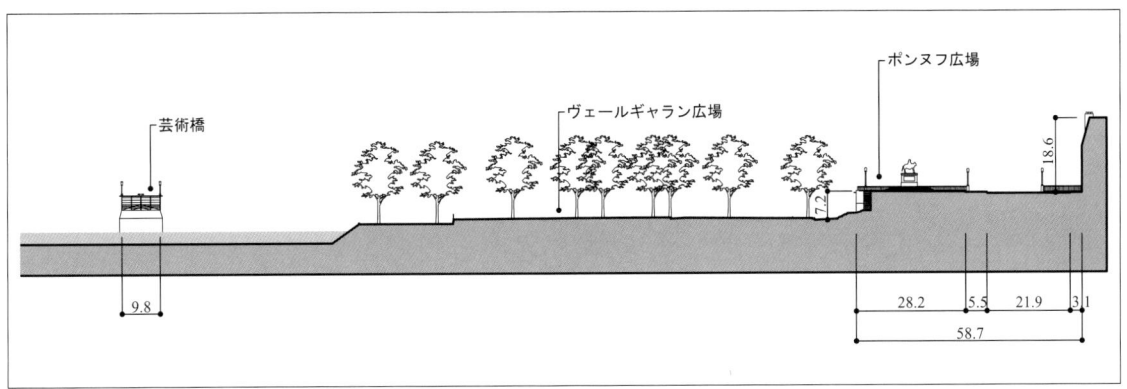

図3.33 セーヌ川下流方向の断面図

以下のエピソードがある。「ナポレオンは，……パリの陸上交通対策の一環としていくつかの橋をセーヌ川にかけたが……ルーヴル宮から学士院にわたるパリ初の鉄製の人道橋であるポン・デ・ザール（芸術橋，当初は学士院の旧名にちなんだ四国民橋）……」[6] を発案した。「1801年には，セーヌ川をまたぐポン・デ・ザール（芸術橋）がルイ・オーギュスト・セサールによって建設された。この橋の上部は鋳鉄でできており，それが石造りの橋脚により支えられた」[8]。以上の構図は，「河川とまちなみを見る景観」を与える。

また，「ヘンリー4世の彫像，朝，太陽」，「ヴェールギャラン広場，朝日」（図3.32③），「ポンヌフのテラス，ヘンリー4世広場，午後，雨」の3点は，西方向に向かって，すぐ近くのヘンリー4世の像を見る景観である。ヘンリー4世の彫像の背後には，フランス学士院のドームが見える。「華麗なドームをもつ学士院は，17世紀，マザラン枢機卿の遺志で莫大な遺産の一部を投じし，学校として建てられた。今はアカデミー・フランセーズなど学士院の本拠となっているほか，一翼はマザリーヌ図書館として一般に公開されている。」[6]。

さらに，ヘンリー4世の像のみを見る景観も，4点ある（図3.32④）。これは，「シンボリックな建造物の景観」にあてはまる。

以上のように同一の視点場から，北方向にあたるポンヌフを含んだ景観，北西方向のルーヴルの景観，西方向のヘンリー4世の像と背後の学士院の景観，さらに西南方向のヘンリー4世の像のみの景観の，4つの方向（左右の広がりは120度）の景観が描かれている。このことは，「道路と河川のパースペクティブな景観」，「河川とまちなみを見る景観」，「シンボリックな建造物の景観」などのすべての景観が描かれていることになる。

これらのシリーズもまた，季節（冬，3月），天候（晴，霜，雨，雪，霧，曇），時間（朝，午後）の変化とともにまちなみが描かれている。

3.5.3 定量指標の検討

視対象までの距離を見ると，ヘンリー4世の像を描いた「シンボリックな建造物の景観」では，60 mの超近景の像が描かれている。

ポンヌフ，サンジェルマン・ロクセロア教会が近景，ルーヴル宮，学士院，芸術橋，が中景の範囲に描かれている。「道路と河川のパースペクティブな景観」では，このように近景から中景の範囲が主な視対象となっている。

ポンヌフを見る画角は，62度と大きく，橋と対岸のまちなみを含めて描いている。このことは，橋そのものと橋上の人々の活動・混雑する様子，橋上のバルコニーを描く意図があったことがわかる。対岸までの距離は，100 mである。

ポンヌフ広場のテラスは，D/Hは3.33である（図3.33）。

3.6 ヴォルテール河岸（セーヌ川南側）・シリーズ（フランス，パリ）

ヴォルテール河岸は，セーヌ川の左岸，ロワイヤル橋とカルーゼル橋の間にある河岸通りである。

セーヌ川南側・シリーズは，計8点の絵画がある。画題が「フロール館とロワイヤル橋」の語を含んでいるものが3点，「カルーゼル橋」の語を含んでいるものが2点，それに「ルーヴル，朝，マラケ河岸」，「パリのセーヌ川」，「マラケ河岸」の語を含むもの

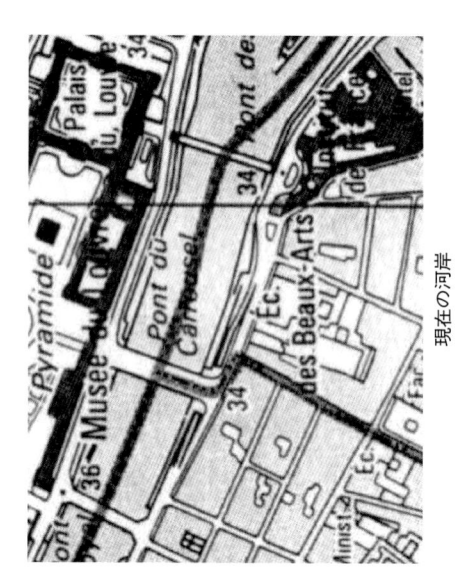

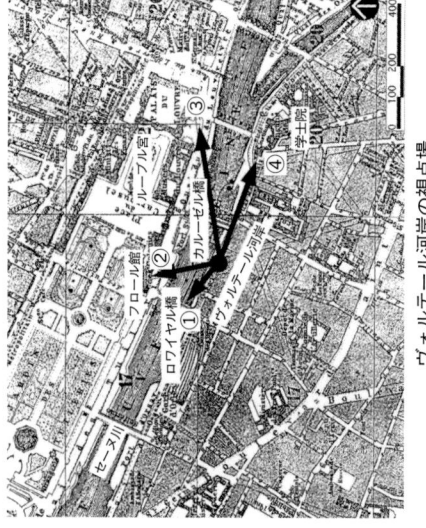

120 第Ⅲ部　カミーユ・ピサロが描いた絵画にみる市街地のパノラマ景観とその視点場

図 3.34　ヴォルテール河岸・シリーズの景観

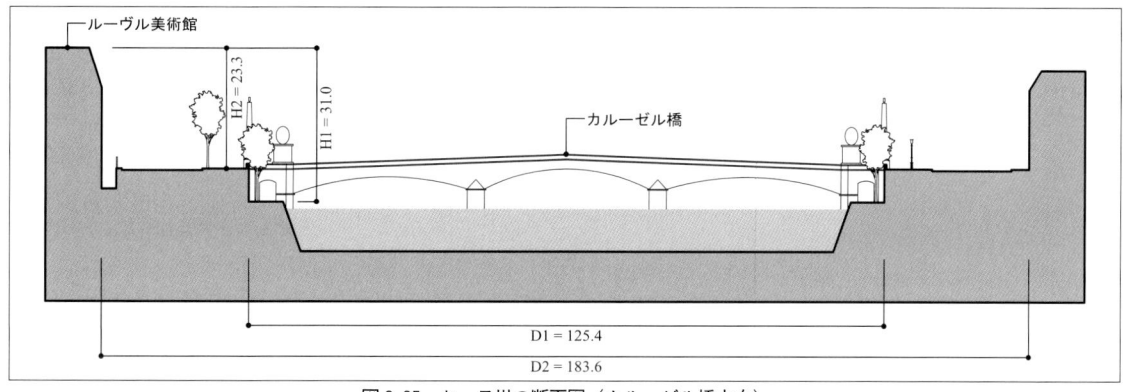

図 3.35　セーヌ川の断面図（カルーゼル橋方向）

で，これらが，このシリーズの絵画である．これらの画題から，ルーヴル宮，セーヌ川にかかるカルーゼル橋とロワイヤル橋を視対象にして描かれた景観であることがわかる．

3.6.1　視点場

この視点場は，いずれもセーヌ川南側，カルーゼル橋とロワイヤル橋の間のヴォルテール河岸に面したマンションの上階である（図3.34）．ピサロは，当時この通りにあるホテル・デ・クイ・ヴォルテールに，1903年3～5月滞在していたことがわかっている．現在もこの名称のホテルは存在しているが，このホテルでは，テラスがなく左右180度を見まわすことはできない．しかし隣のマンションの5階には，出窓があり，左右を描くことは可能である．従って，このマンションの窓辺が視点場に相応しいと考えられる．

視点場の前にあるセーヌ川の川幅は，100 m，両側の建物の高さとの関係を見ると，D/Hは，6～9である．

3.6.2　視対象

まず，「パリのセーヌ川，ロワイヤル橋」，「ロワイヤル橋，曇り，午後，春」（図3.34①）は，セーヌ川の南河岸から北西方向（下流方向）のセーヌ川，ロワイヤル橋，ヴォルテール河岸通りを見た景観が描かれている．

ついで，「ロワイヤル橋とフロール館」（図3.34②）は，北方向のセーヌ川，ロワイヤル橋，対岸のフロール館（250 m）を見た景観が描かれている．

また，「カルーゼル橋，午後」（図3.34③），「ルーヴル，朝，太陽，マラケ河岸」は，北東側方向のセーヌ川，そしてカルーゼル橋と対岸のルーヴルを見た景観が描かれている．

さらに，「マラケ河岸，朝，太陽」（図3.34④）

は，東方向のセーヌ川，カルーゼル橋とヴォルテール河岸の通りと学士院のドームを見た景観が描かれている．

要するに，上記の絵画を横に並べると，同一視点場を起点として，北西から北，北東，東方向とパノラマ的に描かれていることがわかる．具体的には，ロワイヤル橋方向，フロール館方向，ルーヴル宮とカルーゼル橋方向，学士院方向を見た景観である．それらを並べると，ほぼ180度のパノラマ的景観となる．これらの構図は，「河川とまちなみの景観」と「道路と河川のパースペクティブな景観」の構図に近い．ただここで注目すべき点は，いずれの構図も河川の流軸景に近く，対岸景ではないということである．

季節・天候は春，そして晴と曇，また時間の変化する景観が描かれている．

3.6.3　定量指標の検討

距離では，ロワイヤル橋まで80 m，対岸のルーヴル宮まで380 m，学士院までは450 mであり，超近景，近景，中景の景観が描かれている．

視対象は，橋，通り，ルーヴル宮などと特徴的なものばかりである．「河川とまちなみの景観」と「河川と道路のパースペクティブな景観」に該当するが，対岸の川幅は約100 mで，D/Hは5.9である（図3.35）．

画角は36度と狭い．河川を描く景観では，比較的画角が広いのが一般的であるが，この場合の画角は狭く，視対象が絞られていることがわかる．

3.7　まとめ

1）視点場は，道路の交差点，庭園，河川沿いに面し

て立地している建物の上階である．従って視野は広い．

2）見る方向で景観タイプが異なり，多様である．つまり，多様な景観タイプが得られる場所が，視点場となっている．

3）視対象は，「道路と建築のパースペクティブな景観」，「河川とまちなみの景観」，「道路と河川のパースペクティブな景観」などであり，ここでは主に市街地のまちなみが取り上げられている．

4）視対象までの距離は，広場で100 m以内の超近景，像や橋までは300 mの近景，まちなみは1 km以内の中景の範囲である．つまり，超近景から中景までが描かれているのである．

5）同一の視点場から左右に描かれた範囲は，90～180度で，パノラマ的にまちなみは描かれている．

つまり，視点場が左右に開けていること，その視点場から多様な景観タイプが得られること，90～180度のパノラマ的景観が得られることが必要であるということを示している．

図3.36 ロワイヤル橋とフロール館

図3.37 カルーゼル橋とルーヴル宮

図3.38 ヴォルテール河岸通りと学士院

第4章

ディエップ・シリーズ

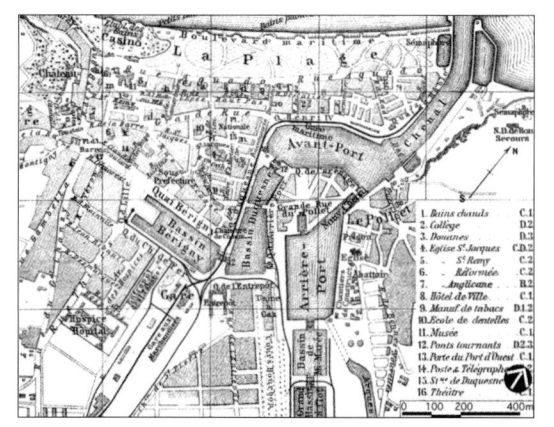

図 3.39　1900 年当時のディエップ

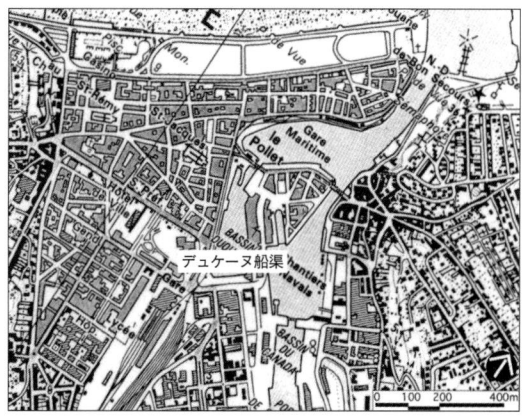

図 3.40　現在のディエップ

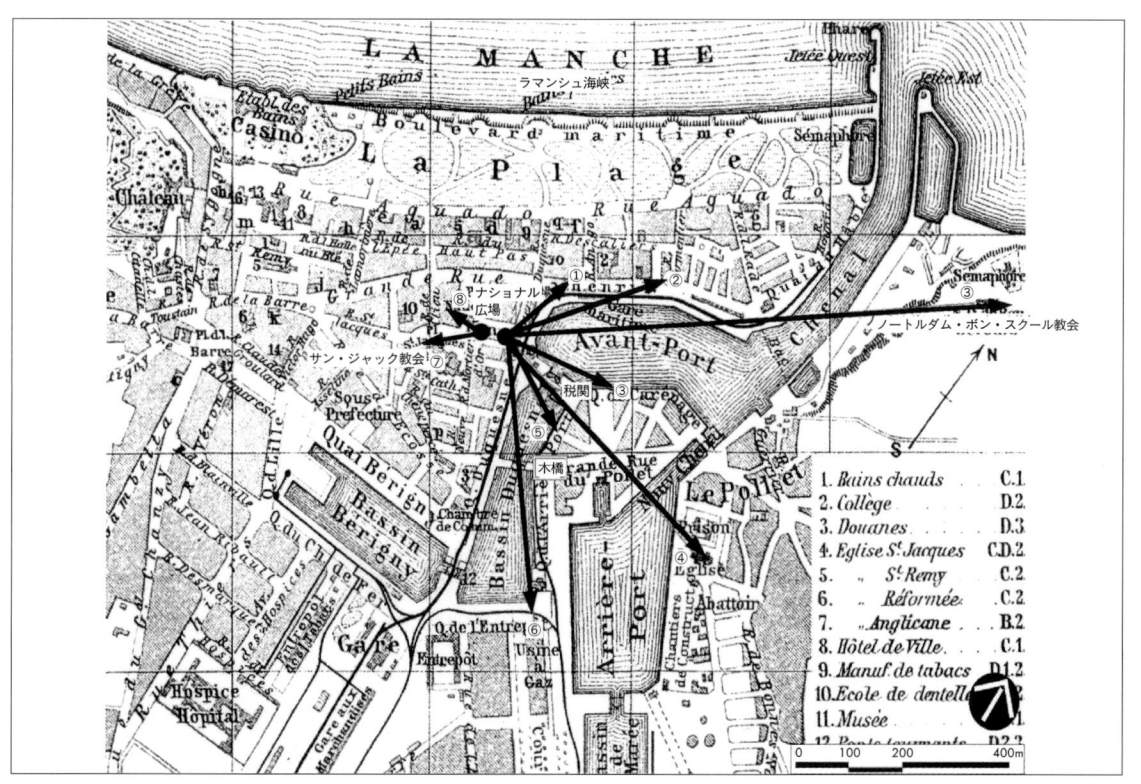

図 3.41　1900 年当時のディエップの拡大図

ディエップは，パリから北西約200 km，ルーアンから約60 kmの位置にあり，パリ（サンラザール駅）からルーアン駅につき，そこで乗り換えて約50分でディエップ駅（SNCF）に着く．駅を降りて北方向へ港の通りを約600 m歩くと，旧市街地，港広場に着く．

ディエップは，ラマンシュ海峡に面した港町である．「怒濤が砕けて白波たてる2つの岩山に挟まれた」町である．「1760年頃，イギリスのブライトンで始まった海水浴の流行は，やがてイギリス海峡に面したディエップに上陸した（1778年）．それに付随して1822年には劇場やダンスホールといった観光施設が建設された」[8]．ディエップは，鉄道が開通すると，パリから一番近い海水浴場の町として栄えた．

ディエップ・シリーズは，このディエップの港湾を描いたシリーズと，ディエップのサン・ジャック教会を描いたシリーズの2つがあり，計15点の絵画である．このシリーズは，2つの視点場から描かれている．図3.39は，1900年当時の地図で，図3.40は，現在のディエップの市街地地図である．図3.41は，1900年の地図の拡大図である．両者の大きな違いは，港の一部が埋め立てられていることと，1900年当時にあった木橋がなくなっていることである．

4.1　港湾を描いた視点場

第1の視点場は，港湾に面したアルカード・ド・ラ・ポアソヌリ通り沿いの4階建ての上階である（図3.41）．ピサロは，そこに1902年7月～11月末まで滞在している．

この視点場からは，「魚市場，ディエップ」（図3.42①），「魚市場，ディエップ，曇り，朝」（図3.42②），「午後，晴，内港，ディエップ」（図3.42③），「ディエップ港」（図3.42④）などの10点が描かれている．それは，北方向から東方向まで連続して描かれ，パノラマ的な構図となっている．

市場広場の賑わい，それを取り囲むまちなみ，そして湾方向を見て描かれたものである．遠くには，岩壁の上にたつノートルダム・ボン・スクール教会が見える景観である．絵画では理解できなかった岸壁が，現地調査で実景を見てはじめて理解できる．「ディエップ港」④は，関のところに位置している税関を見た景観を描いたものである．かつて税関のあった場所には，現在ピサロが描いた税関の絵画のレプリカがある．また，当時この広場には，路面鉄道が通っていた．これは，絵にも描かれ，当時の地図にも記載されている．現在ではこの広場には鉄道がなく，表面が木のボードで整備されている．

「午後，デュケーヌ船渠，ディエップ，低潮」（図3.42⑤），「ディエップ港，デュケーヌ船渠とベリニ内港；高潮，日当たりの良い午後」（図3.42⑥），「ディエップ，デュケーヌ内港；低潮，日当たりの良い朝」などの絵画は，東方向から南方向のデュケーヌ船渠までを見た景観を，パノラマ的に描いたものである．東方向には，背景としてノートルダム・ジャーベス教会と丘陵地の岩壁が見える．南方向には当時，デュケーヌ船渠に架けられていた木の橋が見えている．この橋の存在は1900年版地図（図3.41）によって確認できた．その木の橋の方向を見る景観である．絵の左方向（東方向）には水門があり，さらに海がある．干潮時と満潮時の港を描いている．いずれも「港湾の景観」である．現在，木橋は存在しない．現在では，多くの船が停泊するマリーナとなっている．

4.2　サン・ジャック教会を描いた視点場

第2の視点場は，ブシュリ通りとムティエ・ドール通りの交点，サン・ジャック教会の前のナショナル広場に面する建物ホテル・デ・コメルスの上階にある（図3.41）．この教会の周囲は，広いオープンスペースがあり，石張りで整備されており，ここでは，画題にもあるように定期的に市場が開かれている．

「サン・ジャック教会，ディエップ，朝，太陽」（図3.42⑦），「サン・ジャック教会の横の市場，ディエップ」は，この視点場から西方向のサン・ジャック教会（90 m）とブシュリ通り，教会の周囲の市場を見ている景観を描いたものである．

「縁日，ディエップ，日当たりの良い午後」（図3.42⑧）では，やや視線が北になり，教会前の道路とナショナル広場と周囲の建物を見る景観が描かれている．ナショナル広場には，テントが張られて市場が開かれており，野菜が並んでいる．ナショナル広場のD/Hは，2.3～5.0である．

この構図は，「道路と建築のパースペクティブな景観」に該当する．

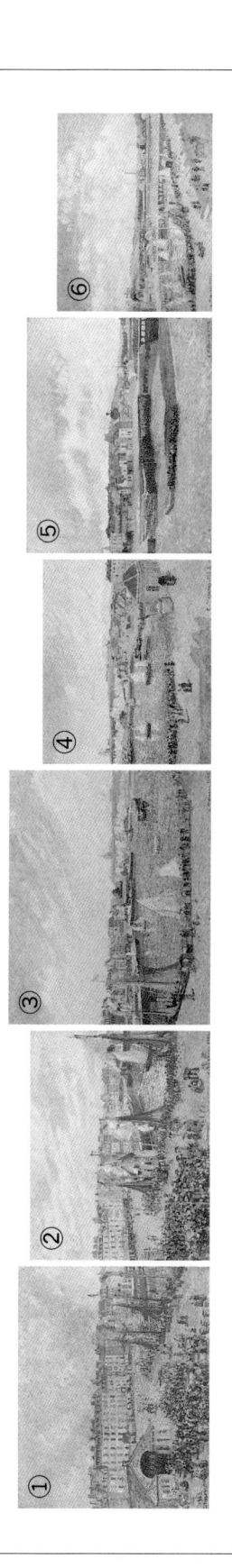

図 3.42 ディエップ・シリーズの景観

図3.43　サン・ジャック教会

図3.47　対岸のボン・スクール教会

図3.44　アルカード・ド・ラ・ポアソヌリ通り

図3.45　港に面した市街地

図3.46　市街地と右手にボン・スクール教会

4.3　視対象

　以上の絵画は，第1の視点場からは，1）北方向の港の市場広場とそのまちなみ，2）市場広場からノートルダム・ボン・スクール教会までの北東方向，3）デュケーヌ船渠とノートルダム・ジャーベス教会，4）税関，デクソン湾の南東方向の景観を描いたものである．これもまた120〜140度のパノラマ的な景観となっている．

　第2の視点場からは，サン・ジャック教会方向とナショナル広場方向の2方向を見たものであり，これは90度のパノラマ的な景観が描かれている．

　注目すべき点は，遠景に教会（ノートルダム・ボン・スクール教会）を配することが，連続した市街地のまちなみの景観を引き締める効果を果たしている点である．

　また，同一の構図でも港湾の魚市場にたむろする大勢の人々，貨物列車，馬車，到着する船を待つ人，などのにぎわいに加え，湾における干満の変化が，「晴」，「曇」，「霧」に応じて描かれている．

　そのように描かれる視対象までの距離は，超近景にサン・ジャック教会，周囲の市場，近景に税関，市場広場，中景にノートルダム・ボン・スクール教会が配置されていて，このことから超近景，近景，中景の範囲が描かれていることがわかる．

　画角は，平均45度，で通常の角度である．

第5章
ル・アーヴル・シリーズ

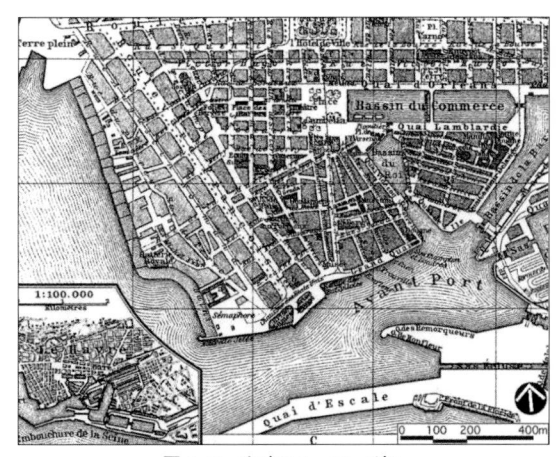

図 3.48 当時のル・アーヴル

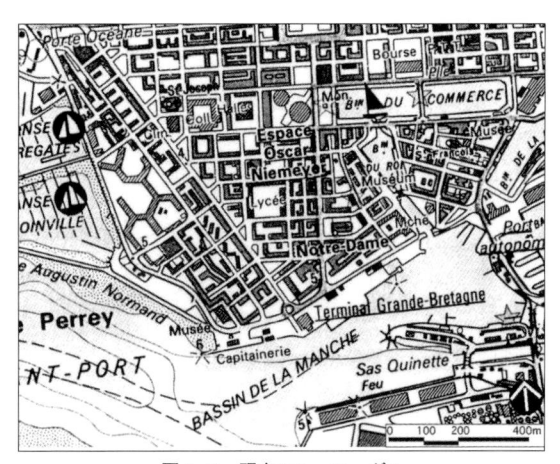

図 3.49 現在のル・アーヴル

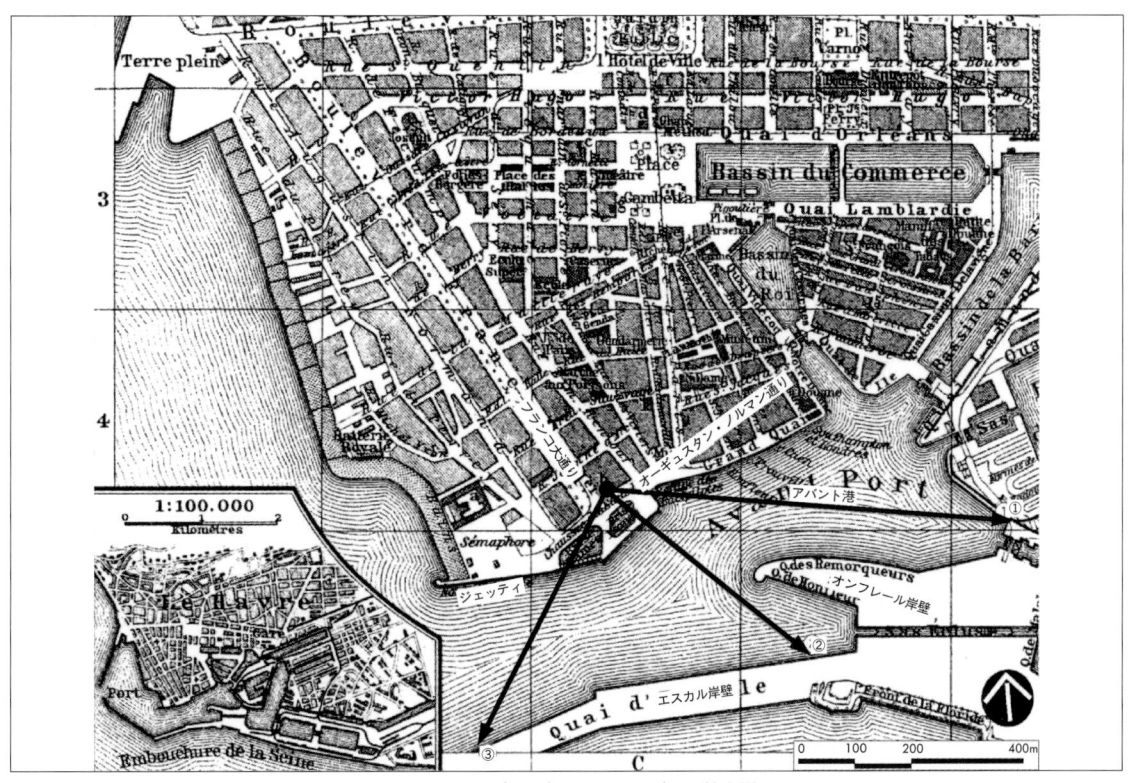

図 3.50 1900 年当時のル・アーヴルの拡大図

ル・アーヴルは，ルーアンから列車で西方向約1時間，ドーバー海峡に面した位置にある．ここは，セーヌ川の河口，海への玄関口で，港湾都市であり，フランスでは，現在マルセイユにつぐ大きな港といわれている．図3.49は，現在のル・アーヴルの市街地図である．ここは，モネが幼年期からパリに移るまで過ごした町でもある．モネの「印象・日の出」（1873）が描かれたのもこの町であり，現在港には，そのレプリカが展示されている．これはモネが，1873年にル・アーヴル滞在中にホテルの窓から港の日の出を描いたもので，印象派の記念碑的な作品となった．

ピサロは，1903年7月10日〜9月26日にル・アーヴルに滞在し，ル・アーヴル・シリーズを9点描いている．図3.48は，当時のル・アーヴルの港の地図であり，図3.50は，その拡大図である．ここには，鉄道が走り，2つの小さな船溜まりもあった．この港には，ピサロが描いた絵画のレプリカも展示してあった．図3.49は，現在のル・アーヴルの地図である．

5.1 視点場

港は，ル・アーヴル駅（SNCF）から西方向直線で約1.7 kmの位置にある．

「ル・アーヴルの港」，「内港，ル・アーヴル」などの4点が内側の港を描いたものであり，「内港とパイロットのジェッティ（埠頭）」などの4点がその隣接の港を描いたものである（図3.51①②）．さらにもう1つの構図があり，それが「ジェッティ（埠頭），ル・アーヴル，高潮，朝日」（図3.51③）である．構図として見ると，以上のように3つの構図があり，前の二者は，同一の方向を2つに分けて描いているように思われる．しかしながら，もう1つの描かれた絵（図3.51③）の視点場が，地図と現地調査からも判断し難い．

ピサロが描いたと推定される港湾部は，既に埋め立てられ，周辺も近代的な建物で埋め尽くされており，ル・アーヴルの海岸周辺は，大きく変化している．そのことから，現在では，絵画のような景観を得ることは出来ない．

さて，それでは，いかにしてピサロが描いた場所を確認できるであろうか．港湾部を描いているということは，絵画を見るとわかる．海辺の干満の様子も描かれている．そこには多くの帆船が停泊している様子が描かれているし，陸地部分には，多くの労働者が働いている様子，帆船を見物する人々，路面電車などが描かれている．

絵画の画題には，ジェッティ（埠頭）という場所の名前が記載されていることから，その場所を特定することができる．観光案内所でも，その場所が指摘された．現在もその地名は存在しているからである．このことから，ジェッティ周辺の港湾が描かれていることがわかる．

一方，1900年当時の地図では[7]，この辺りはどのような様子をしていたであろうか．そこで，この平面の地図を，海辺と地盤面に区分してジェッティ付近を3次元CG（コンピュータ・グラフィックス）により再現してみた（図3.51④⑤参照）．視点の高さ，場所を様々に変えて俯瞰した場合の景観を出力して，描かれた港湾の絵画との比較を行なった．その結果，絵画ときわめて類似した港湾の景観が得られた．それで視点場を推定することが出来たのである．

CGにより再現できた視点場は，現在のフランコ大通りとオーギュスタン・ノルマン通り（古い石畳が残っている）の交差点に面した建物にあると考えられる．当時の地図では，その先に2つの船だまりがある．この船だまりとその先の外港を見てみると，現在はこの2つの船だまりは埋めたてられ，アイルランド行きの客船ターミナルとなっている．

5.2 視対象

ル・アーヴル・シリーズでは，港湾の景観が繰り返し描かれている．3次元CGによる再現により，南方向の港湾，外港と対岸のエスカル岸壁，オンフレール岸壁，の3つの方向を見た景観を描いたものであることがわかる．停泊中の汽船，あるいは運行中の多くの帆船，大勢の港湾労働者，陸地では，馬車，路面を走る列車などが描きこまれている．さらにそれに加えて大潮の場合と干潮の場合とに描き分けられている．しかしながら描かれた港湾の様子などの視対象は，現存しない．

5.3 実景との比較

現在は，当時の面影がほとんどない．視点場や視対

第5章 ル・アーヴル・シリーズ　129

図3.51　ル・アーヴル・シリーズの景観

図3.52　ピサロが描いたル・アーヴル港のレプリカ

図3.56　ル・アーヴル港の監視塔

図3.53　埋めたてられた後の旅客ターミナル

図3.54　モネの「印象・日の出」のレプリカ

図3.55　ル・アーヴル港の駐車場

象の海岸線も変化している．このことから，絵画と実景を比較することはできない．

しかしながらピサロは，当時この港が埋め立てられるのを知っていて，ル・アーヴル・シリーズを描いている．記録として当時の港の光景を残すために描いたのである．「私の港のシリーズを見たがる収集家を待ち望んでいる．それは，歴史的，資料的見地から大変重要なものに思える．それらは，港を大きくするために，取り壊されそうになっている．それを取り壊してしまった後に，この絵は，大変重要なものとなる」[2]．この一文からもわかるようにピサロは，当時の港湾の状況を写実的に描いたものと推定される．

第6章
まとめ：パノラマ的な景観

　一般に画家は，1つの視点場から周囲を見渡しその中から「絵になる景観」を1つだけ選び，描いていく．あるいは，特徴的な視対象がある場合には，どこから見れば「絵になる景観」とすることができるのか，視対象の周辺を探し，最も相応しい視点場を見つけて，一枚の絵を描く．

　しかしながら視野は，通常360度に広がるのであるから，1つの視点場であっても1方向のみならず多方向の景観をみることが出来る．ピサロは，周囲をぐるりと見渡して，「絵になる景観」を各方向別に描いている．つまり，1つの視点場で何枚もの周囲の景観を描いている．

　ピサロは，同一の場所から描きつづけた理由をこのように手紙に記している．「……目を患い，もう外にでて絵を描くことができない．……従って，滞在のためにホテルやマンションの部屋を借りる場合，……心の中でモチーフが浮かぶ場所で……他の所よりも多くの絵が描くことのできる場所を選んだ」[2]．

　このような結果ピサロは，左右に広がる連続的な絵画，つまりパノラマ的景観を描くという新しい試みを行なうこととなった．このことは，ピサロが平面的に描く絵画から立体的な空間を描くことを，つまり絵画上の技法の開発を意識していたのではないかと，私は想像している．

　このことは，また，都市景観という立場から考察すると，視点場というものは，多様な方向が見えること，しかも多様な方向に見える構図のそれぞれが「絵になる景観」の特徴あるタイプを持っているということが，必要であることを示しているのではないかと考えている．さらに，そのような場所が実際には身近な都市内に存在しているということを，訴えかけているように思えてならない．

　ジョッチム・ピサロ[2]は，美学・美術史の立場から，ピサロがこのような連作を描いた理由として，次の4つをあげている．1) 外界の印象のはかなさ，季節の移り変わりによる印象の変化をその都度把握すること，2) モネが同じ構図でルーアン大聖堂にしばって時間の変化にともなう印象の連作を描いたこと，3) 版画家であったことから，版画は何枚もうることができるがそれぞれに印象は異なること，4) 新しい絵画の手法，新しい絵を描くことへの挑戦，などの4つの理由を述べている．

　また，ピサロ自身も，「モチーフというのは，私にとって関心のあることではない．……ある1つの場所で受ける印象の変化は，尽きることがないという事実である．芸術家がどんなに長く町や村に滞在したとしても……絶えず知らない雰囲気を発見するのである．……あるいはたとえ知っていたとしても，自分で表現したことがなかったり，うまく表現できていなかった主題を発見するのである」[2]と述べている．ピサロは，季節の変化，移ろいに絵画の主題を見いだしていたようである．がしかし，私の分析にみるように，視野を左にまたは右に動かすだけで，素材そのものには新たな画題が生まれ，それは連続的なものとなる．このことが，ピサロが視対象を必然的にパノラマ的に描いていることにつながったと把握されるのである．

　以上のようにピサロは，確かに，新しい試みを行なったと，私は考えている．

　さらに，パノラマ的な絵画は，季節を通して変化する光景をも，「絵になる景観」として，ものにしている．つまり，ピサロは，目に見える一瞬のものも逃さずに，すべてをキャンバスに残したようにも思う．描かれている都市の景観は，1日の気候や賑わいの変化，1年間の季節による変化に影響をうけるものであり，オールシーズンどの時間を切り取っても「絵になる景観」であることが，重要であることを指摘しているようである．つまり，ある視点場から見ている視対象が，例えば朝の景観しか耐えられない，あるいは夕

の景観しか耐えられない，あるいは春の景観，夏の景観，冬の景観しか耐えられないということでは，それはそれとして重要ではあるけれども，1年中通して視線に耐えうる景観であることが最も重要であると主張しているように思えるのである．

6.1 視点場

第1は，テュイルリー庭園などのような公園や広場，第2にはオペラ通り，モンマルトル大通り，サンラザール通りのような通りの交差点，第3には，セーヌ川などの河川沿い，第4にはディエップ港湾広場などのオープンスペースであり，これらのオープンスペースに面して見通しがきく場所に立地している建物の上階が，視点場となっている．要するに，オープンスペースに面した建物の上階のテラスが，視点場となっている．

視点場に近接している広場は，そのプロポーションD/Hを示すと，平均で2.34～4.3である．ルーアン・シリーズの旧高楼広場は2.68～3.77，サンラザール駅・シリーズのル・アーヴル広場は3.3～4.3，オペラ座通り・シリーズのテアトル・フランセ広場は1.8～2.0，芸術橋・シリーズのヴェールギャラン広場は3.3，ディエップ・シリーズのナショナル広場は2.34である．いずれも2～4の値であり，視点場周辺は，ゆったりとした空間であったことがわかる．

テュイルリー庭園の場合は15.7，である．セーヌ川南側・シリーズではセーヌ川の幅が100 m，川幅と両岸の建物高さとの割合は，D/Hは6～9である．

以上のように，パノラマ的な景観を与える視点場は，前面のオープンスペースが広いということが特徴であるといえよう．

6.2 パノラマ的な景観

オープンスペースに面した視点場は，左右90～180度の広い視野のパノラマ的景観を得ることができる．それらの景観タイプは，以下のようである．
1）河川沿いでは，対岸景，流軸景が同時に得られる視点場である．例えば，対岸の「河川とまちなみの景観」と「道路と河川のパースペクティブな景観」の軸景を見ることができる，あるいは「河川とまちなみの景観」の対岸景から再度，「道路と河川のパースペクティブな景観」へとパノラマ的に見ることができる，そのような景観が得られる視点場である．
2）道路交差点の視点場からは，「道路と建築のパースペクティブな景観」を道路方向別に見ることができ，かつ視点場に隣接した広場の賑わいをも同時に得るパノラマ的な景観を得ることができる．
3）港湾広場では，港の対岸景を見て，さらに目を右に移すと，軸景が得られる「港湾の景観」をパノラマ的に見ることができる視点場．
4）庭園広場の視点場からは，手前に見える近景の賑わいから中景，はるか遠くの遠景を含めたパノラマ的景観が得られる．また，左右に視線を移していくと，シンボリックな建物が含まれた市街地のまちなみの景観を連続して得ることができる．

ピサロは，以上のようなパノラマ的景観を得ることができる視点場を意識的に選んだ．

つまり視野の広がりが確保できる視点場であれば，パノラマ的景観が得られる．このことから，そのような場所は，パノラマ的景観を前提にして視点場空間を整備すべきであるということを，示唆しているものと考える．

6.3 視対象

視対象は，近景で建物，広場とその賑わいが見えることが重要である．

また，中景のまちなみに特徴があることが必要である．ディエップ・シリーズにおけるノートルダム・ボン・スクール教会，テュイルリー庭園シリーズのサント・クロチルド教会，ルーアン・シリーズのサン・スヴェ教会などの事例に見ることができるように，その絵画には，必ずといっていいほどシンボリックな教会の尖塔が中景の1 kmの範囲に配置されており，遠くに見える市街地のまちなみを引き締めている．通りの軸景を描くその通りの直線距離もまた，遠くて約1 kmの範囲内である．

つまり，市街地内の景観では，距離は，中景の距離景が重要であることがわかった．そのまちなみにある教会などの仰角は，10度以下である．通りのD/H＝0.4～2.6である．

ただ，ルーアンの大聖堂，ディエップのサン・ジャック教会を主たる視対象とする景観の場合は，近

表3.1 シリーズの季節,天候

シリーズ	天候	季節	時間
ルーアン	湿っぽい空気,霧,雨,太陽,曇天,濃霧,雨の後,日当たりの良い		朝,日の出,朝の5時,午後,日没
サンラザール駅	雪,雨		
モンマルトル大通り	濃霧,曇天,日光と霧,晴天,雨,晴れ	春,冬	朝,午後,日没,夜
オペラ座通り	雨,晴れ,霧の多い天気,濃霧,雪,晴天	冬,春	朝,午後
テュイルリー庭園	晴れ,雨の天気,雪,霧,曇天	春,冬,秋	朝,午後
芸術橋	晴天,晴れ,霧,雨,曇天,雪,霧	冬,3月	朝,午後
ヘンリー4世	晴れ,雨,霧	冬	朝,午後
ポンヌフ	晴れ,雨,濃霧,雪		午後
ヴォルテール河岸	曇天,晴れ	春	朝,午後
サン・ジャック教会	晴れ,縁日		朝,午後
ディエップ	低潮,高潮,晴れ,曇天		朝,午後
ル・アーヴル	高潮,晴れ,満ちてくる潮,霧		朝,午後

景にあり,仰角は,20~30度である.これは,「シンボリックな建造物を見る景観」の仰角である.

6.4 時候の変化

同一のフィジカルなまちなみの構図では,活発な生産や生活の都市活動を,1日の時間変化とともに描いたり,季節や天候による景観の変化とともに描いたりしている.つまり,都市景観に影響を与える要素の1つとして,都市におけるこれらの日常的な活動などの要素が必要であることを示唆している(表3.1).

6.5 距離などの定量指標の特徴

市街地のまちなみには,超近景,近景,中景の範囲が描かれている.超近景には,道路,建物,広場,近景には,河川,建物,港湾,橋など,中景には,まちなみが描かれている.

画角から判断すると,軸景などで市街地の景観を描いている場合は,対象を絞って描いていることがよく理解できる.逆に海辺,庭園などの広大なオープンスペースの場合には,画角が大きくなり,広さをより強調する構図となっていることがわかった.

参考文献

1) Richard R. Brettell : Pisarro and Pontoise, Yale University Press, 1990
2) Richard R. Brettell and Joachim Pissaro : The Impressionist and the City : Pisarro's Series Paintings, Yale University Press, 1992
3) Editions du P'tit Normand : Histoire de Rouen 1850-1900, Rouen, 1983
4) 宝木範義:パリ物語,新潮選書,1984
5) 鹿島茂:馬車が買いたい,白水社,1990
6) 饗庭孝男:パリ,歴史の風景,山川出版社,1997
7) 「19世紀欧米都市地図集成,第2集」柏書房,1993
8) ジャン・ロベール・ピット,高橋伸夫,手塚章訳:フランス文化と風景(上)(下),東洋書林,1998
9) 蜷川譲:フランス文学散歩,社会思想研究会出版部,1979
10) 萩島哲:風景画と都市景観,理工図書,1996
11) L.リッチ,C.スタンフィールド,幸田礼雅訳:ノルマンディ歴史紀行,新評論,1991
12) 島田紀夫:セーヌの印象派,小学館,1996
13) 気谷誠:風景画の病跡学,平凡社,1992

第IV部

モーリス・ユトリロが描いた絵画にみるパリ・モンマルトル地区の視点場と視対象

　モーリス・ユトリロは，パリ・モンマルトル地区という小さな地区のまちなみを様々な場所から繰り返し描いている．第IV部では，モーリス・ユトリロが描いた絵画の視点場や視対象について，調査した結果を述べよう．

　まず，私達の既往の研究である印象派絵画の分析によって得られた6つの典型景観の分類に従って，ユトリロの絵画の視点場，視対象の特徴を述べる．ユトリロは，サクレクール寺院に焦点を当てた「シンボリックな建造物の景観」，通りの軸方向を描いた「道路と建築のパースペクティブな景観」，下方のまちなみを俯瞰する「まちの全貌を見渡す景観」などの各景観タイプを数多く描いている．それぞれの景観タイプ別に視点場の特徴と視対象の特徴について，そして実景との比較についてふれてみよう．

　ついで，描かれた地区景観を技法という観点から整理し，さらにサクレクール寺院を見る仰角と視点場となっている交差点の空間特性について述べる．最後には，視点場間の関連を調べてユトリロの絵画を楽しむ散策ルートを提案し，そのルート上の景観がリズムをもつような，シークエンス的な景観がえられることを示そう．

第 1 章
モンマルトル地区の概要

　モンマルトル地区は，パリの北にある丘陵地に位置している（図4.1）．道路は，緩急さまざまな坂道や階段で構成され，狭く複雑である．丘の頂上に位置するサクレクール寺院は，はるか遠くから見ることができるパリのシンボル的存在である．そのことから，パリ市内各所からサクレクール寺院への眺望を確保するために，周辺の建物高さが制限されているという．このようにサクレクール寺院は，全市的な観点からの配慮もさることながら，モンマルトル地区にとっても重要な景観資源となっている[1]．正面を見るための広場があるし，狭い路地からもわずかに見え，変化に富んだ市街地景観の形成に寄与しており，サクレクール寺院の多様な景観を眺めることができる．

　このモンマルトル地区の様子は，数多くの画家によって描かれ[2]，数多くの作家によって文学作品にも取り上げられている[3]．

　モーリス・ユトリロ（1883-1955）もまた，モンマルトル地区の市街地の景観を数多く描いている．「モンマルトルの丘に生まれ，モンマルトルに育ち，モンマルトルで画家となり，モンマルトルの画家として逝った生粋の『丘っ子』だった．ユトリロは，モンマルトル以外の世界をほとんど知らず，また知ろうともしなかった．……ユトリロ以外にもモンマルトルを愛し，描いた画家は少なくないが，ここまでモンマルトルに徹した画家は他にはない．絵の中のモンマルトルは，ユトリロ以前とユトリロ以降に分かれると言ってもよく，ユトリロによってはじめてモンマルトルは，『モンマルトル』として生まれ変わったと言えよう」[4]．

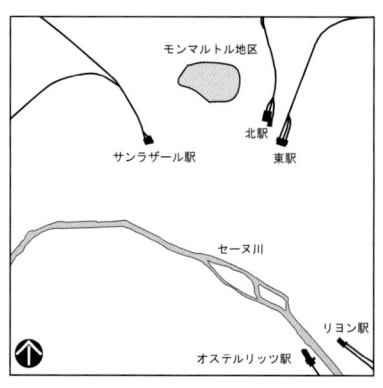

　モンマルトル地区には，「19世紀前半に北から入る場合，まず目に付くのはモンマルトルの丘に並ぶ風車……」[5]であった．風車は，古くは，数多く存在していたようで，ジョルジュ・ミシェル（1763-1843），テオドール・ジェリコー（1791-1824），カミーユ・コロー（1796-1875），フィンセント・ファン・ゴッホ（1853-1890）などによっても描かれた．もちろんユトリロも風車を描いた絵画を数多く残しており，また当時，3つの風車が存在していたことを示す絵画も残している．現在では，その内の2つの風車が残っており，これがモンマルトル地区のシンボルの1つとなっている．

　モンマルトル地区は，「石畳の小路が入り組み，建物で埋まっているが，オースマン改造期にパリに編入（1860）されるまでは，斜面にブドウ畑が広がり，風車が林立する郊外の村であった．……19世紀後半に入るや，わずか20年たらずの間にあたかも18世紀から1足とびに20世紀に移行するかのごとく，いっきょに近代都市パリに大変貌をとげる」[6]．モンマルトル地区は，1860年にパリに合併され，行政区がそれまでの12区から20区に再編され，今日に至っている．

　その後サクレクール寺院が完成した1919年からは，パリのシンボルとして多くの観光客を集める．サクレクール寺院は，普仏戦争（1870）の戦没者慰霊のために立てられたもので，1875年起工，1891年大半が出来あがり，献堂されていたが，一部が資金不足で完成は延期され，1919年にやっと完成している．設計者は，ポール・アバディ（1812-1884）．この教会

図4.1　モンマルトル地区の位置

図 4.2　サクレクール寺院(1)

図 4.3　モンマルトルの遠景

図 4.4　サクレクール寺院(2)

図 4.5　サクレクール寺院(3)

図 4.6　サクレクール寺院(4)

は，ビザンチン系ロマネスク教会のリバイバルといえる．白一色で仕上げられ，幅約 45 m，奥行き約 70 m，ドームの高さは約 80 m である．ルイ・シュバリエは，ヴィクトール・セルジュを引用して，「これは一種の擬似ヒンズー教的なかつブルジョア趣味の建築である」と，評している[3]（図 4.2～図 4.6）．

このモンマルトル地区の範囲は，文献によっては多様であるが[7]，ここで取り上げた範囲は，サクレクール寺院のある丘，パリの人々によって「ビュット」と呼ばれているモンマルトルの丘を中心とした区域であり，この区域は，おおむね 80～100 ha で，都市計画的観点から言えば近隣住区の規模に相当する．周囲は広い幅員の道路に囲まれているが，地区内は古い細街路が残り，狭く複雑な通りをもち，このことが変化のある景観を生み出している．この起伏の多い小地区ののぼりくねった石畳の道の市街地と小さな広場，これを描いたユトリロの絵画は，ミクロな地区景観を考える上で貴重な素材を提供している．第IV部では，この地域を調査対象としている．

モンマルトル地区へ行くには，地下鉄でアンヴェール駅かアベス駅，またはラマルクコーランクール駅で降りる．降りると，すでにサクレクール寺院を見るためにやってきている多くの観光客に出会う．

第2章

景観タイプ別の視点場, 視対象の特徴

表 4.1 景観タイプ別の視点場, 仰角, 距離

	絵画	地点	視点場（標高）	主対象（仰角）	サクレクール寺院が描かれていないが見える場所の仰角	距離	D/H
シンボリックな建造物の景観							
	「ムーラン・ド・ラ・ギャレット」1911, 1914, 1930, 1935, 1935, 1937, 1942, 1950, 1950	10	(105 m)	ムーラン・ド・ラ・ギャレット 21.8度			0.98
	「満艦飾のサクレクール」1919	13	広場に面した建物の上階（125 m）	サクレクール寺院 25.2度		200 m	4.11
道路と建築のパースペクティブな景観							
市街地のまちなみとともにサクレクール寺院を見る景観	「テルトル広場とサクレクール寺院」1913 「モンマルトルのテルトル広場」1915	13	広場内 広場周辺の道路上 (125 m)	サクレクール寺院 26.0度 テルトル広場		170 m	3.84
	「モンマルトルのサン・リュスティック通り」1911, 1935 「雪のサン・リュスティック通り」1940 「サクレクール寺院とサン・リュスティック通り」1950	12	5叉路の歩道上 広場 通りの建物の上階 (120 m)	サクレクール寺院 16.5度 サン・リュスティック通りの街並み		200 m 270 m	0.43
	「ノルヴァン通り」1912	11	5叉路近傍の歩道 (120 m)	サクレクール寺院 15.3度 ノルヴァン通りの街並み		250 m	0.49
	「モンマルトル, 雪のノルヴァン通り」1930 「モンマルトルのノルヴァン通り」1931		5叉路近傍 (120 m)	サクレクール寺院 15.3度 ノルヴァン通りの街並み		270 m	0.49
	「モンマルトル通り」1925 「モンマルトルのサクレクール」1940	14	交差点の小さな広場 (130 m)	サクレクール寺院 34.7度		120 m	0.51
	「モンマルトルのラブルヴォワール通り」1937, 1950	9	通りの歩道 (100 m) 5叉路のある広場	サクレクール寺院 12.4度		400 m 320 m	0.98
その他の市街地の景観	「ラパン・アジル」1910, 1913, 1916, 1917, 1919, 1931, 1931, 1932, 1938	7	4叉路にある広場 (100 m)	喫茶店 10.8度	21.6度	30 m 120 m	1.03
	「モンマルトルのキュスティーヌ通り」1909	5	6叉路にある広場 (100 m)	キュスティーヌ通りの街並み		200 m	0.88
	「アベス通り」1909-10	1	5叉路の交点の広場 (80 m)	アベス通りの街並み 12.9度		120 m	0.72
	「コタン小路」1911	4	交点の袋小路 (80 m)	コタン小路 15.9度		70 m	0.46
	「テルトル広場」1911-12	13	テルトル広場 (125 m)	テルトル広場			3.84
	「アトリエ座」1932	2	4叉路前の広場 (75 m)	アトリエ座 15.4度	②-③ 23.5度, 31.3度, 34.0度	40 m	0.47
	「モンマルトルのコルトー通り」1909 「コルトー通り」1916	8		8.7度	21.4度	100 m	0.56
まちの全貌を見渡す景観							
	「ミュレル通りのテラス」1909	3	6叉路にあるテラス (90〜95 m)	南方向, ポール・アルベール通りの街並み	③-④ 33.0度, 22.4度	220 m	0.84/ 0.42
	「モン・スニ通り」1910, 1915	6	階段の踊り場 5叉路の歩道 (105 m)	モン・スニ通りの街並み		300 m	0.48

第2章 景観タイプ別の視点場, 視対象の特徴　139

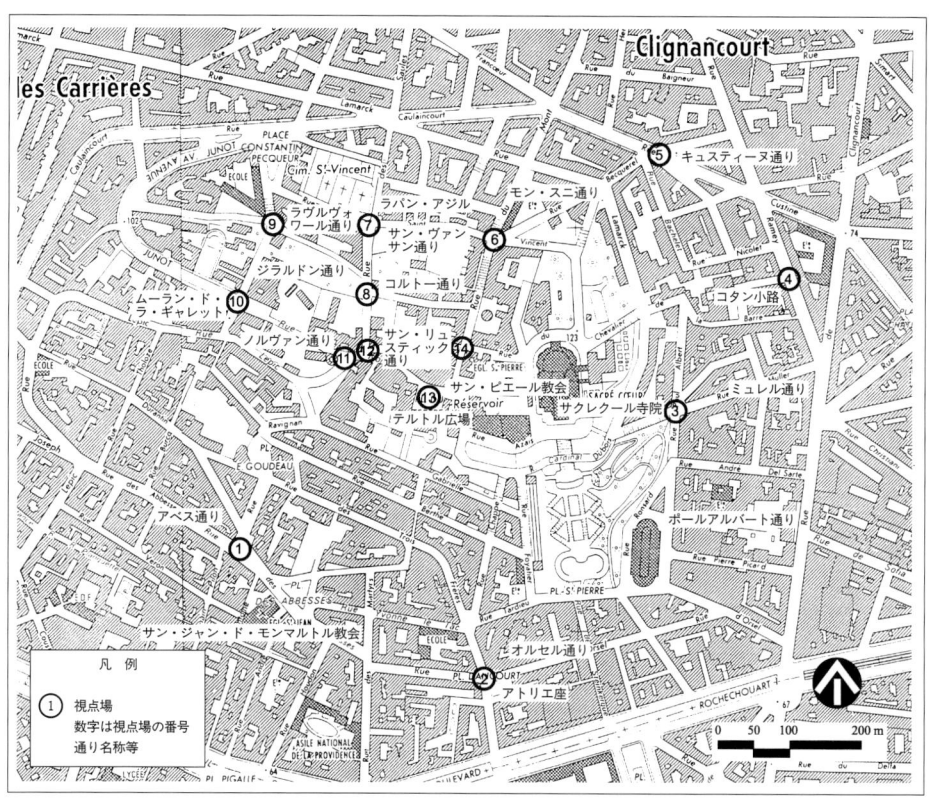

図4.7　視点場の位置

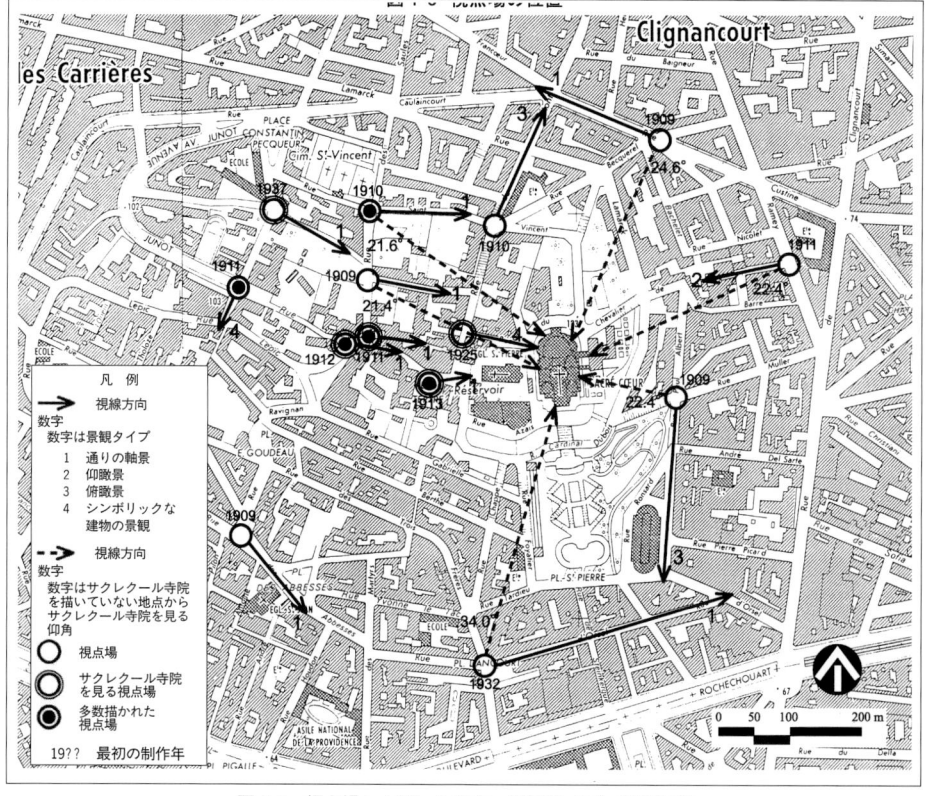

図4.8　視点場から描いた方向・景観タイプ・製作年等

図 4.9　ムーラン・ド・ラ・ギャレット

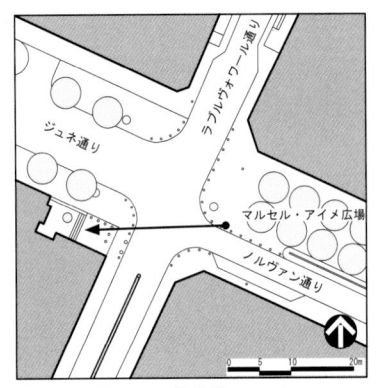

図 4.10　視点場 No.10

図 4.11　実景

図 4.12　満艦飾のサクレクール

市販されているユトリロの画集[9)10)11)]からモンマルトル地区を描いた 42 点の絵画を選び，視点場調査の対象とした．若い時期の絵画は，エネルギーあふれるタッチで描かれ迫力あるものが多いが，1930 年代以降の作品には，構図などではみるべきものはあるが，やや手抜きの作品が多いのも事実である．ここでピックアップした絵画は，モンマルトルをさまざまな地点から描いたものを網羅的に収集したもので，ユトリロの目からみたモンマルトル地区の「絵になる景観」が描かれている．この中から私は，視点場や視対象の特徴を読み取るように心がけている．

取り上げたユトリロの絵画の大半は，道路と建物の市街地の景観を描いた絵画で，モンマルトル地区の特徴を良く描いたものである．それぞれの絵画は，道路名または建物名が画題となっている．従って，通りの名称が入った道路地図によって位置を調べ，現地でその視点場を確認することができた，これによって空間を実測し視対象の特徴を調べることができ，42 点の絵画は，14 地点の視点場から描かれていることがわかった．その視点場と主対象までの距離を景観タイプ別にまとめたのが，表 4.1 である．また全視点場の位置を図 4.7，その視線の方向を図 4.8 に示す．各絵画を見る時にこの図を参照されたい．

2.1　シンボリックな建造物の景観

この景観タイプは，絵画のテーマとしてムーラン・ド・ラ・ギャレットとサクレクール寺院の 2 種のシンボリックな建造物に焦点を当てて描いた絵画であり，視点場と視対象は，容易に発見できた．

2.1.1　「ムーラン・ド・ラ・ギャレット」
　　　1911，1914，1930，1935，1935，1937，
　　　1942，1950，1950

9 点とも同じタイトルで，いずれもムーラン・ド・ラ・ギャレットの風車を見る景観が描かれている．そのうちの 1 点を図 4.9 に示す．同じ画題であり，構図もほぼ同じであるが，制作年によっては描かれた時の季節が異なっている．

これは，通常の市街地では見かけない石造の家並みの中に，木造でしかも風車という「コントラストの光景」が描かれている．しかも風車のほうが古くから存在した「歴史的な建造物」であり，それを描いているのである．実際，木造でつくられた風車は，現地で見

てみると，どう考えても貧弱である．

ここに描かれているような風車は，現在では2つしか残存しない．1つは，通りの角にあるレストランで活用されており，もう1つはムーラン・ド・ラ・ギャレットの看板が残る丘の林のなかにわずかに見えている．前者の風車を描いた視点場とみなされる位置を，図4.10に示す（地点10）．別の角度からこの風車を見ることができるが（図4.11），現在，この視点場と風車の間には建物が建っており，この位置からは風車を見ることが出来ない．後者の視点場は，北側にある辻広場か（仰角22.0度），あるいはルピック通りとトロズ通りの交差点内である．ただこの場所は，視点が低く（仰角37.0度），風車はわずかに見える程度である．

図4.10に示した視点場は，十字路内であるが，その一部はマルセル・アイメ広場となっている．この視点場から風車までの直線距離は，約50m程度である．非常に近い位置からやや仰ぎ見る角度で描かれており（仰角21.8度），シンボリックな建造物に焦点をあててこの絵を描いていることがわかる．

2.1.2 「満艦飾のサクレクール」1919

この絵は，テルトル広場に面した建物の上階のテラスを視点場として（地点13），そこから1919年三色旗で飾られたサクレクール寺院の完成の様子を見た景観を描いたものである（図4.12）．

普段に見るサクレクール寺院と，三色旗で飾られた時のサクレクール寺院の相違から生まれる「コントラスト」，周辺の街並みと，「白亜」の「丸い屋根」のサクレクール寺院との「コントラスト」を強調した景観を描いている．

テルトル広場は，矩形の広場で格子状に植樹がなされている（図4.13）．現在は，オープン・レストランとして利用されているが，その周囲の道路は，画家達が描いた様々な絵画の展示・販売スペースとなっている．人種もさまざま，いろとりどりの服装の観光客が多く，カラフルな衣服と展示された絵画の色とが，際立っている．ユトリロは，このテルトル広場から，後で示すように異なった構図を数枚描いている．広場をとりまく周辺の建物は，3階建ての高さで，1階は観光客相手の店舗となっている．視点場からサクレクール寺院までの距離は，約170m，サクレクール寺院との比高は，80mと推定され，仰角25.2度である．

2.1.3 まとめ

ユトリロは，モンマルトル地区で代表的な建造物で

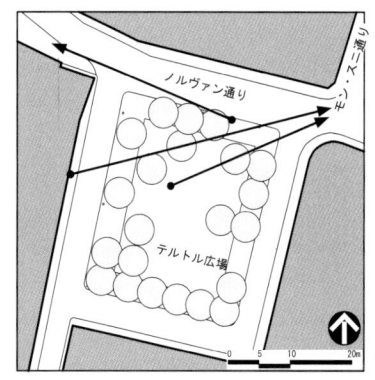

図4.13　視点場 No.13

あるムーラン・ド・ラ・ギャレットの風車とサクレクール寺院の2つのシンボリックな建造物を画面全体に描いている．視対象までの距離は短く，視対象である建物は，大きく見える．仰角は20度以上と大きい．視点場は広場であり，この広場からシンボリックな建物が見え，楽しめる空間になっていることがわかる．

2.2　道路と建築のパースペクティブな景観

この景観タイプは，両側の建物に囲まれた通りとその奥行きを見る景観である．ユトリロは，市街地内の通りを多く描いている．特にその中でも，さまざまな視点場から，まちなみと道路の奥にあるサクレクール寺院の丸い尖塔部分を見る景観を数多く描いている．このことは，サクレクール寺院が，モンマルトルの地区景観に，重要な役割を果たしていることを私達に，認識させる．

ユトリロは，モンマルトル地区のもう1つのスポットであるラパン・アジルの場合には，同一の視点場から繰り返し描いている．その他にも，通りの景観が描かれており，これらはいずれも「道路と建築のパースペクティブな景観」というものであった．

2.2.1　市街地のまちなみとともにサクレクール寺院を見る景観

以下の絵画は，サクレクール寺院が描かれたものであり，さらに画題に「通り」の名称が付されていることからもわかるように，その「通り」の景観が描かれている．通りや広場の名称は，パリ道路地図中に記載されており，その通りを歩きながら，サクレクール寺院の見え方さえ注意すれば，視点場は見つけることができる．テルトル広場，サン・リュスティック通り，

図4.14 テルトル広場とサクレクール寺院

図4.15 サクレクール寺院とサン・リュスティック通り

図4.16 実景

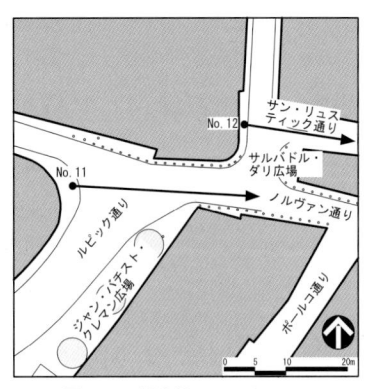

図4.17 視点場 No.11-No.12

ノルヴァン通り，ラブルヴォワール通りである．通りが長い場合は，その通りを踏破して探索することになる．

1）「テルトル広場とサクレクール寺院」1913,「モンマルトルのテルトル広場」1915,「モンマルトルのテルトル広場とサクレクール寺院」1918

上記3点の絵画の視点場は，いずれもテルトル広場内または広場周囲の道路上にあり（地点13），構図は同じである．この絵は，この視点場から，広場を前面に配して東方向にある，モン・スニ通りのまちなみの屋根の上にサクレクール寺院の尖塔がわずかに見える景観を描いている（図4.14）．

手前の家並みによってサクレクール寺院の「一部は隠されている」が，これを過ぎると圧倒的な規模で「丸い屋根」のサクレクール寺院が眼前に現れる．それを期待させる景観が描かれているのである．

テルトル広場の大きさは35m×45mである（図4.13）．その周囲の建物は3層で，広場の面積と周辺の建物の高さの割合もD/Hは，3.84であり，広場は，建物による圧迫感もない．視点場からサクレクール寺院までの距離は，170mで，比高83m，仰角26.0度である．この視点場からは，サクレクール寺院が大きく見えるが，手前の通りが主要な画題となっており，サクレクール寺院が，主要な画題とはなっていない．また，おおむね実景を描いていると判断されるが，現在は樹木が茂っているために，サクレクール寺院は，絵画のようには見えない．

2）「モンマルトルのサン・リュスティック通り」1911, 1935,「雪のサン・リュスティック通り」1940,「サクレクール寺院とサン・リュスティック通り」1950

上記の4点の絵画はいずれもが，狭いサン・リュスティック通り（幅員2.5～3m）の東方向のまちなみとその背後にわずかに見るサクレクール寺院をとらえた景観が描かれている（図4.15）．

サン・リュスティック通りは「道幅が狭く」，やや「曲がっており」，直接的には遠くまでは見通せないが，屋根の上に特長がある「丸い屋根のサクレクール寺院」がわずかに見える．この絵もまた，先に進めば「全貌の姿が現れるという期待感」を抱かせる景観を描いている．

実景を図4.16に示す．視点場は，サン・リュスティック通りの5叉路付近のサルバドル・ダリ広場にある（地点12）．きわめて小さなこの広場は，オープ

図4.18 ノルヴァン通り

図4.19 実景

ン・カフェテラスとして利用されている（図4.17）．広場も道路もいずれも水平ではなく，坂状である．床面は，石張りで，目地底は大きく歩きにくい．通りの両側の建物は4階建で，広いところで道路幅員は約6.5 m あるのだが，建物の高さに比べると道路は狭い．狭い道路であるにもかかわらず，さらに周辺の土産店がはみ出しており，多くの観光客で混雑している．視点場からサクレクール寺院までの距離は，200〜270 m であり，その比高は85 m，仰角は16.5度である．

3）「ノルヴァン通り」1912,「モンマルトル，雪のノルヴァン通り」1930,「モンマルトルのノルヴァン通り」1931

この3点の絵画は，ノルヴァン通りの東方向のまちなみと，まちなみの上部にサクレクール寺院の屋根をわずかに見た景観で，構図は同じである（図4.18）．

ノルヴァン通りも道幅は「狭く」，やや「曲がっており」，移動していくごとに「視線は変化」する．

その家並みの上には「丸い屋根」のサクレクール寺院がわずかに見え，私達の目を捉えて離さない．この通りは，この先を歩いて行けば，その「全貌が把握できるという期待感」を抱かせる．

実景を図4.19に示す．視点場は，坂道で5叉路となっている交差点上で，この部分は，歩道がやや広くなって（ソール通り）おり，その前には，ジャン・バチスト・クレマン広場がある（地点11）．先の図4.17に視点場の位置を示している．視点場からサクレクール寺院までの距離は，250〜270 m である．寺院の比高86 m，その仰角15.3度．

4）「モンマルトル通り」1925,「モンマルトルのサクレクール」1940

画題にある「モンマルトル通り」という通りは，モ

図4.20 モンマントルのサクレクール

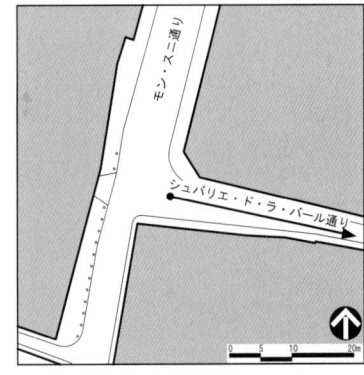

図4.21 視点場 No.14

図4.22 実景

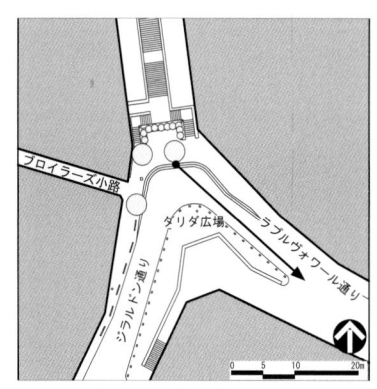

図 4.23 視点場 No. 9

図 4.24 モンマルトルのラブルヴォワール通り

図 4.25 実景

図 4.26 ラパン・アジル

ンマルトル地区にはない．この絵画は，モンマルトル地区の「通り」を描いたものである．この視点場は，簡単には特定できない．頼りは，描かれたサクレクール寺院の構図だけである．この視点場を探すには，周辺を十分に歩き見まわし，サクレクール寺院がどのように見えるか理解することが必要である．その後に，視点場を発見することができるのである．

モン・スニ通りから，東方向のシュバリエ・ド・ラ・バール通りとサクレクール寺院を見た景観である（図4.20）．モン・スニ通りとシュバリエ・ド・ラ・バール通りの3叉路の交点にある小さな辻広場が，この絵画の視点場である（地点14）．

ここでは，狭い通りの奥に，大きな「丸い屋根」のサクレクール寺院を手前の屋根の上に見る構図をとっている．「ビスタの先に，常に印象的で巨大な姿でそびえ視界を閉ざすその存在は，外套をまとった肥満漢のように愉快である．また人家の裏庭に強行着陸した気球のように並外れたスケールと魅力をもっている」[12]．

狭い道路にもかかわらず，観光客は多い．両側の建物は，すべて観光客相手の店舗である．視点場からサクレクール寺院までの距離は，約120 m である．サクレクール寺院全体を見るには，仰角34.7度となり，大きい．寺院の頂上までは，描かれず，描かれた寺院の比高は83 m，仰角30度と推定される．この場所からは（図4.21），サクレクール寺院は，大きすぎて一部分しか描き得ないのである．

図4.22は，実景であるが，広角で撮影したものである．絵画から判断すると，主題はシュバリエ・ド・ラ・バール通りのまちなみであると思われる．その通りの奥には寺院を配している．寺院の高さを強調する画面構成となってはいるが，寺院の全貌は見れず，それ故に寺院が主題ではないということが，このことからもわかる．

5）「モンマルトルのラブルヴォワール通り」
　　1937，1950

視点場は，ラブルヴォワール通りとジラルドン通りの4叉路にあるダリダ広場である（地点9）（図4.23）．北側は階段で下がり，他はいずれも上り坂となったやや広い通りで，幅員は11.5 m である．広場は，現在でも植栽がしてあるので，日光をさえぎる休憩のためのスペースとして活用されている．この絵画は，ラブルヴォワール通りの東方向のまちなみと，その奥にサクレクール寺院を見た景観が描かれたもので

ある（図 4.24）．

この絵画は，ラブルヴォワール通りが，右側にやや「曲がって」いく道の様子と，その先の家並みの上にわずかにサクレクール寺院の屋根が見える．

視点場からサクレクール寺院までの距離は，約 400 m で，これはユトリロの絵画の中では最も遠くからサクレクール寺院を描いたものであり，ラブルヴォワール通りの見通し距離は，やや曲がっているが約 120 m となっている．実景を図 4.25 に示す．サクレクール寺院との比高 103 m，仰角は 12.4 度である．

2.2.2　その他（市街地の通りの景観）

サクレクール寺院を描いていないが，通りの軸景を描いたものが，以下の絵画である．サン・ヴァンサン通り，キュスティーヌ通り，アベス通り，コタン小路，コルトー通り，テルトル広場，アトリエ座などである．これらに描かれたのは，サクレクール寺院からやや離れた地区の景観が多い．

1） 「ラパン・アジル」1910，1913，1916，1917，1919，1938，「雪のラパン・アジル」1931，1931，1932

ユトリロは，ラパン・アジル（はね兎）という喫茶店を繰り返し描いている．私が画集などで収集しただけでも 9 点あった．ここは，モンマルトル地区では，テルトル広場周辺と並んで観光客が多いスポットである．9 点いずれも，ラパン・アジル喫茶店を左手前に配して，やや中央あたりにマンションの建物とその右手にサン・ヴァンサン通りの軸景と葡萄畑の擁壁をみている景観の構図となっている．これらの絵は，構図は全く同じであるが，季節に応じた様子が数多く描かれている．事例として，そのうちの 1 点を図 4.26 に示す．ラパン・アジルは，当時の画家や作家，評論家などの溜まり場であったし，ユトリロもしばしば通っていた．

左側に描かれたソール通りは，その先に何があるかが見通せないが故に，見る者にその通りの奥にあるものを想像させる．また，右側のサン・ヴァンサン通りは，直線から先のほうでやや右に曲がっており，この「曲がって」見通せないが故に，その「通りの奥にあるものを期待させる」．

視点場は，ソール通りとサン・ヴァンサン通りの 4 叉路の交点にあるロラン・ドルジュレーズ広場の中にある（図 4.27）．交差点の通りは坂となっており，その路面は石畳となっており，その石の大きさ，その割り付け方ともに多様で，美しい．

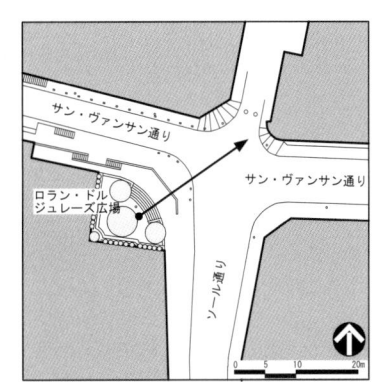

図 4.27　視点場 No. 7

図 4.28　実景

図 4.29　モンマルトルのキュスティーヌ通り

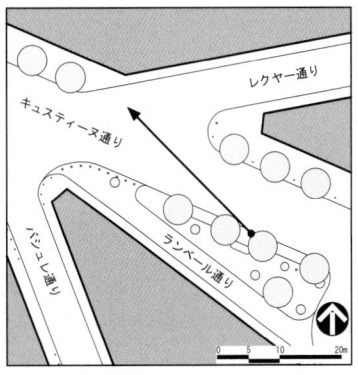

図 4.30　視点場 No. 5

図4.31 実景

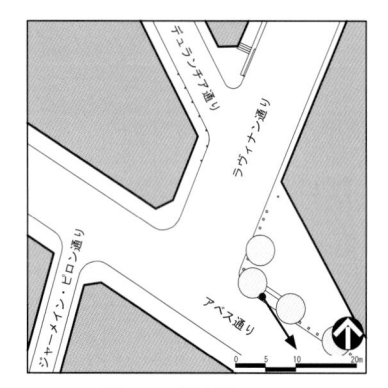

図4.32 視点場 No.1

図4.33 アベス通り

図4.34 実景

広場の前の歩道もやや坂になっており，一部階段で構成されている．広場はその通りよりやや高く，広場内でも若干の高低差があり，植樹されている．ユトリロは，この辻広場内で場所をいろいろ変えてキャンバスを立て，様々な角度からラパン・アジルを描いているのである．実景の写真を，図4.28に示す（地点7）．この視点場からラパン・アジルまでの距離は30m，比高8.6m，仰角10.8度，右側にあるサン・ヴァンサン通りの街並みの通りの距離は120mである．

実は，この視点場周辺からだと，サクレクール寺院を屋根越しに望むことができるのだが，ユトリロは寺院を描いていない．ただこの視点場からサクレクール寺院を見る仰角は，計測の結果21.6度である．

2）「モンマルトルのキュスティーヌ通り」1909

これは，キュスティーヌ通りとその両側のまちなみを見た景観である（図4.29）．

この通りは，「一目で奥まで見通せる」直線の道路で，その奥は3叉路となり左側にやや曲がりその建物の面が見える．

キュスティーヌ通りは，道路が広く（幅員19.5m），両側の歩道には並木の植栽がある．建物と道路の割合は，D/H＝0.88である．視点場は，キュスティーヌ通り，ランベール通り，バシュレ通りなどからなる6叉路の交差部分にある3角形状の広場である（地点5）（図4.30）．視点場から西方向のキュスティーヌ通りのまちなみを見通す距離は，約200mである．その先には，3叉路があり，そこには三角形の建物が見える．実景を図4.31に示す．

この視点場から南方向を見ると，家並みの上にサクレクール寺院を仰角24.6度でわずかにのぞむことができるが，ここでもまた，ユトリロはこの寺院を描いていない．

3）「アベス通り」1909-10

アベス通りとラヴィナン通りなどからなる5叉路の交点の広場が，この絵の視点場である（地点1）（図4.32）．この通りにも三角形の広場がある．ここには，このアベス通りからやや下る坂道の南東方向のアベス通りとその街並み，奥に赤っぽいレンガのサン・ジャン・ド・モンマルトル教会を比高23m，仰角12.9度で見た景観が描かれている（図4.33）．

この教会は，赤っぽい「色彩」と「形態」から周辺の建物からは際立って目立つシンボリックな建造物であり，視点場からはこの教会がアベス通りの「アイ・ストップ」となっている．さらに，アベス通りの奥は

図4.35 コタン小路

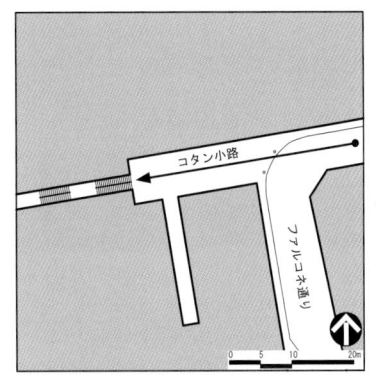

図4.36 視点場 No. 4

図4.37 実景

図4.38 テルトル広場

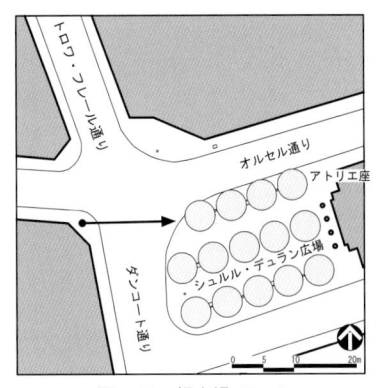

図4.39 視点場 No. 2

やや道が左方向に「曲がっており」，死角が出来ていることから，その先に「何かを期待させる」構図ともなっている．

実景を図4.34に示す．教会とその周辺は，当時の面影が残っている．教会の正面にはアベス広場があるが，この絵は，そこからは描かれない．仰角が24.7度と大きすぎるからである．視点場から見通すことの出来るアベス通りの街並みの距離は，直線の通りが120 mである．

4)「コタン小路」1911

コタン小路は，ポール・アルベール通りからラメ通りへ至る連絡通路である．この絵画は，狭い階段（幅1.5〜1.8 m）と両側の建物を見上げる仰観景となっている（図4.35）．

両側の建物と中央の階段で奥行きを「閉ざした」景観であるが，階段が最上段まで描かれているために，この絵もまた，階段を上りきった先には「何かがあることを期待させる」構図となっている．

この絵の視点場は，ラメ通りとコタン小路の交点となっているところである（地点4）（図4.36）．建物の高さと道路幅の割合をみると，D/Hは0.46である．人通りは少ない．実景を図4.37に示すが，現在も絵画と同じ景観である．ただ，左にはファルコネ通りがあるが，これは描かれていない．視点場から階段までの距離は，約70 mである．階段の最上段まで，比高20 m，仰角は15.9度である．

この視点からほんの少し下ると，実はサクレクール寺院を望むことができるが，ユトリロは，この絵画では階段の構図を選んで描いている．サクレクール寺院を望む仰角は，22.6度である．

5)「テルトル広場」1911-12

視点場は，テルトル広場内である（地点13）．この

図4.40 アトリエ座

図4.41 実景

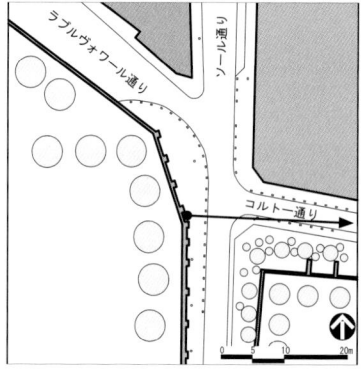

図4.42 視点場 No.8

図4.43 実景

図4.44 コルトー通り

絵画は，このテルトル広場（図4.13）から，サクレクール寺院方向とは反対方向（西方向）の，やや下り坂になっているノルヴァン通りと両側のまちなみを見る景観である（図4.38）.

この通りには，特にアイ・ストップとなるものはない．幅員の「狭い」「曲がった」道であり，曲がった道が視線を変化させる．

6）「アトリエ座」1932

アトリエ座は，かつてモンマルトル劇場と呼ばれており，現在では，アトリエ座またはシュルル・デュラン劇場ともいう．視点場は，アトリエ座の前のシュルル・デュラン広場またはオルセル通りとトロワ・フレール通りの4叉路である（地点2）（図4.39）．シュルル・デュラン広場には，格子状に植樹がなされている．描かれているのは，この地点からアトリエ座を近景に配置し，東方向のオルセル通りのまちなみを見た景観である（図4.40）.

アトリエ座がポイントであり，その前には広場が見える．正面のオルセル通りは，直線で「一目で奥まで見とおしが利く」通りを描いたものである．

実景を図4.41に示す．視点場からアトリエ座までの距離は40 m，比高11 m，仰角15.4度．見通せる通りの距離は330 mである．

この視点場から北方向を見ると，家並みの上にサクレクール寺院の塔が見える．その仰角は34.0度で，大きい．ユトリロは，この場合もサクレクール寺院を描いていない．

7）「モンマルトルのコルトー通り」1909，「コルトー通り」1916

この2つの作品の視点場は，コルトー通りとソール通りの交差点にある（地点8）（図4.42）．交差点は，坂になっており，石畳の割り付けも美しい．図

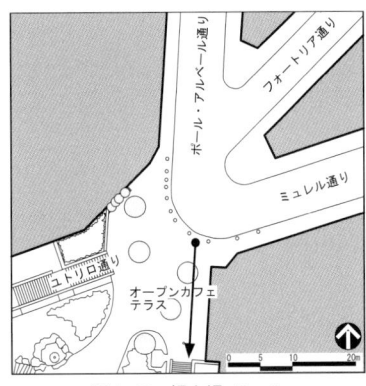

図 4.45 視点場 No. 3

図 4.46 ミュレル通りのテラス

図 4.47 実景

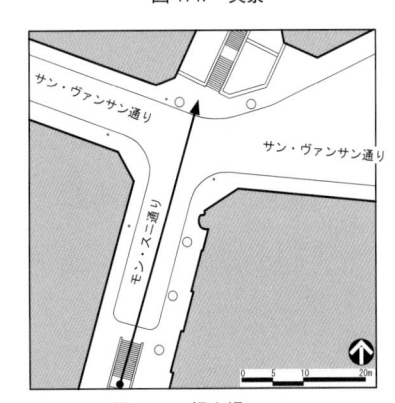

図 4.48 視点場 No. 6

図 4.49 モン・スニ通り

4.43 に実景を示す．通りの片側は，かつての擁壁の跡があり，また植栽がある．この視点場から，コルトー通りの左側の市街地と右側の擁壁を見た景観が描かれている（図 4.44）．ここから見通せるまちなみは，長さ約 100 m，見える建物の比高は 14.6 m，仰角は 8.7 度である．コルトー通り 12 番地は，かつてユトリロ一家が住んでいたところであり，絵画のように歩道も敷石もない狭い汚い通りであった．

この通りも，「やや曲がって」おり，完全には見とおしは利かないが，その奥に視線を誘導していくような構図をとって描いている．

この視点場からもサクレクール寺院は望むことができるのだが，この絵にもユトリロは描いていない．その仰角は，21.4 度である．

2.2.3 まとめ

ユトリロは，「道路と建築のパースペクティブな景観」を多く描き，大抵はその通りの奥には，アイ・ストップとしてわずかに見えるサクレクール寺院を配した．

以上の視点場は，いずれも複雑な道路の交差した各種の変形交差点，あるいはそれに面した小広場にあった．その視点場からは，やや曲がった狭い道路の奥にある家並みの上にサクレクール寺院がわずかに見える．曲がった狭い路の奥には，さらに何かが見えてくることを見ているものに期待させるものとなっている．

視点場から視対象まで見通すことのできる距離は，ほとんどが近景域 300 m 以内にあることがわかった．

仰角は，地点 13（テルトル広場），14（モン・スニ通りとシュバリエ・ド・ラ・バール通りの交差点）から通りとサクレクール寺院を望む場合を除けば，主な

図 4.50　実景

視対象との仰角は，10〜20度内に含まれている．また，描かれた通りを見る建物と道幅との関係 D/H で調べてみると，1.0以下となっている．

一方で，サクレクール寺院を望めるがそれを描いていない場合の仰角は，20度以上となっている．

つまり，仰角20度以下の場合だとサクレクール寺院はよく描かれているが，20度以上になると，構図が限定されていることがわかる．

2.3　まちの全貌を見渡す景観

これは，高い場所から市街地を見渡す景観であり，俯瞰景である．坂の多いモンマルトルの丘は，周辺市街地を見下ろす視点場が数多く存在している．ミュレル通り，モン・スニ通りなどの急な坂を階段で登り，踊り場で立ち止まっては振り返り，今きた階段とパリの市街地を見渡すことができる．そのような景観もユトリロは，描いている．

2.3.1　「ミュレル通りのテラス」1909

ミュレル通りのテラスは，ミュレル通りとポール・アルベール通りなどの6叉路の交点にある（地点3）（図4.45）．このテラスは，オープンのカフェテラスとして活用されている．そしてこの絵は，このテラスが，視点場となっている．このテラスから南方向のポール・アルベール通り（テラスから階段で下っている）の市街地を見下ろした景観が描かれているのである（図4.46）．実景を図4.47に示す．視点場からポール・アルベール通りの見とおし距離は，約220mである．

この絵は，前景に平面的なテラス，遠景にパリの複雑なまちなみを並べて見るという構図であり，これはいわば「併置」を強調しているものとなっている．

2.3.2　「モン・スニ通り」1910，1915

この絵画の視点場は，モン・スニ通りの階段の踊り場で，5叉路となっているところの歩道上にある（地点6）（図4.48）．この絵は，この地点から，北方向のサン・ヴァンサン通りとモン・スニ通りの交差部と，さらにガードレールの先の市街地を俯瞰した景観を描いたものである（図4.49）．

この絵画もまた，前景に平面的なテラス，遠景にパリの複雑なまちなみの「併置」を強調した構図となっている．

モン・スニ通りを下る階段は，素晴らしいデザインが施されており，踊り場は，立ち止まって下方を見るように，あるいは下から眺めれば踊り場が，舞台となるように設計されている．実景を図4.50に示す．視点場から見通せるモン・スニ通りの街並みまでの距離は，300mであり，はるかかなたにパリの市街地が望める．

以上のようにユトリロは，階段やテラスを視点場としてモンマルトルの市街地を俯瞰していたことがわかる．

2.4　まとめ

以上の調査結果をまとめると以下のようである．

1）視点場は，道路の変形交差点，あるいはそれに面した広場である．俯瞰景を描く視点場となっている場所は，階段またはテラスである．

2）視対象の景観タイプは，「道路と建築のパースペクティブな景観」と「まちの全貌を見渡す景観」である．

3）視点場から視対象までの距離は，30〜300m，近景の範囲である．地区景観では，この超近景，近景が中心になっていることがわかる．

4）全体として，市街地のまちなみを見る場合が10〜20度，ランドマークなどシンボリックな建造物を見る場合は20度以上となっている．

これらは，他の印象派の絵画の分析ともほぼ同様である．

第3章
絵画に描かれた景観技法の検討

ユトリロが描いた絵画から，以下のことが読み取れる．ユトリロは，地区の特長をよく把握して，「景観の技法の事例」[12]を「絵画」として描いている．

3.1 景観技法

3.1.1 視点場から奥まで一目で見通しのきく直線道路（長さ300 m）と，視線の変化を促す曲がった道路（長さ100〜150 m），狭い道路（2〜4 m幅員）

見とおしのきく道路は，見る人々に落ち着きをあたえるものであるし，見とおしが短い曲がった道は，継起的に新しく視野に入ってくる景観を期待させる．それに狭い道は，隣家からの私語も聞こえてきそうな秘密めいた雰囲気を与える．

そのような直線道路と曲がった道路など，「表通り」「裏通り」「路地」などの特長のある通りが適度に配置されていることが，変化に富んだ地区景観を生み出すのには必要となる．

ユトリロの絵には，そのような通りが描かれており，「表通り」では，キュスティーヌ通り，アベス通り，アトリエ座横のオルセル通りの直線道路が視対象として取り上げられている．「裏通り」としては，ラブルヴォワール通り，ラパン・アジル横のサン・ヴァンサン通り，コルトー通りが描かれている．幅員の狭い「路地」は，栗石で敷き詰められ両側には小さな店舗がぎっしりと並ぶ人々の生活感がにじみ出る景観が選ばれ，ノルヴァン通り，サン・リュスティック通りが描かれている．

3.1.2 視点場から見て道路の奥にアイ・ストップがあること

色彩，形態，歴史性，高さなど周辺の建築群に比べて際立っている建物は，居住者にとって街区のシンボル（またはランドマーク）となる．そのシンボルが通りの奥に配置される時，居住者や歩行者のアイ・ストップとなる．このことは，この街を歩く見知らぬ人にも分かりやすさを保証する．その時の奥までの距離は，事例から判断すると，300 m以内である．アベス通りのサン・ジャン・ド・モンマルトル教会，あるいはノルヴァン通りから見るサクレクール寺院，ラブルヴォワール通りから見るサクレクール寺院が，これに該当し，それがユトリロによって描かれている．

道路の奥に，直交する建物に限られると，囲まれた感じになるが，道路の行き先が，やや曲がっている場合，その建物の面が偏向して視野に入ってくるために，その前になにかがあると想像させられる（視点場から300 m以内）．アベス通りの直線道路から曲がった通り，キュスティーヌ通りの先の3叉路に面した建物などが，この場合の事例となる．

3.1.3 閉ざされた面の景，つまり見とおしが利かない壁面であるが一部が孔がある場合，または手前に遮蔽物（建物や樹木など）があって一部しかみえないがその全貌がすぐ後で見えること

前者は，コタン小路の場合である．両側の建物と中央にある階段路によって見とおしはきかない．しかしながら，階段の上部まで描かれているために，上った先に存在するものを想像させる．あるいは，階段の両側にある壁面にドアや窓が見え，その内部に存在するものを想像させる．

後者は，手前に低層の建物がある場合や木立がある場合でその向こう側まで行かないと，寺院の全貌を見ることが出来ない．木立をぬけると，突然眼前に迫る．間近な距離で劇的なインパクトを生み出すには，このように眺望を抑制することも必要である．テルトル広場からサクレクール寺院を見る場合やシュバリエ・ド・ラ・バール通りを過ぎるとすぐに，大きなサク

レクール寺院を見る場合などである．この場合，視点場からは100 m以内で仰角は30度以上となる．

3.1.4 コントラストと並置

日常と縁日，木造の風車と石造の建物の対極的で強い印象を与える対比は，居住者の生活にリズムを与えるし，そのような景観は，重要である．例えば，満艦飾のサクレクール寺院やムーラン・ド・ラ・ギャレットの景観である．

手前と奥のコントラスト，手前のオープンカフェでくつろぎながら遠景のごみごみしたまちなみを見やること，これの景観は，日常生活に慣れ親しんだ人々に，一時のカタルシスを与える．前景と遠景（中景が切断されて）の並置は，景観にとって重要である．例えば，ミュレル通りからの眺め，モン・スニ通りから見るパリの町並みなどである．

3.1.5 丸屋根

ゴードン・カレン[12]は，次のように指摘している．「ビスタの先に常に印象的で巨大な姿でそびえ視界を閉ざす．その存在は，外套をまとった肥満漢のように愉快である．また人家の裏庭に強行着陸した気球のように並外れたスケールと魅力をもっている」．これに完全に該当している絵画は，テルトル広場から見たサクレクール寺院であり，シュバリエ・ド・ラ・バール通りから見たサクレクール寺院である．一般に教会周辺の細い路地と低い建物の隙間から，スケール・アウトな教会を突如見てショックを受ける場合に該当する．仰角30度以上でみる場合に，該当する．しかしユトリロは，視対象にそこまで近づいては描かず，やや視線を引いて描いている．

以上のように，ユトリロは，地区の景観をよく把握して，それが表現できる視点場を選び描いていることが理解できる．すでに一般化されている技法だけれども，ユトリロの絵画を通して，以上5つの小地区の景観技法が描かれているのを見た．

3.2 建物を見る仰角

建物を見る仰角を地点ごとに調べてみよう．仰角は，視対象までの距離と視対象の高さの角度である

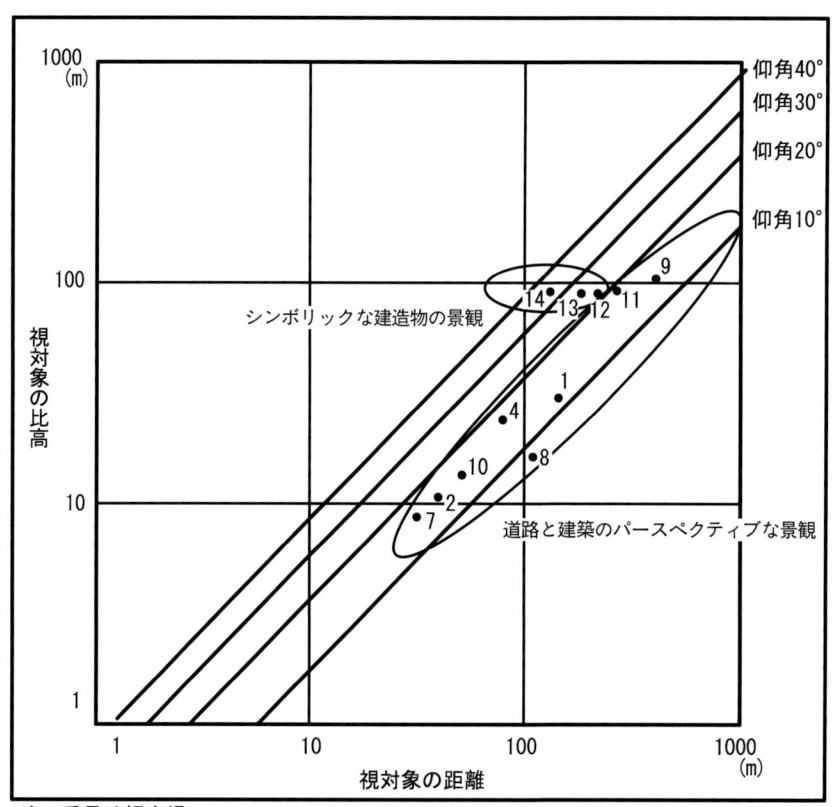

図4.51 視対象の仰角

(図4.51).

3.2.1 「道路と建築のパースペクティブな景観」の仰角

地点1では，サン・ジャン・ド・モンマルトル教会の仰角は12.9度，地点2ではアトリエ座を見るのに15.4度である．地点4では，コタンの階段を見るのに15.9度である．地点7のラパン・アジルを見る角度は，10.8度の仰角である．地点8では，コルトー通りが8.7度，地点9ではサクレクール寺院が描かれ12.4度，である．地点11では15.3度，地点12では16.5度でサクレクール寺院を見ている．いずれも仰角10～20度の範囲内で視対象を見ている．この仰角は，街中でアイ・ストップとなりうる建物の仰角についても言えることである．

一方，サクレクール寺院が見えるにもかかわらず，ユトリロが，サクレクール寺院を描いていない地点が6地点ある（図4.8）．その地点のサクレクール寺院との仰角を調べると，おおむね20度以上となっている．また，これらの地点では，通りの軸の奥にサクレクール寺院が見えるのではなく，建物の屋根の上にサクレクール寺院をみる構図が多くなっている．つまり，道路の奥に見える軸景の構図は少ないのである．

以上，通りの奥にシンボリックな建造物が見えることと，軸景としてそれを見る仰角が10～20度の範囲内にあることが，「道路と建築のパースペクティブな景観」を見る仰角として適当であると判断することができる．また，そのような観点でサクレクール寺院が描かれたと推定される．

3.2.2 「シンボリックな建造物を見る景観」の仰角

地点13, 14では，サクレクール寺院を見る仰角は，それぞれ25.2度，34.7度である．

前者の地点では，通りの奥にみるというよりサクレクール寺院のみを見る景観となっており，仰角も大きくなる．地点10では，風車を描いており，その仰角は21.8度，以上のことからシンボリックな建造物を見る景観の仰角は，20度以上となっていることがわかる．

後者は，描かれた寺院の部分の高さで推定したものである．これは，通りの軸景の奥に描かれたものではあるが，立ち止まってきちんと景観を見る場合の仰角と考えている．仰角が30度以上であり，しかも超近景から見る景観の場合に該当する．小さな路地から突如大きな寺院をみるのが，そのような仰角である．

以上のことを総合的に判断すると，20～30度がシンボリックな建造物の景観を見る場合の景観である．また30度以上の仰角の場合は，細い路地からシンボリックな建造物を見る景観となる．

これは，印象派の他の絵画の仰角の分析とも，一致している．

3.3 視点場の交差点と他の交差点との比較

モンマルトル地区の道路と交差点をリンクとノードで表現すると，全ノード数（交差点数）は，233個，全リンク数（各交差点を結ぶ道路数）は，345本である．交差点形状では3叉路が最も多く，平均道路幅員は10.5m，平均リンクの長さは55mである（表4.2）．見とおしの利く直線の平均道路距離は120mで，近景の範囲内の300mを超えるのは全体の7%に過ぎない．このことは，全体として見とおしの利く

表4.2 モンマントル地区の道路の概要

項目			反応数	構成比(%)
交差点形状	袋路	1	14	6
	曲路	2	34	15
	3叉路	3	120	52
	4叉路	4	50	21
	5叉路	5	10	4
	6叉路	6	5	2
	計		233	100
リンク長さ (m)	- 30		110	16
	31- 60		264	38
	61- 90		157	23
	91-120		84	12
	121-150		46	6.5
	151-180		26	4
	181-		3	0.5
	計		690	100
道路幅員 (m)	- 5		55	8
	5.1- 10		213	31
	10.1- 15		321	47
	15.1- 20		61	9
	20.1- 25		23	3
	25.1- 30		7	1
	30.1-		10	1
	計		690	100
見通し距離 (m)	- 50		123	18
	51-100		195	28
	101-150		152	22
	151-200		103	15
	201-250		42	6
	251-300		29	4
	301-350		16	2
	351-		30	5
	計		690	100

道路が少ないことを意味している．またこのことから，モンマルトル地区が，複雑で入り組んだ街路網で構成されていることがわかる．見とおしの利く直線の道路は，その通りを歩けば同様の景観がえられるのであり，道がやや曲がっているような道路の場合は，移動するごとに変化する景観が得られるのである．

そのうち，ユトリロがキャンバスをおいて描いた視点場はいずれも交差点であり，その数，つまりノード数は，14 である（図 4.52）．

モンマルトル地区全体のノードとユトリロが描いた視点場のノードの統計的比較を行なうと，ユトリロが絵を描く視点場は，5叉路のような形状の変形交差点が多い．その交差点の開放面積（交差点中心から30 m 以内の道，広場，空地などのオープンスペースの合計面積）をみると，ユトリロが選択した交差点の方が，他の交差点と比較した時に開放度は高い．両者には統計的な差が見いだせる．しかしリンクの長さ，平均見通し距離には，有意な差は見いだせない．

しかしながら，ユトリロによって，変形交差点のほうが視点場として特別に選択されていることが理解できる．その交差点は，開放度が高い．つまり視点場の平面図で見たように交差点には広場，辻広場が接しており，そのような場所がユトリロによって選択されていることがわかった．このような場所が，地区レベルの景観を描くのに活用されていることがわかる．

また，モンマルトル地区を構成している道路のネットワークの特徴を調べてみると，地形などの条件に左右されずに地点間相互の最短ルートを選択している地点が幾つかあり，それらの地点が，ユトリロが選んだ視点場と一致，もしくは近くの交差点に多いこともわかった．

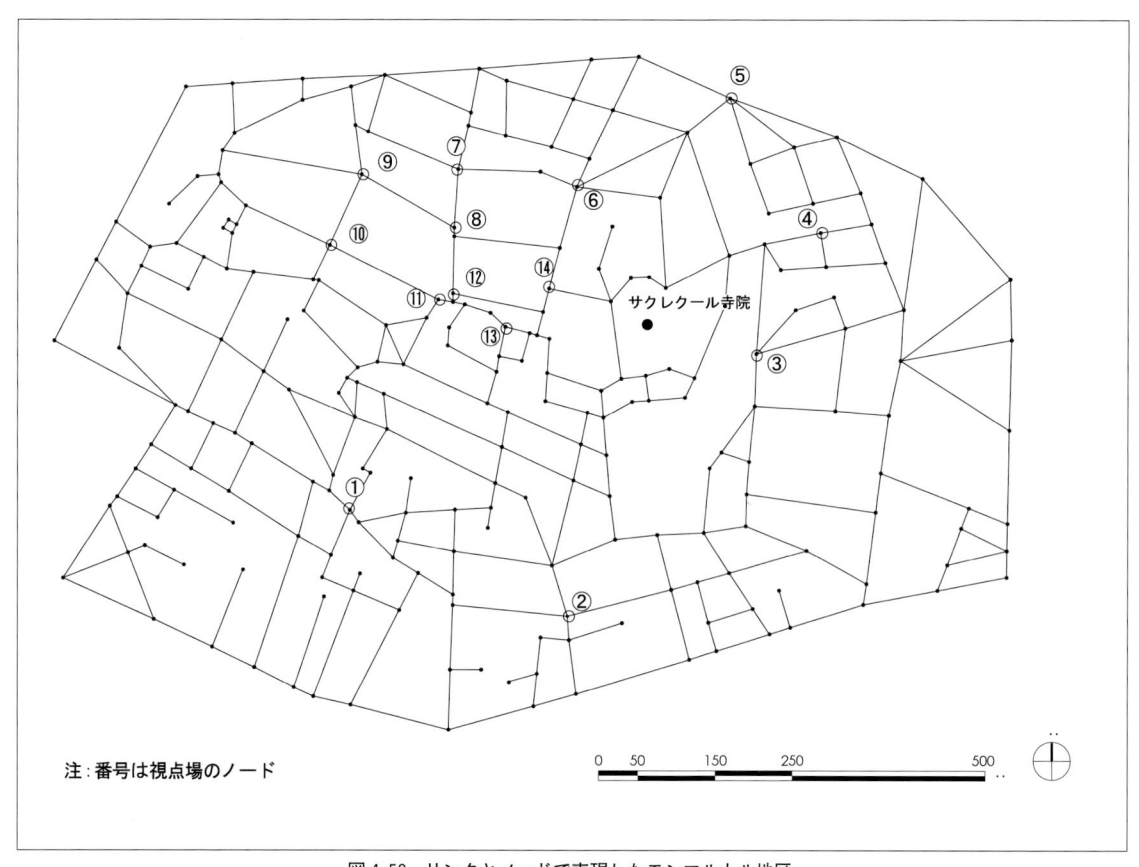

図 4.52 リンクとノードで表現したモンマルトル地区

第4章
散策ルートの提案

　サクレクール寺院を訪れる観光客が，ユトリロによって描かれた場所を探しそこに立ち，その構図を楽しんでいる光景をよく見かける．印象派を中心とした代表的な絵画の視点場を記載し，散策ルートを示した著作もある[13)14)]．

　ここで私は，ユトリロが描いた絵画のモンマルトル地区の視点場を辿るルートを提案しようと思う．モンマルトル地区は，下図の断面図に見るように，丘の頂

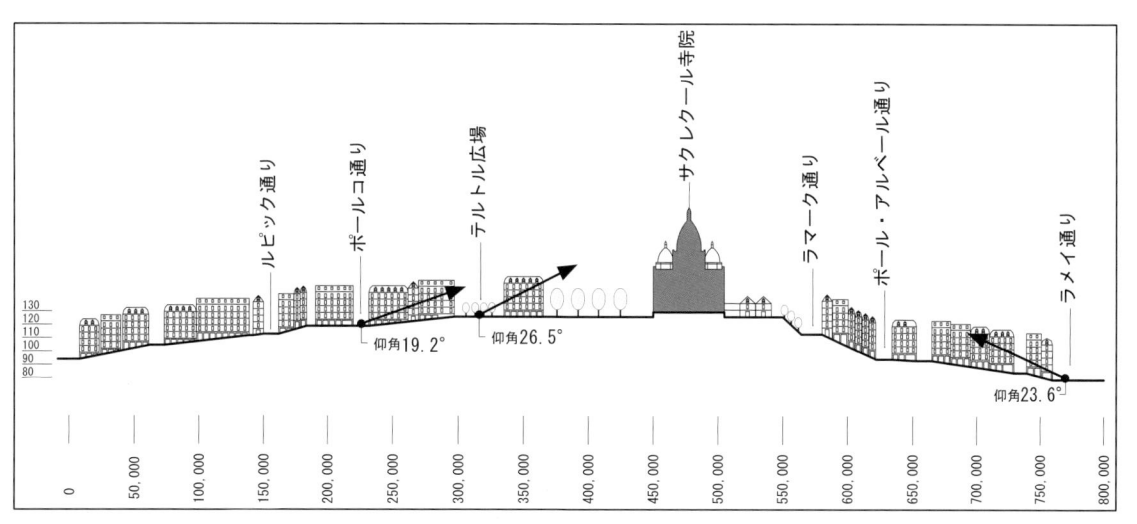

図4.53　モンマルトル地区の東西断面図

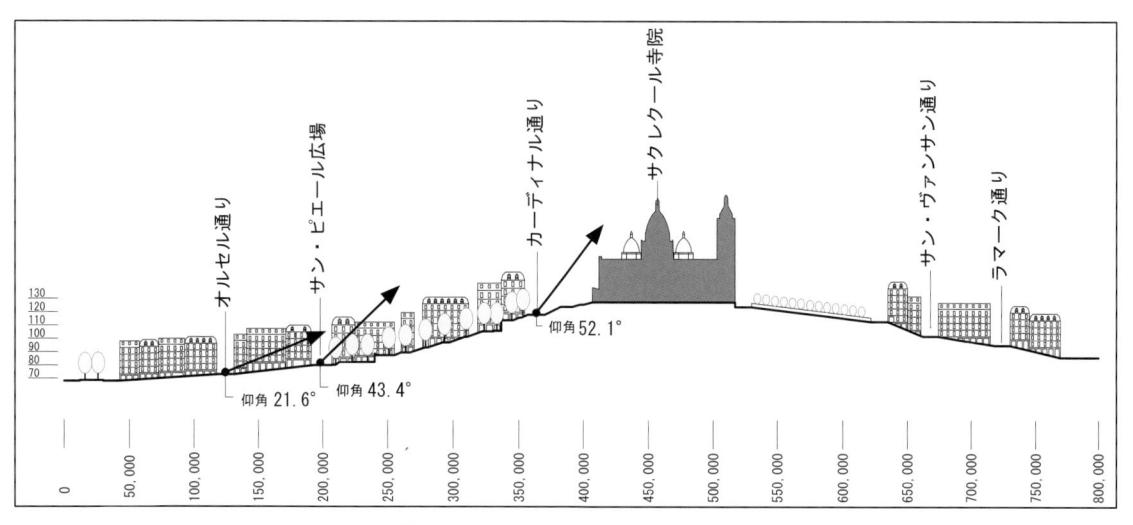

図4.54　モンマルトル地区の南北断面図

上にサクレクール寺院が位置しており、標高は約65〜130mの範囲にある．実際に歩いて見ると、急な坂や階段の通りも少なくない．ここでは、ルートの起伏を把握し、特徴ある視対象のリズム、焦点への高まりなどの観点から、検討する．参考までにモンマルトル地区の東西断面（図4.53）、南北断面（図4.54）を示している．

4.1 年代的な流れと視点場の標高

おおむね初期に描かれた絵画は、「道路と建築のパースペクティブな景観」の軸景や「まちの全貌を見渡す景観」の俯瞰景が多く、後期になるにつれて対象を絞った「シンボリックな建造物の景観」を描いたものが多くなる．

標高との関連では、標高が低い視点場（標高80〜90m）では「道路と建築のパースペクティブな景観」の構図をとっていることが多い．次第に高い標高に移行して、「俯瞰景」や「シンボリックな建造物の景観」（標高100m）を描き、ユトリロは、視点場の標高が100m以上になって、初めてサクレクール寺院を見る景観を描いていることがわかる．100m以下の標高の視点場からは、サクレクール寺院を描いていないし、正面からさえも描いていない．

先に仰角を調べたが、サクレクール寺院の建物の高さは高いので、低い場所からでは仰角が大きくなり、「絵になる景観」の視点場になりにくいのである．丘の頂上に至るには、低い周辺の大通りからアプローチすることになる．標高の低い地下鉄の駅に降り立つところから始まることになる．

4.2 視点場から視線方向を結ぶ散策ルートの提案

図4.7の視点場の分布図を見ると、視線方向と視点場の関連が想定される．つまり視点場から視対象方向へと伸びる視線あるいは最短の視点場を、道路沿いに

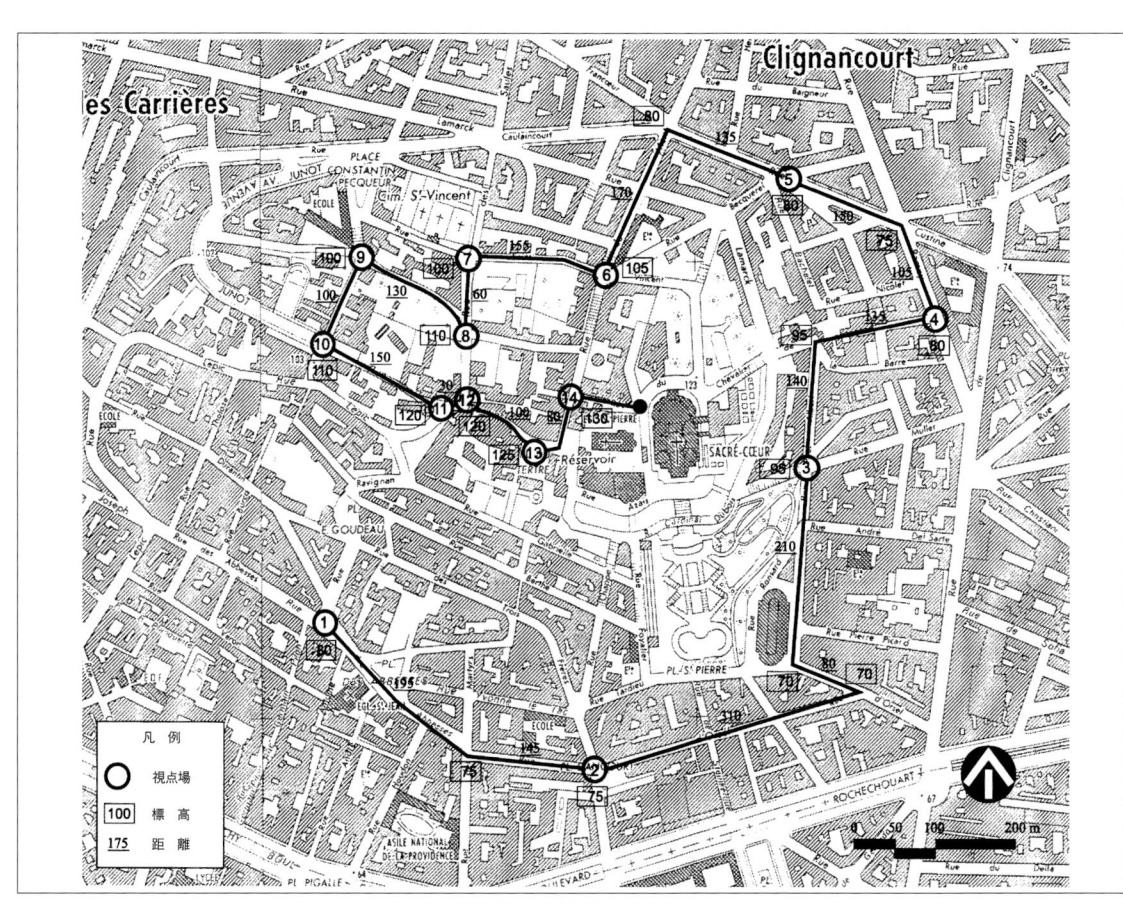

図4.55 視点場間のルート

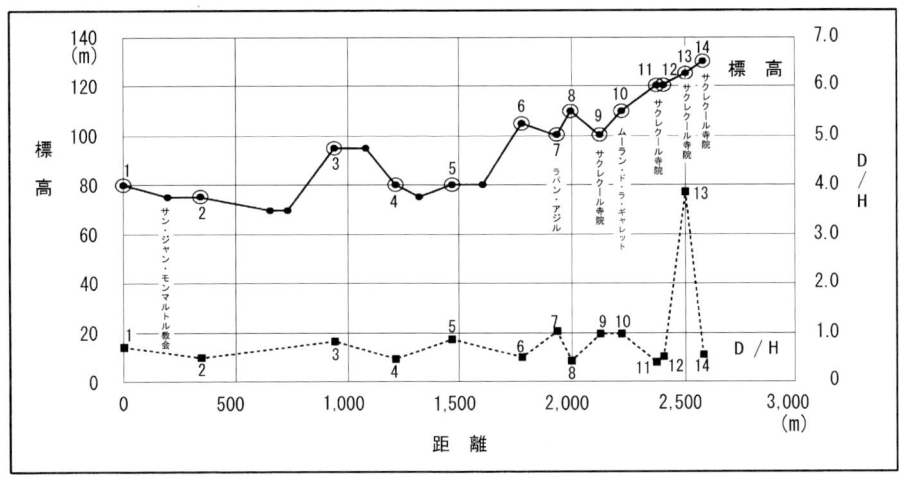

図4.56 視点場の標高と視点場間の距離

相互に結んだのが，図4.55である．そうすると，このルートは，ユトリロの絵画の実景を見る一筆書きの最短ルートとなる．

もし，このルート上で見る景観にリズムなどの特徴が見られれば，日本の庭園空間や神社境内を巡るシークエンス景観[15)16)17)]と類似した性質をうかがうことができる．このことは，ユトリロが描いた絵画の実景を歩きながら楽しむシークエンス的な景観をえることにつながる．

その標高の断面を示したのが，図4.56である．ルートの出発地点は，アベス通りであり，地下鉄の駅がある場所である．

以下に視点場相互の関連を調べてみよう．

4.2.1 視点場相互の距離のリズム

視点場は，先に見たように交差点で，周囲が見渡せる開放的空間である．視点場相互の距離を見ると，アベス通りから始まりその区間は200～300 mと長い距離になっており，後半になって70～150 mと短い距離となっている．この距離は，道路の通りを見る場合の奥行きを示すものでもある．つまり最初の視点場間の距離は長いが，徐々にその間隔は短くなり，開放空間の間隔が短くなるというリズムをもつ．軸景の奥行きもまたリズムをもつことがわかる．

図4.55に示す起点からサクレクール寺院までの経路の総長さは，約2.6 kmである．通常，散策距離は4 km，散策時間は1時間と言われている[14)]．これらのルートは，標高の差はあるけれど散策路の距離の範囲内にある．実際にゆっくりユトリロの絵画と照らしながら散策してみると，55分で歩くことができる．

4.2.2 標高のリズム

通りの標高の特徴を見ると，標高84 mのアベス通りから出発して，次の標高が75 mと下り，次が93 mと上がる，つまり，アップダウンを繰り返しながら，最後になるにつれて上がりが続き，モンマルトル地区で最も高い130 mのサクレクール寺院に至るのである（図4.56）．

最初はなだらかな路を歩み，上り，下りと道の傾斜が変化しながらその後は徐々に上るのである．

4.2.3 景観タイプと起伏のリズム

平地のなだらかな地形では，例えばアベス通りとオルセル通りをまっすぐに見る「道路と建築のパースペクティブな景観」の通りの軸景，坂を登る場合は（この坂はポール・アルベール通りである）登った後に振り返って「まちの全貌を見渡す景観」の俯瞰景で市街地を見渡す．次に坂を下れば（階段のコタン小路），また振り返って坂の階段を見上げる「仰瞰景」を見ることができる．

次にまた，なだらかな通りでは，通りの先を見る軸景となる．その後，坂を登れば（モン・スニ通り），また振り返って俯瞰景を見ることが出来る．最後は狭い路と曲がりくねった交差点を通りながら目標物に向かって上っていく．ここでは，狭い路の軸景の奥に突如としてシンボリックな建造物を見る景観が繰り返され，最後にサクレクール寺院を見ることになる．

以上述べたように，標高の起伏と景観タイプがリズムをもっていることがわかる．その中で，標高の起伏

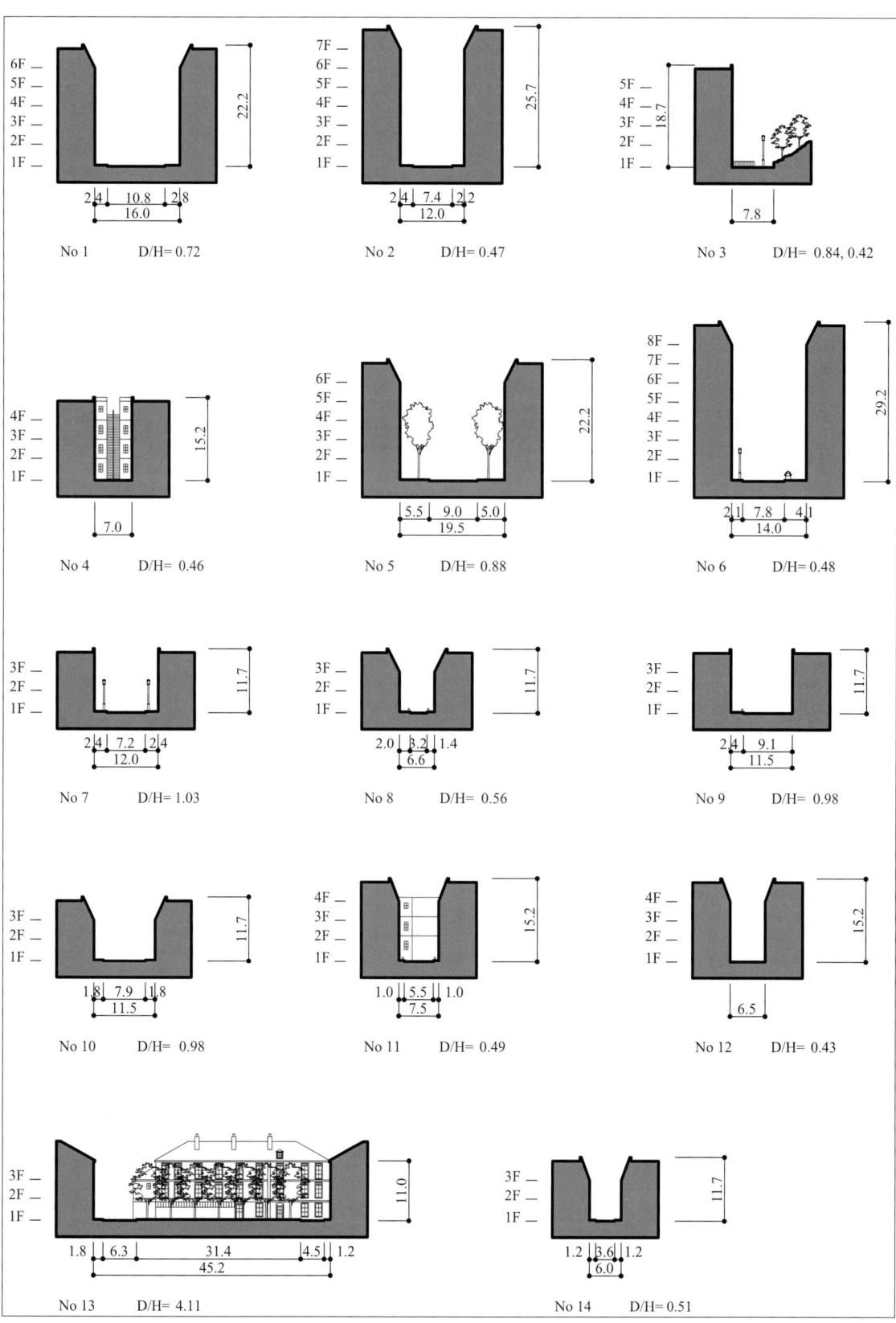

158　第Ⅳ部　モーリス・ユトリロが描いた絵画にみるパリ・モンマルトル地区の視点場と視対象

No 1　　D/H= 0.72

No 2　　D/H= 0.47

No 3　　D/H= 0.84, 0.42

No 4　　D/H= 0.46

No 5　　D/H= 0.88

No 6　　D/H= 0.48

No 7　　D/H= 1.03

No 8　　D/H= 0.56

No 9　　D/H= 0.98

No 10　　D/H= 0.98

No 11　　D/H= 0.49

No 12　　D/H= 0.43

No 13　　D/H= 4.11

No 14　　D/H= 0.51

図 4.57　通りの断面図

があるからこそ，見とおしの距離が短いモンマルトル地区においても，まちの全貌を見渡す景観を可能にしているのである．私達は，このモンマルトルの丘から，パリの市街地を見る眺望景観が可能であり，自ら立っているモンマルトルの位置を確認できるのである．

4.2.4 道路の幅員とD/Hのリズム（図4.57）

道路幅員の変化をアベス通りから見ると，最初は26.6 m，次に10.7 m，次に14.4 mというように道路の幅員が，広い，狭いと交互に出現し，そのことからもリズムが見いだせる．

道路と建物の関係（D/H）を調べると，D/H＝1以上の道路は1つしかない（地点7から地点8方向の道路）．1以下というのは，道路の幅員に比べて建物の高さが高いということである．

値が大きいのは開放的な道路であり，値が小さいのは閉鎖的な道路である．つまり狭い道路の両側に高い建物が面しているのがモンマルトルのまちなみの特徴であり，D/Hが1以下という数字がそれを示している．

アベス通りから順にその値（D/H）を調べてみると，0.98が2つのノードに続くこと，0.42，0.49と続くこと，この2ヵ所を除けば，0.72〜1.02と0.42〜0.47の値が交互に現れる．このことから，狭い道路でありながらも，閉鎖的道路と開放的道路が交互に出現するというリズム感が読み取れるのである．「人間は開放的な空間ばかりが続くと反応せず，閉鎖的な空間ばかりが続いても同様に反応しないが，開放的な空間から閉鎖的な空間へ，また閉鎖的な空間から開放的な空間と開放度の変化時点で反応するものである」[15]．ユトリロは，このように様々な都市空間を描いているが，それらの通りを結びつけていくと，連続したリズム感をもつルートが現れることがわかる．

4.3 まとめ

散策ルートとして提案した視点場と視線方向を最短で結ぶルートが，距離，標高，景観タイプにおいて一定のリズムを持っていることがわかった．結び付けられたルートの最後には，ユトリロが多く描いたサクレクール寺院の視点場へと収斂されていく．サクレクール寺院を中心としてユトリロの絵画は，描かれていたことがわかるし，モンマルトル地区の空間が，サクレクール寺院を中心に構成されていることも散策ルートをたどることによって明確にわかった．それは，低い標高の視点場から次第に高い標高の視点場に至り，最後に頂上に位置するサクレクール寺院を見る景観に至るのである．

通常の観光客は，まず最初にサクレクール寺院にいく．しかしながら「友人のアメリカ作家は，パリ滞在も終りに近づいた頃，何遍もモンマルトルを歩き回ったのに，まだ一度もサクレクール寺院に登っていないのに気づいて驚いた．……」[3]．そして最後に，この作家もまた，サクレクール寺院にいたるのである．つまり，ルイ・シュヴァリエもまた，周辺を十分に散策した後に，サクレクール寺院を見物することを推奨しているのである．

以上のことを総合的に判断すると，ユトリロが描いた絵画の視点場を結びサクレクール寺院の周囲を遠巻きに回りながら，最後にサクレクール寺院を見るに至る回遊ルートが想定され，それを散策コースとして整備していくことが可能で，そこではリズムのある散策コースが獲得できることがわかった．

第5章
シークエンス的な景観

　サクレクール寺院は，パリ市内全体のシンボリックな建造物として，かなり広域的範囲において景観資源としての役割を果たしている．

　一方で，サクレクール寺院が，モンマルトル地区の絵画で見たように，小地区レベルの狭い景観でもシンボリックな建造物の景観として重要な役割をもっていることを明らかにしてきた．また，「シンボリックな建造物の景観」，「道路と建築のパースペクティブな景観」，「まちの全貌を見渡す景観」の3つのタイプの構図が，地区レベルの景観として描かれ，モンマルトル地区の景観としても，十分に役割を果たしていることをみた．それぞれの現地調査による実景と絵画を比較して，その特徴を調べた．

5.1　視点場

　道路の交差点が，主たる視点場である．モンマルトルの交差点の形状は，複雑で曲線のものもあり，その交点は，4，5，6叉路となっている．当然ながらその交差点の前面にある広場も視点場となっている．交差点は，周囲がオープンであり，見とおしのきく開放的空間であることから，視点場として活用される．

　視点場となりうる具体的なタイプとして，そこは開放度の高い場所であることが条件で，1）道路の交差点，2）広場，3）階段の踊り場，4）建物の上階などが挙げられる．

5.2　視対象までの距離

　視点場からシンボリックな建造物までの距離は，100 m以内であり，通りの長さは，おおむね300 m以内で描かれている．つまり，近景の範囲である300 m以内の視対象が描かれている．この距離は，地区景観では重要な景観距離である．

　ただ注目すべきは，ユトリロが正面（南面）にあるサン・ピエール広場からサクレクール寺院を描いていないことである．サン・ピエール広場からサクレクール寺院の頂上を見る仰角は43.4度，距離は220 mである．建物を見る場合にはまだ可能な角度とは思われるが，「絵になる景観」としては，適切な角度ではないと思われる．つまり，丘の上に建つサクレクール寺院の高さに比べ，正面の広場の引きがまだ少ないとユトリロは，判断していると考えられるのである．

5.3　シークエンス的な景観

　まず，サクレクール寺院の周辺地区の比較的低い地区の市街地を眺めながら歩き，ついで，丘の上のサクレクール寺院がわずかに望める場所，あるいは突然奥に見える通りを行き，最後に，サクレクール寺院が最もよく見える場所，つまり仰角がよく確保される場所に達する，というシークエンス的な景観をもつ地区としてモンマルトル地区を把握することができた．

　これらの景観を眺める視点場空間は，相互に近接しており，1時間程度で人が回遊することができる距離となっている．しかもその各視点場は，開放的な空間であり，リズムをもつ通りで結ばれ，視線方向には特徴のある建物が必ず存在して視野にはいる，このような事柄が，各視点場をシークエンス的な景観の拠点となしうる要素であると考える．

　一般に絵画は，1つの視点場から1つの方向しか描き得ない．しかしながら，以上のように視点場を連続してたどってみると，一連のものとしての絵画の実景を得ることができる散策のコースとして設定でき，さらには地区のシークエンス的な景観が得られることが

わかった.

　以上の結果は，1つのシンボリックな建造物を中心に，その視点場を設定し，他の副次的な視対象を含めてネットワーク化し，散歩道などの整備を進めていけば，シークエンス景観を獲得することができるということを示している．今後シークエンス景観をつくりあげていく際に，これらの知見が適用されることが期待される．

　また，最初に述べたようにサクレクール寺院は，遠くからも見られうる景観資源ともなっている．つまり，「まちの全貌を見渡す景観」の一要素としても，活用されている．シンボリックな建造物は，このように広いスケールの空間でも活用され，分析してきたように小地区の景観資源としても活用されており，空間の各レベルで活用されていることがわかるのである．

参考文献

1) 千足伸行：コタン小路，千足伸行編集・解説：Vivant 15 ユトリロ，講談社，pp. 75-78，1996
2) 益田義信，熊瀬川紀，双葉十三郎：モンマルトル青春の画家達，新潮社，1986
3) ルイ・シュヴァリエ，河盛好蔵訳：歓楽と犯罪のモンマルトル，文藝春秋，1986
4) 千足伸行：都に雨が降るごとく……ユトリロとパリの憂愁，千足伸行監修：モーリス・ユトリロ展 1998-1999 カタログ，アート・ライフ，pp.19-26，1998
5) 鹿島茂：馬車が買いたい，白水社，1990
6) 饗庭孝男編：パリ・歴史の風景，山川出版社，1997
7) 井上輝夫，横江文憲，熊瀬川紀：ユトリロと古きよきパリ，新潮社，1985
8) 萩島哲：風景画と都市景観，理工図書，1996
9) 千足伸行編集・解説：Vivant 15 ユトリロ，講談社，1996
10) 千足伸行監修：モーリス・ユトリロ展 1998-1999 カタログ，アート・ライフ，1998
11) 井上靖，高階秀爾編：世界の名画20，ユトリロとモディリアーニ，中央公論社，1974
12) ゴードン・カレン，北原理雄訳：都市の景観，鹿島出版会，1975
13) Patty Lurie：Guide to Impressionist Paris, Robson, 1996
14) Julian More：Impressionist Paris, Pavilion, 1998
15) 材野博司：庭園から都市へ――シークエンスの日本，鹿島出版会，1997
16) 進士五十八：日本庭園の特質―様式・空間・景観―，東京農大出版会，1990
17) 伊藤ていじ・他：特集・日本の都市空間，建築文化，1963

第 V 部
「絵になる景観」を得るために

　いままで述べてきたヨーロッパの都市的風景画の特徴というのは，やはり画家達がそれぞれに個性のある景観要素を描いており，外界への関心事も多様であったというのが，これまで筆を進めてきた後の率直な感想である．

　確かに印象派の画家は，水辺に注目して光と色彩の関連に注目したのであるから，「河川とまちなみの景観」，「道路と河川のパースペクティブな景観」，「港湾の景観」など，水に関連した構図を多く描いていた．その結果，私が選んだ印象派の絵画もそのような絵画が多く含まれている．

　しかしながら一方で，印象派の代表的な画家の1人であるピサロは，市街地の道路や建築物のまちなみを中心に描いているし，印象派の影響が比較的少なくはあるが，ユトリロもまた，自ら住む近くの住宅地のまちなみを，繰り返し描いている．

　要するに，画家達が描いた都市景観は，その実景において優れたまちなみであった．それを如何なる時に「絵になる景観」としての構図を得ることができるのか，その視点場や視対象と視点場の関係などが，いままで実施してきた調査の中からわかってきたように思える．

図5.1　引きをもつシンボリックな建造物の景観

図5.2　引きのないサクレクール寺院を描いた事例

図5.3　引きのないシンボリックな建造物の景観（1）

図5.4　引きのないシンボリックな建造物の景観（2）

第1章
空間スケールに対応した景観タイプの創出

「絵になる景観」には，シンボリックな建造物景観つまり，単体の建築物などの狭い範囲の建築物景観，街区レベルの景観，地区レベルの景観，都市レベルの景観，それぞれの空間の広がりに対応した景観が存在しているし，それぞれに対応した指標，距離，仰角が存在している．

シンボリックな建造物は，ミクロ地区でも眺望の対象となるし，また，はるか遠くから見られる遠景の対象ともなる．こうしたそれぞれのスケールにおいてもシンボリックな建造物は，景観上優れている必要はある．各スケールの景観が，独立していると考えるべきではない．そこには，ミクロ的な景観を包括しながら，街区の景観，地区の景観，ひいては都市の景観というふうに各段階の小地区の景観を内含しながら，都市の景観へといたるのである．

例えば，パリのノートルダム大聖堂の場合は，「シンボリックな建造物の景観」として，前にある広場から見ても優れた景観を提供し，それを見る視点場がそこに存在している．さらに空間スケールが広がり，「道路と河川のパースペクティブな景観」や「河川とまちなみの景観」の中にあっても優れた景観を提供し，そのための視点場はやはり存在しているのである．つまりこの事例から，単体の建築物の景観として，さらには地区レベルの景観として，両方に活用されていることが，理解できる．このように景観要素，資源は，重層的に活用されうることが，きわめて重要なことが，この事例からわかる．

1.1　シンボリックな建造物の景観

1.1.1　引きをもつ建造物の場合
1）シンボリックな建造物は 300 m 以内の超近景または近景の距離景に位置する．
2）視対象の仰角：20～30 度

「シンボリックな建造物の景観」は，他に比べ最も近くから見る景観であり，しかも高い建造物が視対象となる．高い建造物をみるためには，高さに応じた引き，オープンスペースが必要となる．そこでは，歩きながらではなく，立ち止まってきちんと視対象の全体

像を見る，このことを目的とした空間が存在する．そのような要素を持ち合わせた空間が，「シンボリックな建造物の景観」の存在を保証するのである（図5.1参照）．

その場合，建造物までの距離は，仰角が優先され引きが決まることになる．その仰角の角度は，20～30度である．高くなれば，前庭の距離は長くなるが，その引く距離は，視対象から300m以上にはなりえない．あくまでも近景の範囲内に視点場はある．逆に前庭が広すぎると，前景が漠とした印象となり，望ましくないからである．

1.1.2　引きがない建造物の場合
1）シンボリックな建造物は100m以内の超近景の距離景に位置する．
2）視対象の仰角：30～45度

描かれた絵画の事例は少ない（図5.2）．仰角は30度以上である．建物の一部が手前の障害物で見えないで，規模の大きな丸い屋根の建造物の一部を，超近景で見る景観である．周辺の市街地のまちなみに比べ極端に規模が大きく，ダイナミックな景観を与える．モンマルトル地区のサクレクール寺院（図5.3），ルーアンの大聖堂，フィレンツェのドゥオーモ（図5.4）などシンボリックな建造物の一部を，すぐ近くの細い路地から見る景観である．

1.2　街区レベルの景観

1）300m以内距離景（近景）
2）奥に見えるアイ・ストップ，その視対象の仰角：10～20度

市街地内の通りを歩く．道は曲がりくねっている場合もある．道の両側には，建てこんだ建物がある．その奥に，時々アイ・ストップのような建物が見える．そのアイ・ストップは，100m以内の超近景に多い．そのような場合の仰角が，10～20度であり，そこから得られる景観が街区レベルの景観であるといえる（図5.5，図5.6）．

さらには，道路の奥まで一望できる直線道路も存在する．

細い路地や裏通りと広い目抜き通りのバランス良い配置が必要である．

図5.5　街区レベルの通りの景観（1）

図5.6　街区レベルの通りの景観（2）

図5.7　地区レベルの水辺景観（1）

図5.8　地区レベルの水辺景観（2）

図 5.9 都市レベルの景観（1）（近景，中景，遠景を含む）

図 5.10 都市レベルの景観（2）

図 5.11 港湾の景観（中景，遠景）

図 5.12 都市レベルの景観（3）（中景，遠景）

1.3 地区（校区）レベルの景観

1）距離景は 1 km 以内（中景）
2）視対象の仰角：5～10 度（中景）

　このスケールでは，河川の軸景や河川のまちなみを見る場合，通りの軸景を見る場合（D/H は 0.5～1.4）などである（図 5.7，図 5.8）．
　河川景観では，軸景では近景に橋が配置され，その河川幅は約 100 m 以内である．対岸景では，河川幅は 150 m である．従って，これらを見るとすれば，超近景での河川景観は少なく，近景から中景の範囲でよき景観が得られやすく，河川景観は，このレベルでよく活用されうる．
　中景までの距離景を見なければならないのであるから，視対象までの見通しの距離が十分にあること，そのような視対象を見ることのできる視点場が必要となる．

1.4 都市レベルの景観

　このスケールの景観は，広がりをもつものであるから，全体を見渡すという景観が主なものとなる．主要な指標は，以下の 2 つである．
1）距離景は，1～5 km 以遠まで含む
2）遠景要素の仰角 5 度程度

　市街地のまちなみを見る最遠距離は，視点場から約 2 km の遠景のものである（図 5.9，図 5.10）．それ以遠は，ほとんどないし，印象には残らない．しかもこのような遠景を含めたまちなみを画家が描く場合は，「まちの全貌を見渡す景観」，「港湾の景観」（図 5.11）と「河川とまちなみの景観」（図 5.12）の 2 タイプの場合であり，それ以外にはない．これら遠景を活用する場合，都市を特徴づけるスカイラインが重要なポイントとなる．まちなみや丘陵地，山並み，海辺が主な要素となり，その仰角は 5 度程度での活用となる．一方，市街地空間を分節化する海辺や緑地の位置では，俯角は，約 5 度である．
　通常の「まちの全貌を見渡す景観」タイプでも，近景と 1 km 以内の中景が景観の主要素である．

1.5 視点場

「絵になる景観」を得ることのできる視点場は，市街地の交差点の場合が多く，特に変形の交差点である．

また，曲がり角，これは道路の場合も，河川の場合も，共通して視点場となっている．視点場空間の開放性は高い．ともすれば，現代では，道路や河川の整備を直角の十字路や直線で行なうことが多いが，この交差点及びその周辺空間の活用が必要で，整備する時には特に工夫が求められるところである．視点場の前面あるいは隣接している広場のD/Hについてみると，1.8〜5.0である．

「まちの全貌を見渡す景観」の視点場は，市街地内の高層階の上階，あるいは近郊の丘陵地である．

1.6 道路の断面，河川断面の考え

シンボリックな建造物を中心として，半径1km範囲内に存在する道路や河川の保全整備を行ない，「絵になる景観」に活用する．つまり，河川とともにシンボリックな建造物を見たり，通りとともにシンボリックな建造物を見ることができるように整備するのである．その際には，道路の断面や河川断面（D/H）について配慮し，良く見通しがきくようにすることが必要となる．

第2章
景観形成基本計画への適用－6つの景観を創る

絵画を1枚1枚見ていると，個別に特徴がうかがえるのであるが，フィジカルな側面をみていくと，仰角，距離などにいくつかの共通性が見いだせる．

この共通性の存在を考慮すれば，「絵になる景観」を，都市の中に作ることができる．1つは，上のような視点場を系統的に整備することによって，2つは，視点場から視対象方向に距離景別に構成要素を配置することによって，である．

印象派の都市的景観の分析結果を実現していくためには，さしあたりは地方自治体で策定し，実施されている景観形成基本計画の中に適用することが必要である．景観形成基本計画とは，都市計画に関する1つの重要な部門の計画である．

いままで策定されてきた景観形成基本計画の特徴を示すと，1）土地利用のゾーンの区分，あるいは行政区に応じて景観形成の方針が提示されていること，2）景観形成のための財政基盤が弱いために，都市計画事業と関連した項目が多く表示され，願望として記載されている場合が少なくないこと，3）景観資源の「保全」という観点が強くそれに関連する項目が，図面の中に多く記載されていること，具体的には，山並み，緑地や河川の保全そして伝統的なまちなみの保全などが記載されており，景観形成が，「環境保全」という観点で把握されていること，などの特徴が見受けられる．

いずれも，必要な事柄であるが，視覚的な理由によって，つまり純粋に景観論的な論拠によって計画されている項目・事例は比較的少ない．環境と相互に関連しているとは言え，「環境保全計画」と景観形成基本計画との区別が明確でない計画も多く，結局は，都市計画の事業を中心にした計画が多いことが特徴となっている．

さて，景観形成基本計画は，1）現況図（景観資源図），2）課題図，3）計画・方針図，4）重点地区図（現況・課題・計画）での4つで構成され，それぞれの図面には文書が含まれると私は考えている．この4点セットで景観形成基本計画は立案される必要がある．事実，多くの策定している自治体もこのような構成で立案している．それぞれの図面に私の今回の「絵になる景観」の分析結果をいかに反映させたらよいであろうか．以下に1つの事例を示そう．

2.1 現況図への適用

現況図には，潜在的なものを含めて景観資源マップを作成することである．「絵になる景観」の分析によると，その自治体での視点場，視対象の現況の把握が必要であることがわかった．

視点場は，道路の交差点，広場，オープンスペース，河川の湾曲部や道路の曲がり角，あるいは郊外の丘陵地，または市街地内の高層の上階にある．

視対象は，シンボリックな建造物，高層の建物，河川，山並み，直線道路と両側の建物の割合が例えば1/1の道路などである．山並みは，市域外の高いも

のも検討対象となる．

その都市の現況調査から上記の地点が，景観を考える上での資源となるもので，まずこれらを，地図上にピックアップすることが必要である．これらは，視点場，視対象として可能性を含んだ場所であり，そのままではすぐに活用できないものも，もちろん，含まれてはいるが，いずれにせよ，両者は，景観資源の現況として位置付けられるものであり，視点場，視対象のインデックスによって現況図に描き込まれることとなる．

2.2 課題図への適用

6つの景観タイプ別に，視点場ごとに，各要素の可視領域のシミュレーション分析を行なう．

例えば「まちの全貌を見渡す景観」のシミュレーション分析では，山並みや高層建物の上階を視点場として，周囲360度を見渡し，距離景ごとに各要素が適切な俯角で可視であるかどうかを計測して，視点場の可能性を評価することになる．同時に，視対象側の保全ゾーン，再整備ゾーンの可能性を評価することとする．

両者の可能性を検討した上で，さらには周辺の状況に照らし合わせて視点場として活用できるかどうかを判定することになるのである．また視点場からの被可視ゾーンが保全可能な領域であるかどうかということを実体調査を通じて明らかにする．

以上の分析をへて，「絵になる景観」となるような視点場の整備課題，視対象の整備課題を指摘することとなる．

2.3 計画・方針図への適用

「まちの全貌を見渡す景観」，「シンボリックな建造物の景観」，「道路と建築のパースペクティブな景観」，「河川と道路のパースペクティブな景観」，「河川とまちなみの景観」，「港湾の景観」の景観タイプ別に，視点場と視対象の保全，整備を行なう方針を提示することになる．

例えば，視点場の整備については，市街地内の交差点，広場，公園，曲線の河川や道路の曲点，橋，丘陵地，高層建物の上階などが，整備の対象になるかもしれない．その際には，当然ながら絵になる景観の条件を満たしている視点場であること，適切な仰角・俯角をもつこと，あるいは視点場から見られる視対象が将来ともに保全されること，などが必要である．さらには，視点場相互の関連を結びつけるルートの発見・整備なども計画方針に提示することが必要となる．

視対象の整備については，河川，橋，直線道路，山並みの保全などをゾーンとして整備する方針を提示する．これも，当然ながら視点場が将来ともに保全されていくことが前提である．

一方で，現況では視点場，視対象としては存在しないけれども，将来的に視点場が整備されれば，「絵になる景観」となる視対象が存在すれば，その視点場は整備の対象となる．視点場が存在しており，視対象の整備が進めば，「絵になる景観」がえられるとすれば，視対象は整備の対象となる．

逆に，視点場，視対象ともに，「絵になる景観」として有効ではあるが，将来にわたって開発・改変の可能性が高ければ，それの対応の方針が提示されることが必要となる．

2.4 重点地区計画図への適用

重点的に整備されるべき地区としてあげられる場所は，見とおしのきく道路や河川の景観整備が，重点地区として採用されやすい．

1) その自治体で代表的な景観が望める視点場．自治体のいわば「顔」を見る視点場である．そして，重要なのは，その周辺を含めた整備である．例えば，道路の各種の交差点およびその近傍の詳細設計が必要となるであろう．あるいは，河川空間の視点場の設計も重点課題となる．

2) 河川周辺を含めた整備である．河川周辺の整備は，景観上多くの影響を与えるものである．「河川と道路の景観」「河川とまちなみの景観」などである．具体的には，河川沿いに建つ建築物の景観上の重要性，橋梁，河川沿いオープンスペースの景観上の重要性などである．視点場ともなるし，視対象にもなるのである．それらを活用するような整備計画が必要である．

2.5　景観規制のあり方

　道路沿い，河川沿いは，通常は，見通しのきく空間であり，この見通しのきく視線の延長線上にシンボリックな建造物が見える．おおむねその範囲は，中景の範囲にある．従って，道路や河川沿いの見通しを阻害するような行為は，規制すべきであり，そのための制度は，つくるべきである．河川沿い，幹線道路沿い，広場周辺などは，これをゾーンとして規制することも考えてよい．

　しかし，全体をゾーンとして景観コントロールはやるべきでないと考える．どの地域，どの地区からもシンボリックな建造物は，見える必要はないし，事実，どの場所からも見えるということはありえない．シンボリックな建造物が，どこからでも見えなければならないという議論は無意味で，広い範囲の規制ゾーンを設ける意味はない．

　シンボリックな建造物は，奥にわずかに見えることもあり，歩きながら突然眼前に現れることもあり，真正面に見えることもある．あるいは遠くに見えるまちなみの中にシンボリックなスカイラインを強調するものとして見える場合もある．

　シンボリックな建造物を見る視点場は，多様な場所にあるので，視点場を選択して規制すべきである．そのために規制はあるべきであるし，そのような視点場が整備されるべきである．

　まちなみの保全に関して言うならば，そのスケールは，近景の範囲にすべきで，近景のゾーンでのコントロールを考えるべきである．

　もちろん，生活環境を整備するという観点から規制していくことも必要であると考える．

参考文献

1）　清水正行：地方自治体の景観マスタープラン策定手法に関する研究，学位論文（九州大学），2002

あとがき

　振り返ってみると視点場の最初の現地調査は，1994年オランダのヴァールで開催された「コンピューターを用いた都市計画意思決定支援システムに関する国際会議」に出席し，同時にヨーロッパの再開発の動向やテクノポリスの動向調査を行なうための海外出張の時であった．大分大学の佐藤誠治教授，有馬隆文助手（当時大分大学）と同行し，そのスケジュールなどのアレンジを両先生にお願いしたもので，その時に立ち寄った都市が，実は印象派の画家達が描いた都市であったのである．絵画の調査という明確な意識はなかったが，すでに印象派を中心にした絵画分析を手がけており，ロンドン，パリ，オスロに行き，たまたま描かれた通りに立って絵画の実景を確認できたことに，感動を覚えたことを記憶している．「ああ！これは，ムンクが描いたカールヨハンス通りだ！」．このようにして私の景観調査は，スタートしたのである．

　その後，ある時は学位論文作成の指導のために海外の資料収集・調査を行なった際に，ある時は絵画を見ながら実景を見たいという衝動に駆られて海外調査にと，絵画が描かれた視点場調査を短期間行ないながら，視点場の調査地点数を増やしていった．その後，これまでの調査実績を踏まえ，目的を明確にして科研の申請を行ない，2000年4月から4年間，本格的な視点場調査を行なう機会を得ることができた．

　景観に関連して現在まで行なってきた海外調査の実績は，次頁の表のとおりであるが，表にしてまとめると，ヨーロッパを訪問した回数，延日数はそう多くない．その中で，多くの都市の調査を行なっており，如何にハードな調査をしたかが理解される．

　最初は，絵画に描かれた都市を訪問し，観光案内所（ｉ）で関連の資料を収集し，描かれた場所を目視で確認し，視点場周辺のスケッチ，視対象について写真撮影を行なった．また，絵画と実景を比べてより詳細に視点場を探索，発見した視点場空間の特徴を写真撮影した．コローが描いた「マントの風景」と「ラ・ロシェル港」の構図は，実景と全く同じであることを見いだし，これをきっかけにして，この調査を本格的にかつ継続的に行ないたいという欲求にかられた．その後，視点場空間の計測を行ない，視点場のもっている空間特性を把握しはじめた．

　その間，他の絵画の視点場発見に関心を持ちはじめ，画集を収集してユトリロの絵画とピサロの絵画についての集中的な調査も実施した．主な文献は，パリのルーヴル美術館，オルセ美術館，オンフルールのブーダン美術館，ロンドンの大英博物館，テート・ギャラリー，ナショナル・ギャラリーなどのブックショップで買い求めた．またイタリアでは，小さな町の書店でカナレットの本を買い求めたが，芸術・絵画に関する資料が豊富なことに驚いた．

　調査を実施するごとに印象ぶかい景観を発見することはできたし，絵画以外にも記憶に残るできごとも経験することができた．特に2002年になってからのパリの地下鉄でのスリの横行，強奪には恐れ入った．地下鉄への階段を下る時，チケットを購入する時，改札を通る時，ホームに入る時，列車に乗る時，列車を降りる時，そして降りてから階段を上る時，つまり地下へ降りる時から地上にでるまで一瞬の油断もできない．それも子どもから，女性，若者，大人だれを見ても警戒しなければならないのである．

　一方で，地図の収集を行なった．本格的に視点場周辺の官製地図を収集したのは，1998年，出口隆氏（当時（財）北九州都市協会会長）の学位論文調査に関連して，イギリスにレンガ造によるアーチ橋

梁の調査に同行した時からである．同氏は，古地図から現在の官製地図，日本から世界各国の地図の仕組みまでとその博識さについて敬服している方である．そのような氏から，地図収集のノウハウの一部を学んだ．ロンドンのコベントガーデンのすぐ近くにスタンフォードというマップハウスがあることを紹介していただいた．そこで初めて，イギリスとフランスの官製地図のパンフレットを手に入れた．これによって，官製地図の仕組みがわかり，日本からでも地図の発注が可能であることもわかった．

さて，この景観調査には，表に示すように多くの同行者，研究協力者が存在している．協力者には，スケジュールの作成，詳細な調査日程，宿泊，調査に必要な機具などの計画・準備とそれに現地調査に直接携わってもらった．調査の回数も増えてくると，私達は，旅行計画を立案してホテルや列車のチケットの予約などの旅行全般から，視点場調査に関する直接的なノウハウまで蓄積している．

以上の調査旅費は，科研と委任経理金（旭硝子財団，鹿島学術振興財団などによる研究助成），それ

年	月日	景観調査を実施した国（都市）	同行者，研究協力者	主たる目的
1994	8月10日～25日	イギリス（ロンドン），フランス（パリ），ノルウェー（オスロ），他	佐藤誠治（大分大学），有馬隆文（大分大学）	国際会議出席
1995	3月4日～12日	フランス（パリ，シャルトル，マント，ラ・ロシェル，ドゥーエ，ルーアン，他）	萩島理（九州大学）	景観調査
	6月20日～28日	スイス（ジュネーヴ，他），リヒテンシュタイン，フランス（ベルファースト）	トニー・コーラー（スイス・バーゼル大学），伊藤善雄夫妻（ほしの屋）	建築・景観調査
1996	8月17日～25日	中国（長沙，岳陽，湘潭－湘瀟八景，他）	趙世晨（九州大学），竹村正典（北九州都市協会），他	国際共同研究のための調査
	12月21日～29日	イタリア（ローマ，ナルニ，ヴォルテッラ，フィレンツェ，他）	井口勝文（竹中工務店），鵤心治（九州大学），他	井口勝文氏の学位論文のための調査
1997	8月25日～9月2日	イギリス（ロンドン，ソールズベリー，他）	堀友義（北九州都市協会），鵤心治（九州大学）	国際会議出席
1998	8月17日～25日	イギリス（ロンドン，ダラム，バーナード・キャッスル，リッチモンド，ウェイクフィールド，サフォーク，他）	出口隆（北九州都市協会），佐谷宣昭（九州大学），出口淳（桜護謨）	出口隆氏の学位論文のための調査
1999	5月11日～21日	フランス（パリ，シャルトル，マント，ラ・ロシェル，ドゥーエ，ルーアン，ディエップ，他）	鵤心治（九州大学），村上正浩（九州大学）	景観調査
2000	8月22日～9月1日	フランス（パリ，マルセイユ，アヴィニョン，アルル，ル・アーヴル，オンフルール，ソワソン，他），オランダ（デルフト，ドルドレヒト，ザーンダム），ベルギー（アントワープ）	黒瀬重幸（福岡大学－オランダのみ），村上正浩（九州大学），小林正純（九州大学）	景観調査
	9月20日～10月16日	フランス（パリ，ルーアン，他），イタリア（ローマ，ヴェネツィア，ヴォルテッラ，フィレンツェ，ジェノヴァ），オランダ（デルフト，ドルドレヒト，ザーンダム），ベルギー（アントワープ）	黒瀬重幸（福岡大学），鵤心治（山口大学），有馬隆文（九州大学），村上正浩（九州大学），小林正純（九州大学），井口勝文（京都造形芸術大学－イタリアのみ）	景観調査
2001	6月19日～29日	フランス（パリ，ラ・ロシェル，サン・ロー，モレ，他），イギリス（ロンドン），スイス（ジュネーヴ），イタリア（ラベンナ）	有馬隆文（九州大学），村上正浩（九州大学）	景観調査
	8月17日～25日	イギリス（ロンドン，ダラム，バーナード・キャッスル，リッチモンド，ウェイクフィールド，ソールズベリー，ハンプトン・コート，他），ノルウェー（オスロ，ベルゲン）	有馬隆文（九州大学），村上正浩（九州大学）	景観調査
	10月25日～11月3日	イタリア（ヴェネツィア，他），フランス（マルセイユ，モレ，他）	有馬隆文（九州大学），村上正浩（九州大学），福田太郎（九州大学），宮城光行（九州大学）	景観調査

注：括弧内は当時の職場

に（財）北九州都市協会のご協力によっている．助成を戴いた機関に対しては，心からの謝意を表したい．

　当初は，自分で実景をすべて撮影していた．しかしながら私自身が撮影しだすと，他の協力者に迅速で的確な指示がだせないために，調査に時間がかかりすぎることになった．現場監督は，指示に徹することが有効であることが，本格的調査に入ってからわかったのである．本書に掲載した写真は，主に有馬隆文九大助教授が三脚を設置してデジタル・カメラで撮影したものである．有馬助教授は，周囲にいる多数の観光客がいようといまいと全く気にかけることなく，肩にかけた三脚をおもむろに取り出し，そして何気なくセットし，当然のように視対象及び視点場周辺のパノラマ写真の撮影を開始するのである．本書に掲載した大半の写真は，その成果である．一部には，大貝彰豊橋技術科学大学助教授（ドレスデンの調査），鳩心治山口大学助教授が撮影した写真と，それに私が撮影した写真も若干含まれている．

　実施調査のスケジュール作成，それに現地でのさまざまな機器を使っての計測調査，その資料の収集整理，そして本書に掲載している図表などの作成・アレンジは，私のところで非常勤学術研究員（九大独自の制度）をしてくれた村上正浩氏（現工学院大学講師）の献身的な作業によっている．村上氏は，1/100,000の地図（IGN）中から，絵画に描かれた教会を発見するという離れ業の持ち主でもある．

　坂井猛九大助教授，清水正幸氏（清水設計）には，断面図，平面図など一部の調査結果の清書をお願いした．また，事務補佐員の矢野亜希子さんには，文章の詳細なチェック，地名・画題のスペルチェックや教会に関する資料収集それに図表の作成をお願いした．

　竹沢尚一郎九大教授（宗教人類学）には，フランスの社会事情や動向など貴重な示唆をいただいた．土居義岳芸工大教授には，フランスの地名の一部の日本語読みを教授いただいた．

　他にいくつかの研究プロジェクトも同時並行で進行しており，このような趣味的研究を推進するためには，それなりの時間が必要で，雑用その他に対応してくれたのは出口敦助教授，趙世晨助教授である．

　その他に，ハードなスケジュールで現地調査に協力していただいた先生方，それに研究室の院生の諸氏には，心より感謝する次第である．

　最後に温かく激励していただいた同僚の先生方には，心からの感謝を申し上げる．以上，特記して謝意を表するものである．

　私の現在の関心事であるが，カナレットの手になるヴェネツィアの景観，シスレーによるモレ・シュル・ロワンの景観を何とかしたいと考えているし，ノルウェーのダールなど多くの画家によって描かれたドレスデンというまちにも関心を持ってきた．また広重の東海道五十三次の絵画についての議論も，けりをつけたいと考えている．時間が取れず作業ができないのが残念である．

　さて，私事であるが，とうとう最近は酒を飲む回数，量とも減少してきた．学生に太刀打ちできなくなりつつあるのが，残念である．もうこれは，若い先生方にまかせるしかない．しかしながら時には，はめをはずすこともあり，相変わらず「エコー」「ほしの屋」にはお世話になっている．私も年を取ったのと同様に彼女や親父達も年をとっているわけで，健康であることを祈らずにはいられない．

　本書は，私の還暦に合わせて出版されるもので，先輩，同僚，教え子の支援によるもので，心から御礼申し上げる次第である．本書の内容が対価になっているかどうか分からないが，贈りたい．

　また妻寿美子も黙って見守ってくれたことに感謝したい．本当にありがたいと思っている．

2002年10月20日

本書で掲載した絵画の所蔵元は以下のとおりである．
Musée du Louvre, Paris：図2.1，図2.5，図2.17，図2.21，図2.25，図2.48，図2.71，図2.84，図2.86，図2.108，図2.158／Musée d'Orsay：図2.151，図2.172，図2.236，図2.238，図3.10⑤，図3.42⑦／Tate Gallery, London：図2.12，図2.62，図2.215，図2.221，図2.228，図3.51②，図4.38／The National Gallery, London：図2.40，図2.174，図2.201／V & A, London：図2.77，図2.80，図2.224，図2.242／Royal Academy, London：図2.207／British Museum, London：図2.218／National Galleries of Scotland, Edinburgh：図2.210／Birmingham Museums and Art Gallery：図3.10③／Glasgow Art Gallery and Museum：図3.31②／Ashmolean Museum, Oxford：図3.31③／Hartford, Wadsworth Atheneum：図2.57／The Art Institute of Chicago：図2.35，図2.37，図3.17①／National Gallery of Art, Washington, D.C.：図2.91，図2.93，図2.154，図3.23，図3.31①，図4.44／Mr. Paul Petrides Collection, Paris：図2.59，図2.102，図2.137，図2.168，図4.20，図4.29／Rijksmuseum Kroler-Muller, Otterlo：図2.45，図2.114／The Toledo Museum, Ohio, USA：図2.52，図3.6／Kunsthaus, Zurich：図2.66，図4.18／Galerie du Jeu de Paume, Paris：図2.68，図2.180／Lenouvel Hotel de Ville de Ville, Paris：図2.96／Musée Carnavalet, Paris：図2.134／Musée du Petit-Palais, Paris：図3.34②／Musée d'Art et d'Historie：図2.123／Collections du Chateau-Musée de Dieppe：図3.42④／Musées des Beaux-Arts, Le Havre：図3.51①／Musée des Beaux de Lyon, Lyon：図4-26／Musée National d'Art Moderne, Centre Georges Pompidou, Paris：図4.35，図4.49／The Metropolitan Museum of Art, New York：図3.31④／The Museum of Modern Art, New York：図4.33／The Minneapolis Institute of Arts, Minneapolis, USA：図2.89，図3.4，図3.27②／The Carnegie Museum of Art, Pittsburgh：図3.11②，図2.188／Philadelphia Museum of Art：図3.32①，図3.42⑧／The fine Arts Museum of San-Francisco：図2.161／Alexander Lewyt Collection, New York：図2.74／Mr. and Mrs. John H. Whitney, New York：図2.140／Yale Center for British Art, New Haven, USA：図2.212／Yale University Art Gallery, New Haven：図2.233／Honolulu Academy of Arts：図3.11③／Sterling and Francine Clark Art Institute, Williamstown, Massachusetts：図3.11④／Los Angeles County Museum of Art：図3.27③／Krannert Art Museum, University of Ilinois：図3.32③／New Orleans Museum of Art, New Orleans：図4.14／National Gallery of Canada, Ottawa：図2.105，図3.10①／The Montreal Museum of Fine Arts：図2.111，図3.11⑤，図3.42⑤／Saint Lois Art Museum：図2.128，図3.32②／National Vincent Van Gogh, Amsterdam：図2.117／Gemeentemuseum den Haag：図2.190／The Ordrupgaard Collection, Copenhagen：図3.17②，図3.27①／Ny Carlsberg Glyptotek, Copenhagen：図3.32④／Sammlung E.G. Buhrle, Zurich：図2.99／Museum of Fine Arts, Bern：図4-46／Staatliche Kunstsammlungen Dresden：図2.197／Staatliche Kunsthalle Karlsruhe：図3.11①／Bergen Art Museum, Bergen：図2.120／Tel Aviv Museum of Art：図2.143／Sammlung Oskar Reinhart "Am Romerholj" Winterhur：図2.170／Musée des Beaux-Arts de Reimsk：図2.185／A.A.M.ライフロック，ヴァセンナール：図2.194／Wallraf-Richartj Museum, Cologne：図2.204／The State Hermitage Museum, St. Petersburg：図3.24／Simone and Alan Hartman：図3.34①／The Dixon Gallery and Gardens, Memphis：図3.51③／Waddesdon Manor, National Trust (Rothschild Bequest)：図2.231／Murauchi Art Museum, Tokyo：図2.246／石橋財団ブリヂストン美術館，東京：図2.145／Matuoka Museum of Art, Tokyo：図3.34③／埼玉県立近代美術館：図4.12／Private Collection：図2.164，図3.10②，図3.10④，図3.17③，図3.17④，図3.34④，図3.42①，図3.42②，図3.42③，図3.42⑥，図4.9，図4.15，図4.24，図4.40

本書で掲載するに際して，直接にコピーした画集等の出典は以下のとおりである．特記して謝意を表する．
1）井上靖，高階秀爾編：世界の名画2-13,20，中央公論社，1974／2）世界美術全集，角川書店，1967／3）世界の巨匠シリーズ，美術出版社，1985／4）現代の絵画，平凡社，1974／5）コロー，ミレー，クールベ展，村内美術館，1982／6）ヨンキント展，三重県立美術館，1982／7）Richard R. Brettell and Joachim Pissaro：The Impressionist and the City；Pisarro's Series Paintings, Yale University Press, 1992／8）千足伸行編集・解説：Vivant 15 ユトリロ，講談社，1996／9）千足伸行監修：モーリス・ユトリロ展1998-1999 カタログ，アート・ライフ，1998／10）井出洋一郎：作品解説，アサヒグラフ別冊美術特集西洋編19『コロー』朝日新聞社，1992／11）隠岐由紀子編集・解説：Vivant 3 コロー，講談社，1996／12）David Guillet：Corot 1796-1875, Electa, 1996／13）The Turner Collection in the Clore Gallery, Tate Gallery, 1987／14）ジョン・ウォーカー，千足伸行訳：ターナー，BSSギャラリー世界の巨匠，美術出版社，1991／15）David Hill：Turner in the North, Yale University Press, 1997／16）Richard Shone：Alfred Sisley, Phaidon, 1994／17）Clarence Jones：The life and works of Constable, Paragon, 1994／18）赤瀬川原平の名画探検－印象派の水辺，講談社，1998／19）Editions du P'tit Normand：Histoire de Rouen 1850-1900, Rouen, 1983／20）「19世紀欧米都市地図集成，第2集」柏書房，1993

著者紹介

萩島　哲（はぎしま　さとし）

- 1942　福岡県生まれ
- 1973　九州大学大学院工学研究科博士課程建築学専攻単位取得退学
- 1974　九州大学工学部講師
- 1979　同助教授
- 1991　同教授
- 2000　九州大学大学院人間環境学研究院教授
- 現在にいたる

- 1979　工学博士（九州大学）
「システムズ・アプローチによる都市の土地利用変動予測の手法に関する研究」
- 1990　日本建築学会霞が関ビル記念賞受賞
- 1997　日本建築学会学会賞受賞
- 分野：都市計画，都市設計，景観設計

都市風景画を読む
──19世紀ヨーロッパ印象派の都市景観──

2002年11月25日　初版発行

- 著者　萩島　哲
- 発行者　福留　久大
- 発行所　（財）九州大学出版会
  〒812-0053　福岡市東区箱崎 7-1-146
  九州大学構内
  電話　092-641-0515（直通）
  振替　01710-6-3677

印刷／九州電算㈱　製本／篠原製本㈱

©2002 Printed in Japan　　ISBN 4-87378-758-0

21世紀の思索
地域の文化財
いかにして地方都市を築くか
シンポジウム実行委員会 編　　四六判 174頁 1,500円

美しい街並造りを考えるに際し，古いものと新しいものの共存，環境と調和した新しい要素を取り入れた建築のあり方など，その指標を検討する。

モザイクのきらめき ──古都ラヴェンナ物語──
光吉健次　　四六判 192頁 1,900円

イタリアの古都ラヴェンナの教会堂に現存するモザイク・ガラスの特徴，その成立過程を，ローマ帝国のマクロ的，ミクロ的史実によりながらリアルに推定する。ラヴェンナのモザイク・ガラスの秘密を平易に解説した，特筆に値する読み物。

明日の建築と都市
光吉健次　　A5判 386頁 3,800円

一方で建築設計に携わり，他方で都市に参加してきた著者の30年余にわたる作品・論文の集成。〈できるだけ現実の中にテーマを見いだし，目的にアプローチする〉という基本的姿勢が明快な語り口で展開され，明日の建築・都市の方向を明らかにしている。

八幡宮の建築
土田充義　　B5判 344頁 10,000円

九州は信仰の発祥地に恵まれ，それぞれの本殿は独自の形態を有している。本書は，現存する八幡造本殿の文献調査と実測調査によって，八幡宮建築の祖形とその変遷過程を解明する。

日本の大学キャンパス成立史
宮本雅明　　B5判 250頁 4,500円

本書は，日本の高等教育機関の教育施設の成立過程の具体的な様相を，資料の博捜によって実証的に明らかにし，保存か開発かで揺れ動く大学キャンパスを歴史的環境遺産として評価する視点を築き，より豊かな教育環境としていくための基礎資料を提供する。

空間へのパースペクティヴ
納富信留・溝口孝司 編　　A5判 320頁 3,400円

「空間」というテーマをめぐって哲学，地理学，考古学，文化研究，政治学，法学，経済学による考察がぶつかりあい，私たちの生活や文化・社会の在り方，更には「近代」や知の枠組みを見直す多角的な視座を提供する。

（表示価格は本体価格）　　　　　九州大学出版会刊